JN247399

知識ゼロからはじめる WordPressの教科書

早﨑祐介 著
TechAcademy 監修

ソシム

著者プロフィール

著者

早﨑祐介

はやさき・ゆうすけ●1968年生まれ。福岡県出身。アプリケーション開発のプロダクションリーダーを務めた後、ウェブ業界に転身。WordPressの開発案件をはじめとしてフリーのフロントエンドエンジニアとして信州の八ケ岳山麓に開発拠点を置く。開発業務に携わる傍ら、WordPress勉強会を主催したりスクール講師としても活躍中。

Harmony Web　https://harmony-web.jp/
ぶらり　https://brari.net/
つながるネット　https://yahss.net/

監修

TechAchademy

テックアカデミー●プログラミングやアプリ開発を学べるオンラインスクール。現役のプロのパーソナルメンターが学習をサポートするオンラインブートキャンプとして、WordPressコース、Webアプリケーションコースなど30以上のコースを提供している。週に2回のマンツーマンメンタリング、毎日のチャットサポートなどのメンターによる手厚いサポートと、独自の学習システムで短期間での習得が可能。

TechAcademy　https://techacademy.jp/

イラストレーション

純頃

じゅんごろ●1996年兵庫県生まれ。兵庫県在住。在学中の2015年頃からSNSを中心に活動し、2019年3月神戸芸術工科大学ビジュアルデザイン学科卒業。その後イラストレーターとしてフリーで活動中。アニメーション、ポスター、CDジャケット、ミュージックビデオなどさまざまな分野で活動中。

Twitter　https://twitter.com/20156_jun
Web　https://junngoro.tumblr.com/

はじめに

「WordPressを使って会社やお店のホームページを作りたい」
「でも専門知識もないし、何から始めればいいのかわからない」
本書はそんな方々のために書きました。

ウェブサイトを持つ意味や設計の仕方をはじめ、
どのようにサイト訪問者とのコミュニケーションを確立するかといったことまで、
制作・運営の面での実践的なノウハウを盛り込んでいます。

「きれいなホームページができました」で終わるのではなく、
ウェブサイトを構築して運営できるようになることはもちろんのこと、
自力でステップアップして中級者へと送り出すことが本書の目的です。

WordPressは、自分のウェブサイトを持ちたい個人から、
一流の制作会社が手掛ける大手企業のサイトまで、
規模の大小を問わず多くのシーンで活用されています。
超初心者からエキスパートまで、
そのニーズに極めて柔軟に対応できるシステムだからこそ、
継続的にステップアップしていきたい方には
WordPressを自信をもっておすすめします。

本書は信州に実在するカフェが舞台です。
カフェオーナー楓さんが自力でウェブサイトを作っていく
ストーリー仕立てで解説が進んでいきます。
WordPress入門者の楓さんの素朴な疑問は、
あなたの疑問と同じかもしれません。

楓さんの奮闘ぶりに共感していただきながら
本書があなたのウェブサイト作りのお役に立てれば幸いです。

2020年1月
早﨑祐介

この本の登場人物

楓

信州・八ヶ岳山麓に店を構えるカフェ「cafe sabot」店主。植物素材のパフェやフードが評判で根強いファンが多い。お店のホームページ開設を検討中。

ユースケ

Web制作会社の代表。WordPressによるウェブサイト構築支援も得意業務の1つ。「cafe sabot」に足繁く通うファンの1人。

この2人といっしょに
WordPressの操作を学んでいきましょう！

この本でできること

本書は「WordPressってなんですか？」といった超初心者の方でも、ホームページを作れるようになるWordPressの「超」入門書です。
WordPressの最新バージョン5.x.xで導入された「Gutenberg」（グーテンベルク）に対応しており、操作手順を画面付きでわかりやすく解説します。手順のとおりに進めるだけで、はじめての方でも素敵なホームページを完成させることができます。
お店のホームページを作りたいカフェ店主・楓とWordPressメンター・ユースケの2人のキャラクターによる問答形式で、手順をわかりやすく紹介。
過去にHTMLやCSSなどで挫折してしまった方でも、専門知識を意識することなく楽しく読み進められる紙面構成になっています。
会社やお店のホームページを作りたい方、個人でブログを始めてみたい方、ウェブデザインを学びたい学生の方、WordPressを使えるようになりたいすべての方に最適のWordPressの入門書です。

紙面の見方

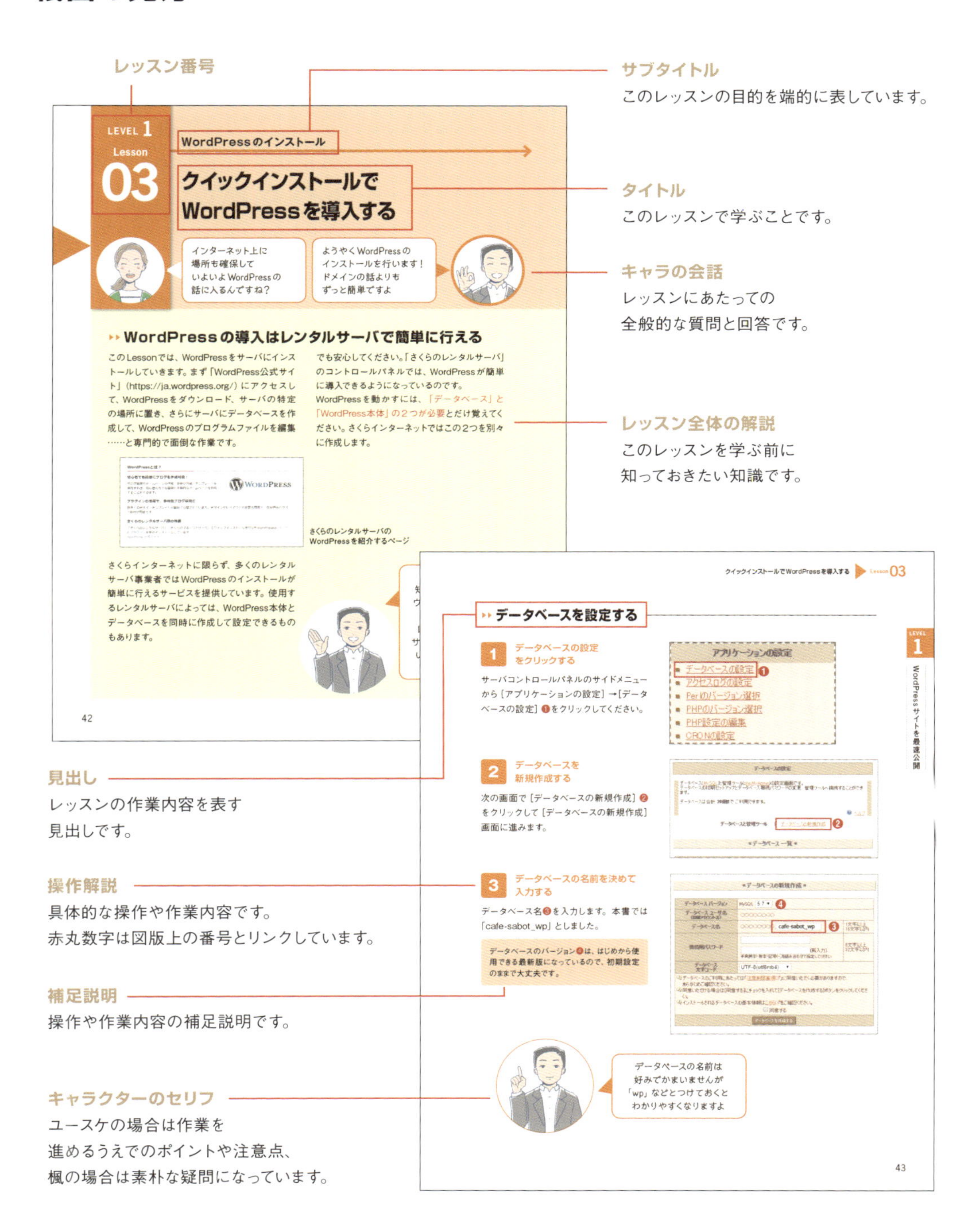

レッスン番号
サブタイトル
このレッスンの目的を端的に表しています。
タイトル
このレッスンで学ぶことです。
キャラの会話
レッスンにあたっての
全般的な質問と回答です。
レッスン全体の解説
このレッスンを学ぶ前に
知っておきたい知識です。
見出し
レッスンの作業内容を表す
見出しです。
操作解説
具体的な操作や作業内容です。
赤丸数字は図版上の番号とリンクしています。
補足説明
操作や作業内容の補足説明です。
キャラクターのセリフ
ユースケの場合は作業を
進めるうえでのポイントや注意点、
楓の場合は素朴な疑問になっています。
LEVEL 1
Lesson
03
WordPressのインストール
クイックインストールで
WordPressを導入する
インターネット上に
場所も確保して
いよいよWordPressの
話に入るんですね？
ようやくWordPressの
インストールを行います！
ドメインの話よりも
ずっと簡単ですよ
WordPressの導入はレンタルサーバで簡単に行える
このLessonでは、WordPressをサーバにインストールしていきます。まず「WordPress公式サイト」（https://ja.wordpress.org/）にアクセスして、WordPressをダウンロード、サーバの特定の場所に置き、さらにサーバにデータベースを作成して、WordPressのプログラムファイルを編集……と専門的で面倒な作業です。
でも安心してください。「さくらのレンタルサーバ」のコントロールパネルでは、WordPressが簡単に導入できるようになっているのです。
WordPressを動かすには、「データベース」と「WordPress本体」の2つが必要とだけ覚えてください。さくらインターネットではこの2つを別々に作成します。
さくらのレンタルサーバの
WordPressを紹介するページ
さくらインターネットに限らず、多くのレンタルサーバ事業者ではWordPressのインストールが簡単に行えるサービスを提供しています。使用するレンタルサーバによっては、WordPress本体とデータベースを同時に作成して設定できるものもあります。
42
クイックインストールでWordPressを導入する
Lesson 03
データベースを設定する
1 データベースの設定をクリックする
サーバコントロールパネルのサイドメニューから［アプリケーションの設定］→［データベースの設定］❶をクリックしてください。
アプリケーションの設定
データベースの設定
アクセスログの設定
Perlのバージョン選択
PHPのバージョン選択
PHP設定の編集
CRONの設定
2 データベースを新規作成する
次の画面で［データベースの新規作成］❷をクリックして［データベースの新規作成］画面に進みます。
3 データベースの名前を決めて入力する
データベース名❸を入力します。本書では「cafe-sabot_wp」としました。
データベースのバージョン❹は、はじめから使用できる最新版になっているので、初期設定のままで大丈夫です。
cafe-sabot_wp
データベースの名前は
好みでかまいませんが
「wp」などとつけておくと
わかりやすくなりますよ
LEVEL 1
WordPressサイトを最速公開
43

各章で学べること

本書は、知識がゼロの超初心者の方が順序立てて読み進めていくことで、WordPressを使ってウェブサイト（ホームページ）を作ることができる構成になっています。
各章を「LEVEL」として、WordPressとウェブサイト制作についての大きな流れをテーマ別にLEVEL0からLEVEL8まで区分けしました。
LEVELのなかに設けた「Lesson」では、より具体的なWordPressの操作手順・ウェブサイトを作る過程を順序立てて学ぶことができます。
ここではそれぞれのLEVELで学べる内容のポイントをまとめてみました。

LEVEL0 WordPressで始める自分のウェブサイト

ウェブサイトを持つ意味や目的を学びます。現在ウェブサイトで多く利用されているWordPressとはどんなものか、スマートフォンユーザーがネット利用の大勢となっている現状についてなど、ネットやWordPressの基礎的な事柄が中心です。

LEVEL1 WordPressサイトを最速公開

ウェブサイト開設に必要となる、レンタルサーバの契約や利用方法・ホームページアドレスの取得方法・WordPressのパソコンへの導入方法を学びます。この章を完了すれば、ひとまず自分のウェブサイトを公開することができます。

LEVEL2 WordPressの基本設定

WordPressを使うには「管理画面」を知ることから始まります。本章で管理画面でよく使用する基本的なメニュー項目について身につけましょう。今後進めるうえでもWordPressの設定で迷ったらこの章を何度でも振り返ってかまいません。

LEVEL3 WordPressでコンテンツ作成

ウェブサイトの内容（コンテンツ）を作成します。WordPressには大きく「固定ページ」と「投稿」の2つのコンテンツのタイプがあります。本章ではそれぞれの特長を生かしたコンテンツの作成方法や、画像を掲載する方法について学びます。

LEVEL4
ブロックエディターGutenberg（グーテンベルク）

WordPressの最新バージョン5には、コンテンツ作成に便利な機能「ブロックエディター」が搭載されています。本章では、ブロックを使ったコンテンツ作成・編集の基本を学びましょう。多彩な各ブロックの使用方法も紹介します。

LEVEL5
WordPressを便利にするウィジェットとプラグイン

WordPressに備わっている「ウィジェット」と、追加できる「プラグイン」を導入して、WordPressをさらに機能的にすることが可能です。2つの基本的な導入方法を学びながら、さらに無数にあるなかからオススメのプラグインを紹介します。

LEVEL6
コミュニケーションするWordPress活用術

サイト開設後は、訪問者の動向を調べたり、必要とされる情報を提供するなど、分析・改良の継続が大切です。プラグイン「Jetpack」を使った運用方法と、Facebook・Twitter・InstagramといったSNSとサイトの連携について学びます。

LEVEL7
安全にウェブサイトを運営するには

運営者にとってコミュニケーションと同等に重要なのが、サイトを安全に運営することです。本章ではプラグインを活用して、不正アクセスや攻撃から防ぐセキュリティ対策、データのバックアップ体制を強化する方法について学びます。

LEVEL8
さらにステップアップ―中級・上級へ

本書はプログラムコードを意識することなく学習できますが、LEVEL8は中級者へと送り出す目的で書かれました。コードを使ってテーマの外観を整える方法を学びます。サイトをさらによくするためにコードにも触れてみましょう。

CONTENTS

ブロックエディター―Gutenberg（グーテンベルク）……111

本書のサンプルサイトについて

長野県・八ヶ岳山麓に実在するガレットが自慢のヴィーガンカフェ「cafe sabot」（カフェ・サボ）のご協力をいただいて、同店のホームページをWordPressを使って実際に構築していく過程を元にしながら記事を作成しています。

本書にてWordPressを学ぶ際は実際のcafe sabotのウェブサイトにもアクセスして、どのようなサイトになっているか参考にしてください。

また信州にお越しの際はぜひ実際のお店にも足をお運びいただき、店主が腕を振るったフードやスウィーツをご堪能いただけますと幸いです。

cafe sabot ホームページ

https://cafe-sabot.com/

Special Thanks!

cafe sabot オーナーの楓さん

長野県出身。人と旅行と食べることが大好きで、自然食、ローフードやマクロビやヴィーガンフードに以前から興味がありました。
なるべく自然に近いものを取りたいと思っていますが、それでもストイックになりすぎず今の時代の生活にも合わせてストレスのないように楽しむのが良いと考えています。
神様が与えてくれた自然に感謝して、季節の材料で何かを作り出すことをとても楽しんでいます。

LEVEL 0

WordPressで始める自分のウェブサイト

長野県
八ヶ岳山麓——
うまいっ！

これがFacebookで
紹介していた
ヴィーガンパフェか！
植物性の食材
だけでできてる
なんて
信じられない！

Facebookをみて
知ってくれた方は
パフェを目当てに
来てくださるん
です……けどね
おいしいでしょ？
自信作
なんですよ
cafe sabot
店主・楓

ウェブ制作会社
代表・ユースケ
ふむ……
楓さんは
もっとたくさんの
人に味わって
ほしいんだね？
Facebookで
告知もしてるし
Instagramの
写真もすてきだし
でもSNSだけじゃ
お店の魅力の
一部分しか発信
できていないん
だろうな

えっ！？
どういうこと？

楓さんは素材に
すごくこだわって
自分が納得したもの
だけをお客様に
お届けしている
お店の魅力を
ウェブサイトで
きちんと伝えた
ほうがいいですよ

ホームページのことですよね？
考えたことはあるんだけど
私には難しいのよね……
CSS
HTML
サーバー〜

知識がなくても
WordPressなら簡単ですよ
勉強する必要はあるけど
なにより楓さんのように
熱い思いがあるか
どうかが
もっとも大切！

teach!
食べに来たときに
少しずつ教えよっか？
もちろんすべて無料！
…ってワケには
いかないケド（笑）

ホントに？
よろしく
お願い
します！
先生！！
こうして楓さんの
ウェブサイト制作が
始まった——

LEVEL 0 Lesson 01

ウェブサイトを開設する前に考えたいこと

何を伝えたいか・誰に伝えたいかを明確にイメージする

ウェブサイトをつくる
といっても
どこからどう始めたら
いいんですか？

手を動かす前に
まずはウェブサイトを
持つ目的を明確にする
ところから始めましょう！

▸▸ 情報を必要としている人にきちんと届くサイトに

「ホームページで何ができるの？」と聞かれることがありますが、端的にいえばなんでもできますし、なんでも表現できます。だから、そのように質問されると「何を表現したいの？　あなたのお店の魅力は何？」と聞き返します。
ウェブサイトを開設すること自体が目的になっていませんか？　「サイトを開設する目的」「何を伝えたいか」「誰に伝えたいか」をはっきりとイメージして、それを反映させることが大切です。
そうしてサイトの個性を際立たせていくと、その情報を必要としている人にきちんと届くサイトへと成長させていくことができるのです。
たとえ凝ったデザインのきれいなウェブサイトができたとしても、便利な機能を実装したとしても、それが実際の魅力と調和していなければウェブサイトの力を発揮したとは言えません。
そこで、まず自分の実際のお店（どんな業態でも同様）の魅力や押し出したい特長を明確にイメージするところから始めましょう！

○：ウェブサイトを持つ目的としてふさわしいこと

- お店の魅力を伝えたい
- お店の特長を伝えたい
- 情報を必要としている人にきちんと届けたい

×：ウェブサイト開設の目的で間違えやすいこと

- ウェブサイトを開設すること自体が目的になっている
- 凝ったデザインにしたい
- 便利な機能を実装したい

ウェブサイトは何でも
表現できるからこそ
まず誰に何を伝えたいのか
はっきりとイメージすることが
もっとも大切です

ウェブサイトのタイプの分類

1 ウェブサイトの目的は

はじめに現在無数に公開されているさまざまなウェブサイトをタイプ別に分類してみましょう。

ウェブサイトのタイプ	特徴や形態
コーポレートサイト	企業概要を伝えるためのサイト
店舗サイト	企業と類似しているが、店舗イメージの発信や集客を目的とする
ショッピングサイト・ECサイト	商材を販売するためのサイト
メディアサイト	特定の情報に特化したサイト
ポータルサイト	大手検索サイトのような、検索や各種サービスを集約したサイト
ブランディングサイト	ブランドイメージの向上を目的としたサイト
ランディングページ	SEO、見つけてもらうことに特化した1ページだけのサイト

ウェブサイトってひとくちにいっても
こんなにいろいろな種類があるんですね

上記は代表的なものです
このほかにもブログサイトや
ニュースサイト・掲示板サイト・
コミュニティサイト・ファンサイトなど
続々と新しい形態が
生まれているんですよ

ウェブサイトを開設する目的を定める

1 アピールポイントを決める

ウェブサイトを開設するうえで重要なのはアピールポイントを決めておくことです。「アピールポイントは何ですか?」と尋ねると意外とはっきりしないものです。
アクセスしやすいのか、価格が安いのか、商品数が豊富なのか、対応の速さなのかを絞り込んでいきます。実店舗でも重要な点ですから、これもはっきりとイメージしていきましょう。

アピールポイントは?

- アクセスのよさ
- 価格が魅力的
- 対応が迅速丁寧
- 品揃えが豊富
- etc...

2 ターゲットを具体的に決める

「お店に来てもらいたい＝サイトを訪問してほしい」のはどんな人でしょうか?
女性なのか男性なのか、若い人か、おひとり様か、ご家族で来店してほしいのか、などを具体的にイメージしていきます。
明確なターゲットを意識することで、その人たちに向けて尖った(特徴のはっきりした)サイトづくりをすることができ、高い集客力を生みだすことができます。

ターゲットは?

男性	or	女性
若者	or	シニア
おひとり様	or	ファミリー
マニア	or	一般

どんなお客様に来てほしいか
お客様に何を伝えたいのか
お店もウェブサイトも同じなのね

▸▸ "ウェブサイトを育てる" を意識する

1 マメに更新する

実際の店舗をイメージしてみてください。
一度来てくださったお客様にはまたお越しいただきたいと願うものです。実際のお店とウェブサイトはこの点でもシンクロします。気に入った雑貨屋さんがあっても、商品が全然入れ替わっていなかったらすぐに飽きられてしまいます。季節ごとに商品を入れ替えたり、定期的にキャンペーンを開催したりして、「今日も何か新しい発見ができる」といったワクワク感を持ってもらうことが重要です。
ウェブサイトを訪れてくれた方にリピーターになってもらうには、サイトをマメに更新して常に新鮮な状態にしておきましょう。

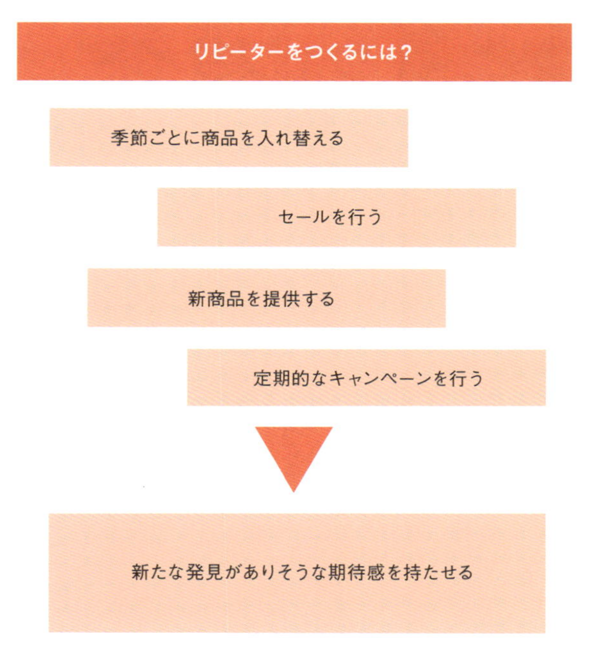

2 開設したらそこからがスタート!

実店舗とウェブサイトは同じ方向を向いているのはとても大切です。実店舗がオーナーやお客様によって育っていくのと同じように、ウェブサイトも運用しながら育てていくのです。作成時に方向性を定めることも大切ですが、その後の運用も同じように大切です。
本書では、最初から完成度の高いサイトを作り上げるよりも、公開後にどんどん育てていくことに重きを置いて進めていきます。

LEVEL 0 Lesson 02

“育てるウェブサイト”に適したWordPressの概要

WordPressで始めるウェブサイト

ウェブサイトを自分で育てるにはWordPressが適しているということなんですね？

まさにそのとおり！サイトを運用するために成長してきたシステムがWordPressなんです

▸▸ コンテンツの執筆・編集に適したWordPress

WordPressは「CMS」（コンテンツ・マネージメント・システム）と呼ばれているオープンソース型のウェブサイト構築システムのひとつです。ウェブサイトの各ページは、写真や文章などの情報で成り立っていますが、それらの情報（中身）のことを「コンテンツ」といいます。そのコンテンツを管理（マネージメント）するのがCMSです。

数あるCMSの中でもWordPressはコンテンツを執筆・編集することを重要視したシステムです。WordPressには記事の執筆や編集に特化した機能が備わっている「エディター」を筆頭に、外観（デザイン）を整える「テーマ」、機能を追加する「プラグイン」など、運用のための情報が豊富にあります。

WordPressのメリット	メリットの詳細
記事の執筆・編集に最適	バージョン5では最新ブロックエディター「Gutenberg」を搭載
テーマが豊富	サイトの用途に応じて選べるテーマが無料のもので1万種類以上ある
プラグインが豊富	プログラミングをすることなくさまざまな機能を追加することができる
ユーザーによる情報交換が盛ん	世界中のウェブサイトの約3割で利用されており問題解決が速い

WordPressはわかりやすく誰でも自由に扱えるオープンソースのソフトウェアです

WordPress導入のメリット

1 メリット1：サイトを育てることに特化したシステム

WordPressには優れたエディターの機能が備わっており、記事の執筆や編集に最適化しています。
WordPressは随時アップデートが加えられており、現在の最新バージョンは5（2020年1月時点）です。この最新バージョンでは、記事の作成に使い勝手のよい「ブロック」という機能をフィーチャーした最新エディター「Gutenberg」が搭載されています。

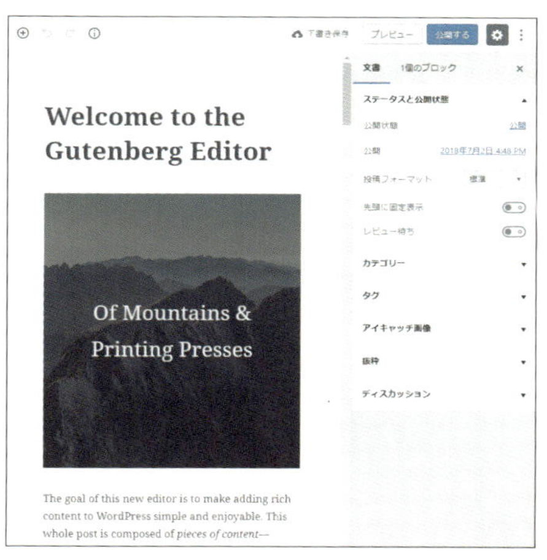

最新エディター「Gutenberg」（グーテンベルク）

代表的なCMS	おもな特徴
WordPress	コンテンツを執筆・編集することを重要視／ダントツのシェアを誇る
Joomla!	オープンソースのCMSで初期機能が豊富／管理画面に慣れが必要
Drupal	SEO機能や拡張モジュールが充実／日本でのシェアが低い
Squarespace	操作が直感的でわかりやすい／日本語版がない
Shopify	ECサイト・通販サイトの構築向き／有料プランのみ
Jimdo	初心者向けクラウド型CMS／日本でのシェアが低い
WiX	ブログ感覚でウェブサイトを作れる／日本でのシェアが低い
グーペ	日本企業の開発で小規模の飲食店向け／有料

2 メリット2：豊富なテーマから優れた外観のサイトにできる

無料のものだけでも1万種類以上ある公式テーマの豊富さもWordPressの大きなメリットです。目的に合わせて好みのテーマを選ぶだけでも、優れた外観のサイトを構築することができます。

WordPress導入のメリット（続き）

3 メリット3：プラグインが豊富でさまざまな機能を追加できる

世界中の個人や団体によって、さまざまなプラグインが日々開発されています。プログラミングの知識がなくても、サイトで必要とする「お問い合わせフォーム」「SNSとの連携」「セキュリティ」などの機能を容易に追加することができます。

お問い合わせフォームを導入する人気の「Contact Form 7」

4 メリット4：世界シェア3割超でたくさんの情報を得られる

ウェブ市場調査レポートなどでも世界中の30％を超えるサイトでWordPressが導入されているとの報告があります。「こんな機能が欲しいな」「これはどうしたらいいんだろう？」と思ったら、たくさんの情報をインターネットで見つけることができます。世界中のユーザーのサポートを得られるのです。

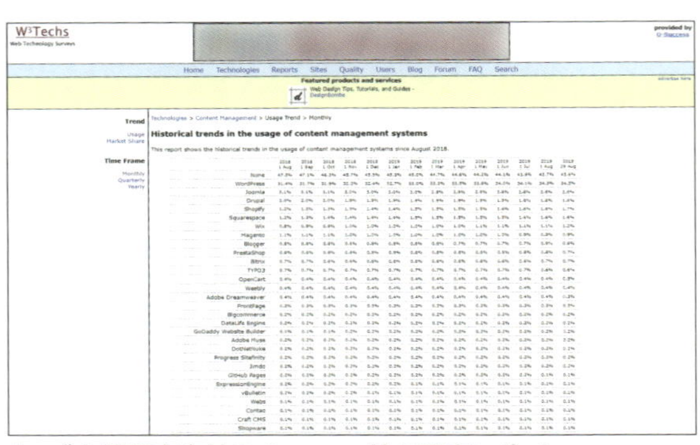

ウェブ市場調査会社Q-Success社の調査レポート

WordPressにはこういうメリットがあるから
ユーザーが多いんですね

「WordPress ○○」と入力して検索すると
知りたい情報に関連した記事を
たくさん見つけることができます
知りたいことがあれば
とりあえず検索してみるといいでしょう

WordPress導入のデメリット

1 デメリット1：攻撃の対象になりやすい

「メリット4：世界シェア30%超」で述べたように世界中の多くのサイトがWordPressを活用しています。それは、悪意のあるハッカーの攻撃対象になりやすいことを意味しています。本書の「LEVEL7 安全にウェブサイトを運営するには」を参考に、基本的な対策を施していれば大丈夫です。

ユーザー数が多いだけに攻撃目標となる可能性も高い

WordPress導入の成功のカギは、デメリットもきちんと理解して活用することです。
攻撃などからの対処方法についてもきちんと理解している必要があります。

2 デメリット2：本格的なカスタマイズはハードルが高い

WordPressは「PHP」というプログラム言語で作られているので、端的にいえばどんなサイトでも作れます。しかし、WordPressでPHPを使った本格的なカスタマイズを行うにはかなりの知識が必要です。

プログラミング？
私にはちょっと……

本書ではプログラミングを一切行わずに
カスタマイズしていく方法を
解説していくので安心してください！

LEVEL 0
Lesson
03

サイト運用はスマートフォン対応が必須

ウェブサイト集客のカギはスマートフォン対応

最近はスマホでネットを
見る人が多いですよね
どうするんですか?

いい質問ですね!
どんなに価値ある情報も
スマホに対応していない
と見てもらえないんです

▸▸ スマートフォンからのインターネット利用者が急増!

20～50歳代の世代では約8割の方がスマートフォンを持っているといわれています。インターネット検索の中心にスマートフォンがあるといっても過言ではありません。スマートフォンでの表示を意識したサイトづくりをすることは現在では必須となっています。

WordPressで、執筆・作成したコンテンツをどのようなデザインで表示するかは使用するテーマに依存しています。WordPressでスマートフォン表示に対応させるには、「レスポンシブウェブデザイン」に対応したテーマを使う、もしくはスマートフォン用のテーマに切り替えるWPtouchなどのプラグインを使用する、の2つの方法があります。単一のテーマをパソコンとスマートフォンとの両方に対応させるレスポンシブウェブデザインのほうが断然一般的です。

本書ではレスポンシブウェブデザインに対応したテーマ「Twenty Nineteen」を使用してウェブサイトのつくりかたを紹介します。

ネット利用はスマートフォンユーザーが中心

現在のウェブサイトは
スマートフォンで閲覧
されることが大前提です

画面サイズに合わせて変化するレスポンシブデザイン

1 レスポンシブウェブデザインに対応したテーマを選ぶ

「レスポンシブウェブデザイン」とは、パソコンやタブレット、スマートフォンなどサイトを表示する画面サイズに合わせて見やすい表示に自動的に変化するデザインのことです。パソコンでブラウザを狭くしたり広くしたりしてもその幅に応じて文字や画像の大きさが変わったり、レイアウトが変化していきます。
WordPressの公式テーマの多くはレスポンシブウェブデザインに対応しているので、本書ではスマートフォンに対応したテーマ「Twenty Nineteen」を使うことにします。

画面サイズによって表示が変わるレスポンシブウェブデザイン

レスポンシブ対応の無料テーマ	おもな特長
Twenty Nineteen	2019年の公式デフォルトテーマ・本書で使用
Lightning	カスタマイズがしやすいテーマ・プラグインは有料
Cocoon	機能が豊富にそろっているシンプルなデザインのテーマ
Exray	カラム（表示領域）を1〜3つの範囲で設定できるテーマ
Attitude	ブログからビジネスサイトまで幅広く適応しているテーマ
Luxeritas	ウェブサイトが高速で表示される機能が強化されているテーマ
BELISE. LITE	メニューや営業時間などをきれいに表示する飲食店向けのテーマ

レスポンシブウェブデザインに
対応したテーマのなかにも
サイトの用途に応じて
さまざまなタイプがあります

「モバイルファースト」「スマホファースト」という考え方

1 まずスマホユーザーを意識する

近年はスマートフォンからのアクセスが増大しているため、スマホユーザーにとって閲覧しやすいサイトでなければなりません。スマホを含むモバイル機器のユーザーのことをまず最初に意識してサイトを作成していくことを「モバイルファースト」と言います。最近では「スマホファースト」という言葉も登場し、スマホユーザーを中心にコンテンツを作成することに重きが置かれるようになりました。

2 パソコンとスマホの両方の画面でチェック

サイトのコンテンツを作成したら、パソコン画面とスマホ画面の両方で必ず確認するようにしてください。

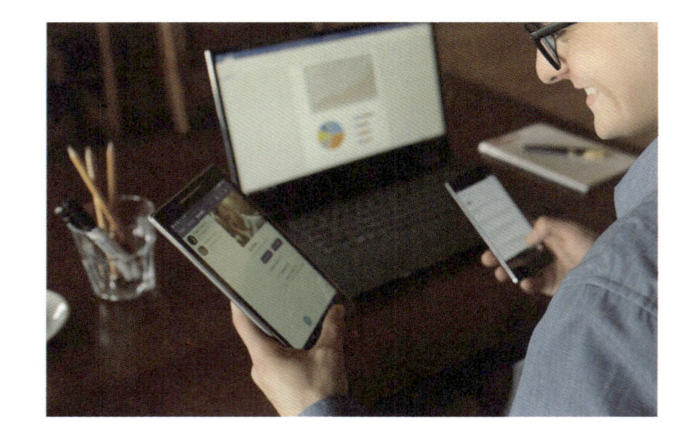

チェックするポイントは以下のようなものです。

- ☑ 全体の表示を見渡す
- ☑ コンテンツの順番は適正か
- ☑ 見出しやコンテンツは読みやすいか
- ☑ ボタンやリンクは操作しやすいか

本書で使用するWordPressの公式テーマ「Twenty Nineteen」はスマホを十分に意識した設計になっています
それでもパソコンとスマホの両方でチェックは欠かさずしてくださいね

LEVEL 1

WordPressサイトを最速公開

LEVEL 1
Lesson 01

レンタルサーバの契約

まずはインターネット上に場所を確保しよう

ええ……？
「インターネット上に
場所を確保」って
どういうことですか？

簡単にいうと
自分のウェブサイトの
データを置く場所を
貸してもらうことです

▸▸ レンタルサーバを利用するのが簡単で便利

ウェブサイトをインターネット上に公開するにはまずデータを置くための場所が必要です。
場所を確保する方法はいくつかありますが、簡単なのはレンタルサーバを契約する方法です。
でも、たくさんあるレンタルサーバ事業者の中からどうやって選べばいいのかわかりませんよね？
そこで、ここでは初心者にやさしく、WordPress利用者をサポートしているレンタルサーバ事業者をいくつか紹介します。
サービス内容は業者によって変わりますが、データ容量・機能面・セキュリティ・安定性などさまざまな要素がバランスよく用意されていることが大切です。
多くの場合「無料お試し期間」が設けられているので、まずは気軽に試してみて、自分にあったものを選ぶようにしましょう。

レンタルサーバ名	月額費用	容量	独自SSL
ロリポップ!	250円～	50GB～	○（無料）
エックスサーバー	900円～	200GB～	○（無料）
さくらのレンタルサーバ	524円～	100GB～	○（無料）

※2020年1月現在

本書では「さくらのレンタルサーバ」を使って進めていきます。「独自SSL」については続くLesson 2で説明しますね。むずかしそうに思っても「とにかくやってみる！」ことが大事です。

レンタルサーバを選ぶときは
データベースが使えるか
つまりWordPressが
インストールできるかを
必ず確認してください

▸▸「さくらのレンタルサーバ」を契約する

1 「さくらインターネット」にアクセスし、プランを選択する

「さくらインターネット」のウェブサイト(https://www.sakura.ne.jp/)にアクセスします。プラン一覧が表示されていますが、ここでは❶「スタンダード」を選択します。

たくさんのプランがありますが、最初は「スタンダード」プランで十分です。もっとも料金の安い「ライト」プランはWordPressに対応していないので注意してください。

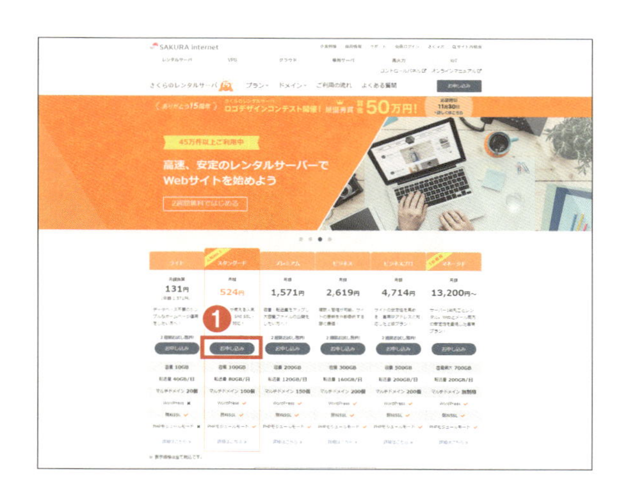

2 「さくらのレンタルサーバ」に申し込む

❷「スタンダード」プランが選択されていることを確認しましょう。❸希望のドメイン(初期ドメイン)を入力します。❹[お支払い方法の選択]をクリックします。

ここで取得するのは初期ドメインで、契約するレンタルサーバ全体を表す名称であり、独自ドメインとは異なります。独自ドメインとはウェブサイトの場所の名前のようなものです。独自ドメインについてはP30でくわしく説明します。

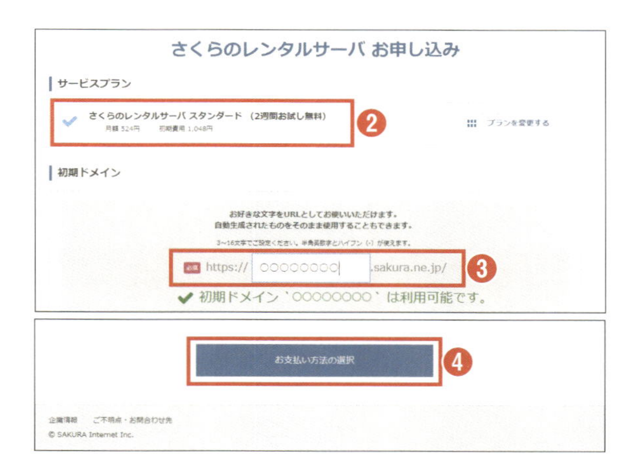

3 会員登録をする

「さくらインターネット会員認証」の画面が表示されたら、❺[新規会員登録へ進む]をクリックします。表示された画面で会員登録して申し込みを完了させてください。

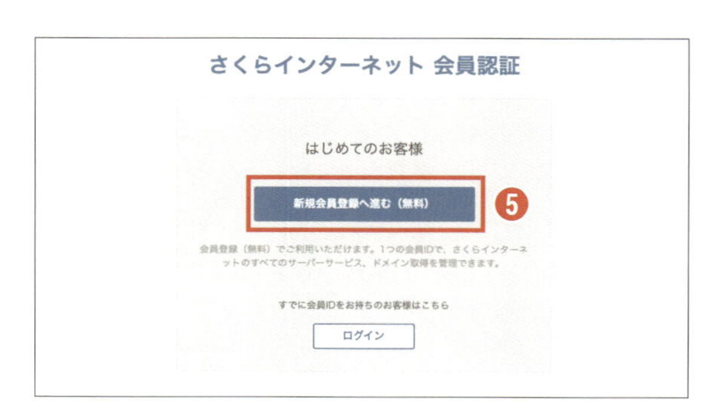

LEVEL 1

Lesson 02

自分のURL（ドメイン）で公開

レンタルサーバの機能で独自ドメインを取得する

また新しい言葉が出てきた……「ドメイン」ってなんですか？

ドメインはサイトの住所表示みたいなものお店のサイトを持つなら独自ドメインは必須です

▸▸ サイトにふさわしいオリジナルのドメインを取得する

前ページで契約をすると「〇〇〇〇〇〇〇〇.sakura.ne.jp」という初期ドメインが割り当てられ、ひとまずこのURLでもサイトを公開することができます。この初期ドメインは不動産でいえば「未区画の土地」のようなイメージです。
これに対する「〇〇〇.com」などの独自ドメインは「区画に建つ所有物件」といえます。

せっかくウェブサイトを開設するのならオリジナルのドメインを使いたいものです。独自ドメインを取得するのはむずかしくありません。多くのレンタルサーバでは独自ドメインの取得もサポートしていますので安心してください。
ここではさくらインターネットで独自ドメインを取得してみましょう。

トップレベルドメイン	意味	おもな用途
.com	Commercial	商用向けでもっとも一般的なドメイン
.net	Network	インターネット関係のサイトなどで使用される
.org	Organization	個人や非営利団体のためのドメイン
.jp	Japan	日本のWebサイトで使用される

ドメインの一例

com、net、jp、info、org、bizなどはトップレベルドメインといい、原則として上記のようなサイトの用途によって分類されます。会社なら「.co.jp」、学校なら「.ac.jp」など、専門性を示すドメインを取得するケースが一般的です。今回はカフェのドメインなので「.com」か「.jp」にしておくとよいでしょう。当然ながら、すでに誰かが使っているドメインを取得することはできません。

自分のサイトにふさわしくユーザーがサイトの内容を連想しやすいドメインを選んでください

さくらインターネットにログインする

1 さくらインターネットにアクセスする

さくらインターネットにアクセスします。アドレスは下記です。
https://secure.sakura.ad.jp/
「さくらインターネット 会員認証」のページが表示されます。

さくらインターネット 会員認証
「会員ID」と「会員メニューのパスワード」をご入力ください
会員ID
パスワード
ログイン(認証)

2 会員IDを入力する

[会員ID] の項目に「会員ID」を入力します❶。会員IDは申込み後にさくらインターネットからメールで通知されたIDです。たとえば「nnn12345」といったように、「アルファベット3文字」+「数字5文字」で構成されています。

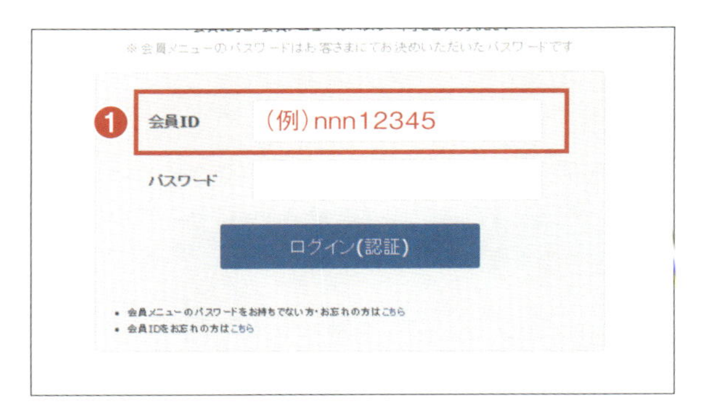

3 パスワードを入力する

[パスワード] の項目に「パスワード」を入力します❷。パスワードは、Lesson 01の「お申し込み」で登録した文字列です。

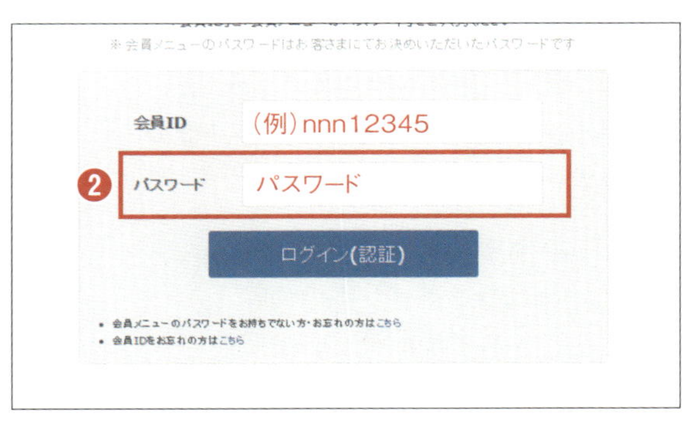

4 ログインをクリックする

[会員ID] と [パスワード] を入力したらログインをクリックします❸。

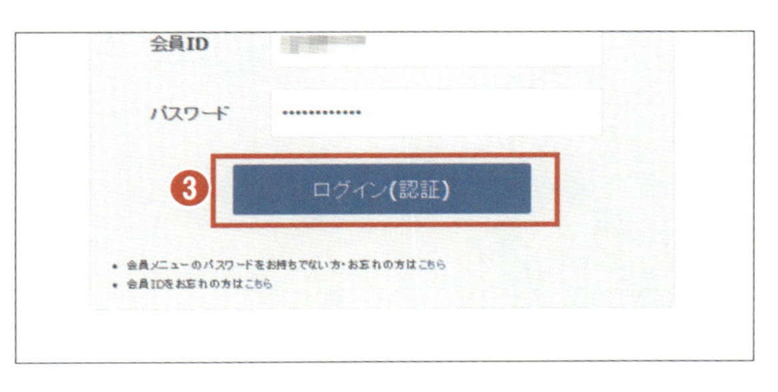

▸▸ サーバコントロールパネルにログインする

1 会員メニュートップのページが表示される

さくらインターネットの会員メニュートップページが表示されます。
[契約サービスの確認] の項目にある[サーバ、SSL等サービスの確認] ❶をクリックします。

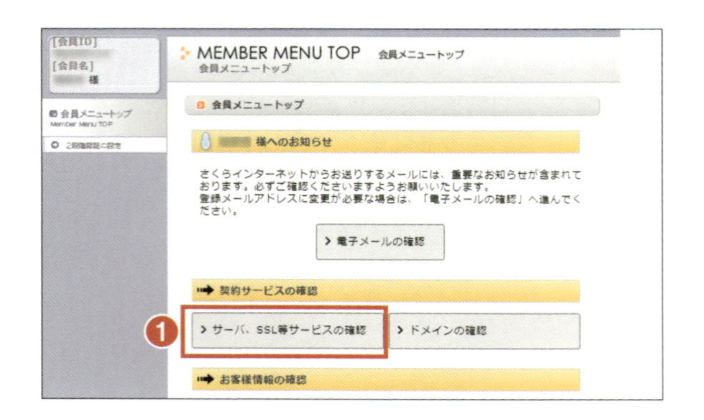

2 会員メニュートップのページが表示される

次の画面の「さくらのレンタルサーバ スタンダード」の項目から、[手続き] →[サーバ設定] ❷をクリックします。

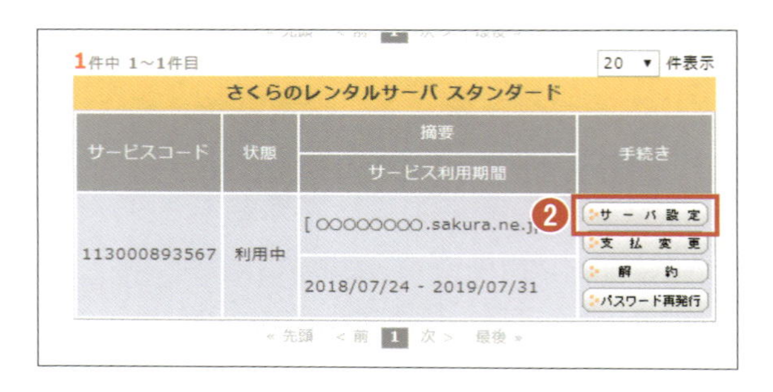

3 サーバコントロールパネルが表示されたらログイン完了

「サーバコントロールパネル」❸の画面が表示されたらログイン完了です。

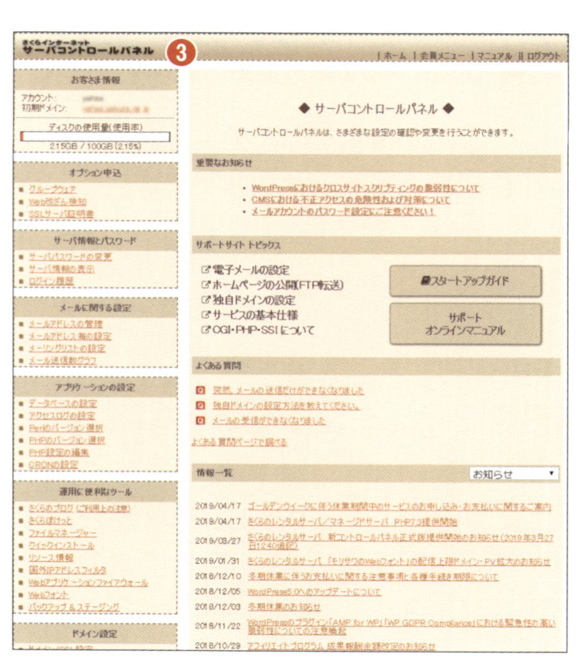

今後はこのコントロールパネルを使っていろいろ設定していきます

新しいドメインを取得する

1 ドメイン設定の項目をみつける

サーバコントロールパネル左側のサイドメニューの下のほうに「ドメイン設定」❶の項目があります。

2 新規ドメインの取得をクリックする

ドメイン設定の２つめの項目にある「新規ドメインの取得(オンラインサインアップ)」のリンク❷をクリックしてください。

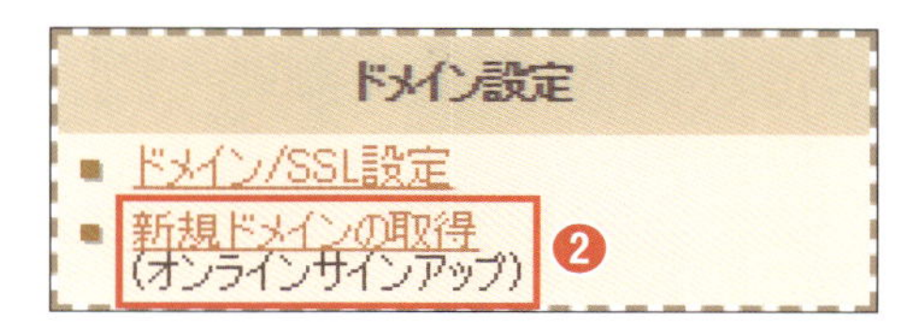

3 ドメイン検索画面に切り替わる

「ドメイン検索」❸の画面が新しく表示されます。

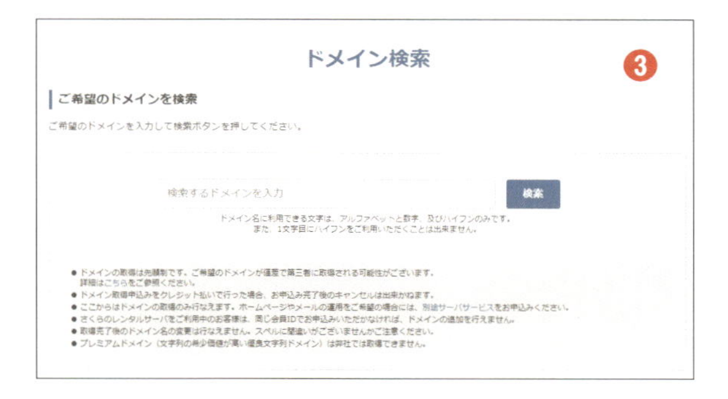

4 希望するドメインを入力して取得可能か検索する

「検索するドメインを入力」のフィールド❹に取得したいドメインを入力して、独自ドメインが取得可能かを検索します。
ここでは本書のモデルとなるカフェの名前「cafe-sabot」と入力して検索してみます。

▸▸ 新しいドメインを取得する（続き）

5 利用可能なドメインの候補が表示される

「cafe-sabot」で取得可能なドメイン候補が表示されます❶。

com、net、jp、info、org、bizなどいろいろな組み合わせのドメイン候補が表示されます。

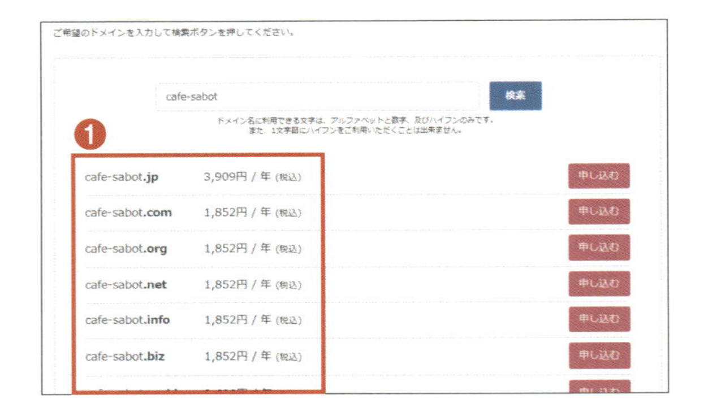

6 ドメインを決めて申し込みを完了する

希望のドメインを決めます。ここでは「cafe-sabot.com」❷で申し込みました。画面の指示に従って申し込みを完了してください。

申し込み後、実際にドメインの取得が完了するには数時間がかかります。ドメインの取得が完了するとさくらインターネットからメールで通知があります。メールの内容を確認後に続く作業に進んでください。

And More ドメイン名はわかりやすくサイトの内容に合ったものに

ドメイン名が検索結果の順位に影響を及ぼすことがあるのかどうかは気になるところですが、ドメイン名とSEOに直接的な関係はないといった意見もあります。
しかしユーザーにとって価値あるサイト（自分が運営するサイト）にたどり着いてもらうには、わかりやすい独自ドメインであること、つまりサイトの内容に合致したドメイン名であることはいうまでもなく大切です。
サイトを構築するうえで「基本的な部分である独自ドメインによってユーザーの利便性（ユーザビリティ）を追及したサイト」という意味ではSEOに効果的とみなされることもあるでしょう。会社名や店舗名、商品名を決定する時と同じように、ドメイン名もよく考えて決めるようにしてください。

▸▸ 独自ドメインをサーバに適用する

1 取得した独自ドメインをサーバに適用する

取得した独自ドメイン（cafe-sabot.com）を先に用意したサーバ（○○○○○○○○.sakura.ne.jp）に適用する必要があります。その設定を行いましょう。

「ドメイン」=「サーバ（場所）を表す住所」、「サーバ」=「データが置かれている場所」と理解してください。

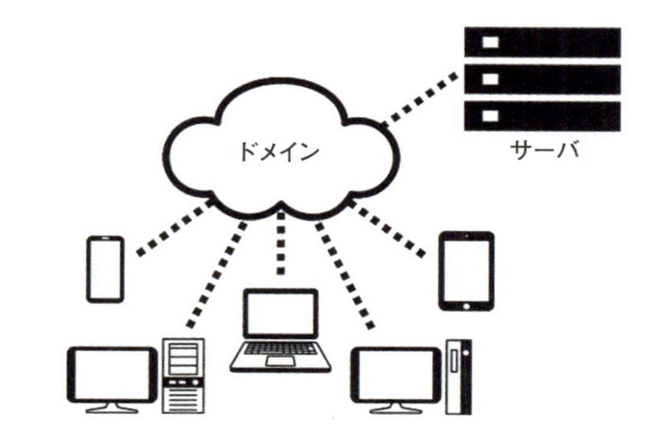

2 ドメイン/SSL設定をクリックする

サーバコントロールパネルのサイドメニューから［ドメイン設定］→［ドメイン/SSL設定］❶をクリックします。

3 新しいドメインを追加する

［ドメイン一覧］の項目にある［新しいドメインの追加］❷をクリックして［ドメインの追加―項目］に進みます。

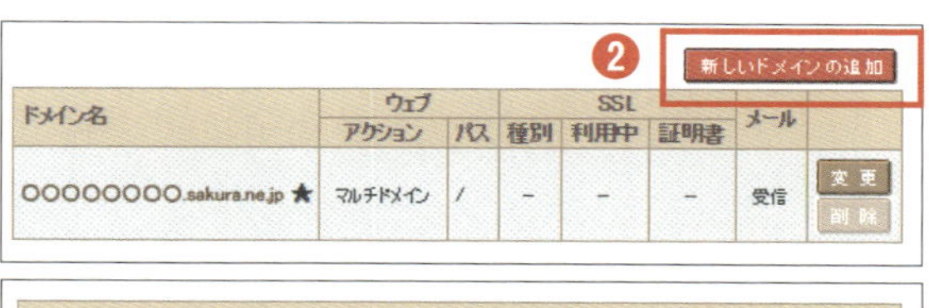

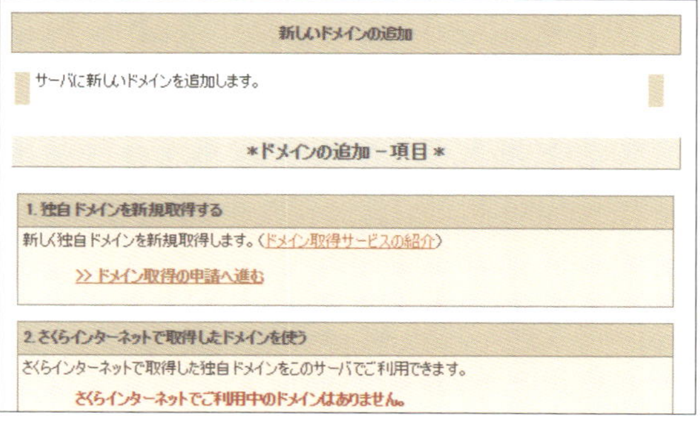

4 画面が切り替わる

「2.さくらインターネットで取得したドメインを使う」の画面に切り替わります❸。

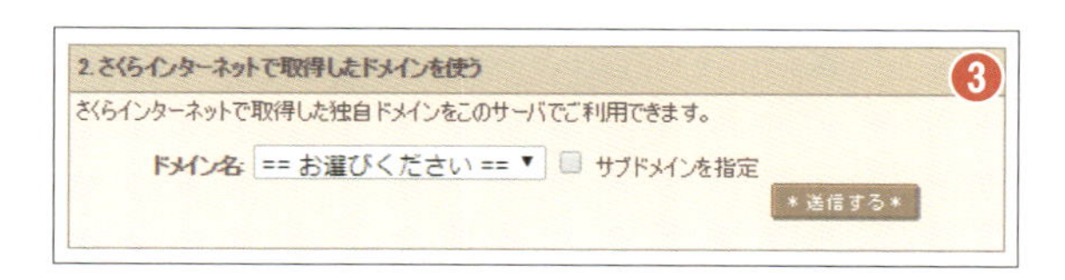

▸▸ 独自ドメインをサーバに適用する（続き）

5 プルダウンメニューをクリック

「2.さくらインターネットで取得したドメインを使う」の画面の中にある「ドメイン名」のプルダウンメニュー❶をクリックします。取得した独自ドメインが表示されます。

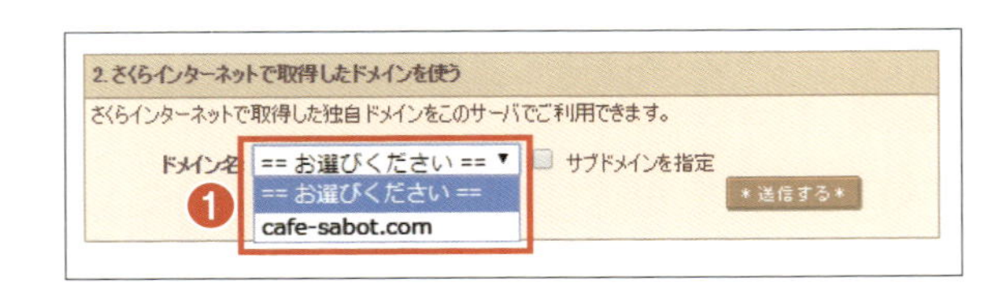

6 メニューから取得した独自ドメインを選択する

独自ドメイン（cafe-sabot.com）を選択❷して、［送信する］❸をクリックします。

このとき「サブドメインを指定」はチェックしないでください。

7 追加するドメイン名を確認して送信をクリック

さらに次の画面でドメイン名をもう一度確認して［送信する］をクリックします❹。

ドメイン名の確認と送信が
3回ぐらい求められるので
びっくりしないでくださいね

独自ドメインをサーバに適用する（続き）

8 ドメイン名を最終確認して送信をクリック

さらに次の画面で追加ドメイン名の最終確認をして［送信する］❶をクリックします。

ドメイン追加 最終確認

以下のドメイン名を、サーバサービスに追加しますがよろしいですか？

サービスコード	
初期ドメイン名	○○○○○○○○.sakura.ne.jp
追加ドメイン名	cafe-sabot.com

❶ 送信する　キャンセル

9 送信してドメイン追加完了

「ドメイン追加完了」❷の画面に変わります。これで独自ドメインをサーバに取り込むことができました。
取得したドメインを「このサーバで使います」と宣言したことになります。

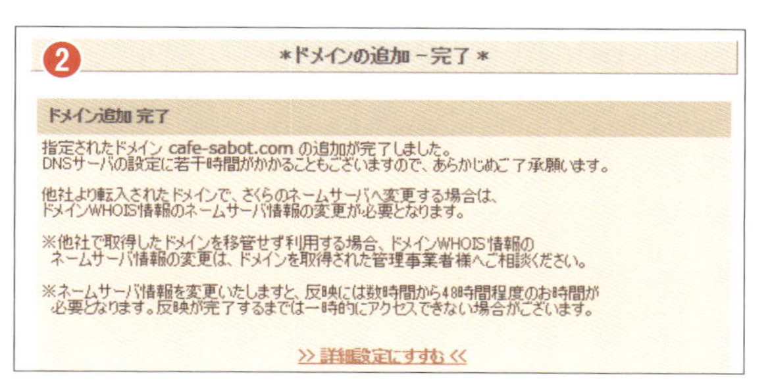

右の図の「注意事項」にも記されているように、追加したドメイン情報が反映されるまでには数時間〜2日程度かかることがあります。
アクセスできない場合、しばらく時間をおいてからもう一度接続を試してください。

<注意事項>

- 追加したドメイン情報が反映されるまでに、数時間〜2日程度かかることがあります。アクセスできない場合、しばらく時間をおいてから、もう一度接続をお試しください。
- ご不明な点がございましたらカスタマーセンターまでお問合せください。

<サブドメインに関する注意事項>

- 半角英数字(a〜z、0〜9)、ハイフン(-)のみ利用できます。
- 1〜63文字まで入力できます。
- 1文字でのご利用の場合は、ハイフン(-)は利用できません。
- 始端、終端にハイフン(-)は利用できません。

And More たくさんの人に訪問してもらうための「SEO対策」

ウェブサイトを運営するからには多くの方々にサイトを訪問してほしいものです。インターネット上に星の数ほどあるサイトの中からより多くの方々に訪問してもらうには、検索エンジンに向けて最適な状態にすることがとても大切です。この取り組みのことを、一般的に「SEO対策」といいます（「Search Engine Optimization」の略で「検索エンジン最適化」を意味します）。

Googleなどに代表される検索エンジンは、より質の高い検索結果、つまり検索ユーザーにとってより有用なコンテンツをより上位に表示させるために検索アルゴリズムに日々改善を図っていますが、サイト運営でも同じことがいえるのです。より有用な情報を提供すること、つまり、より価値あるコンテンツを提供するように努めることが最も効果的なSEO対策といえます。

▸▸ SSLを導入して安全なインターネット通信

1 SSLを導入して安全なインターネット通信

SSL（Secure Sockets Layer）とは、インターネット上で安全にデータ通信する仕組み（プロトコル）のことです。
URLをみると鍵マークとプロトコル（https）で簡単に見分けることができます。

この仕組みにより、個人情報などの通信を悪意のある第三者による盗聴から防いだり、送信される重要な情報の改ざんを防ぐ役割を果たしています。

SSLを導入していないサイト（http）

http://sample.com

SSLを導入しているサイト（https）

https://sample.com

プロトコル

鍵マーク

2 SSL証明書の登録申請

サーバコントロールパネルのサイドメニューから[ドメイン設定]→[ドメイン/SSL設定] ❶をクリックして「ドメイン一覧」を表示すると追加したドメインが表示されます。
この「SSL/証明書」の欄にある[登録] ❷をクリックします。

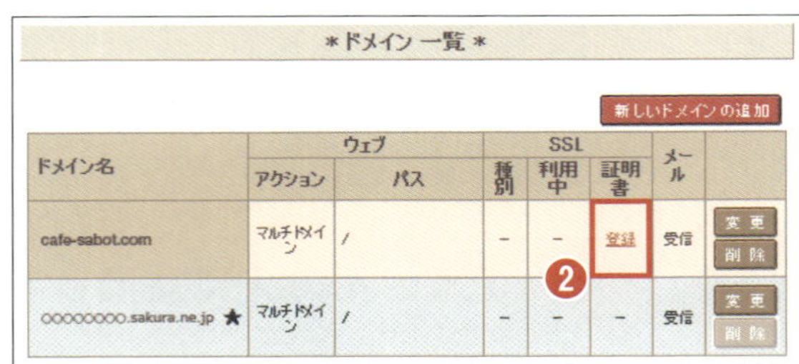

3 使用するSSLを選択する

表示された「SSLサーバ証明書概要」のページで解説を読んだ後に、使用するSSLを選択します。ここでは［無料SSLの設定へ進む］❸をクリックします。

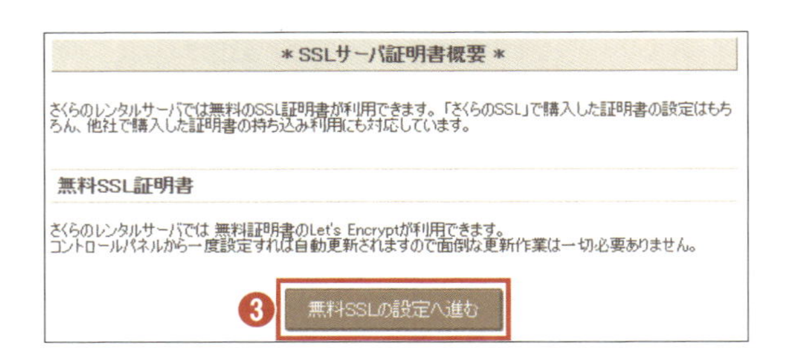

SSLを導入して安全なインターネット通信(続き)

4　無料SSLを設定する

続けて表示される「無料SSL証明書について」のページの説明を読んだ後、[無料SSLを設定する] ❶をクリックします。

[無料SSLを設定する]ボタンが表示されない場合、ドメイン設定の反映に時間がかかっていることが考えられます。その場合はしばらくしてから試してください。

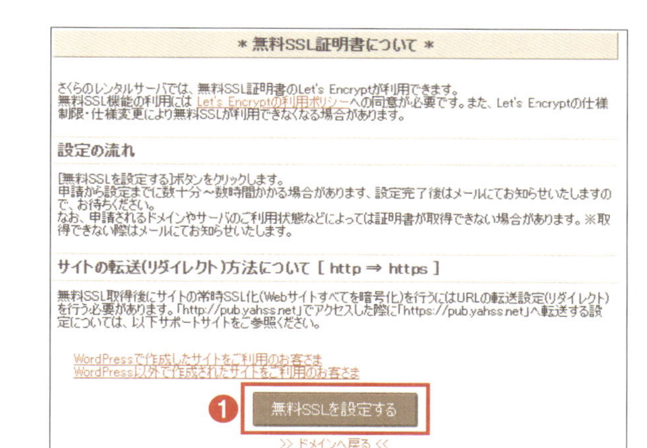

5　SSL証明書発行完了を知らせるメールを待つ

登録申請は完了です。表示されたページの下部に説明❷されているとおり、発行完了を知らせるメールを受信するまでしばらく待つ必要があります。

[ドメインへ戻る] ❸をクリックして「ドメイン一覧」のページに戻ります。

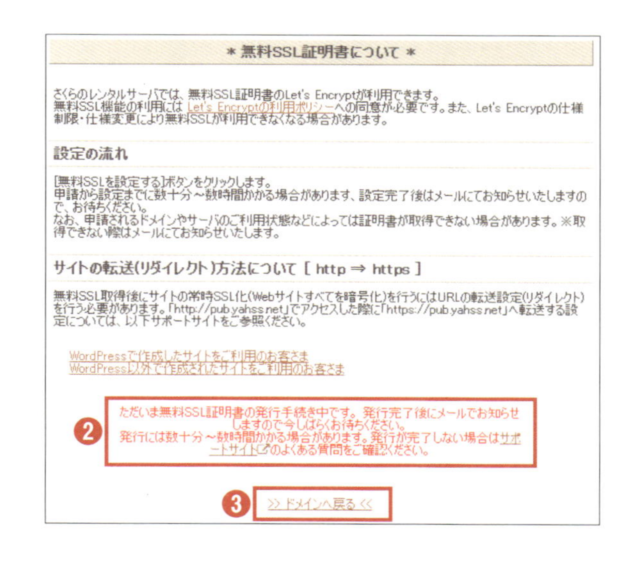

6　SSL証明書発行の完了を確認する

しばらく待った後、「ドメイン一覧」を確認すると「SSL/利用中」の欄に[表示]のリンク❹が表示されます。このリンクをクリックするとSSL設定が完了したサイトをウェブ上で確認することができます。

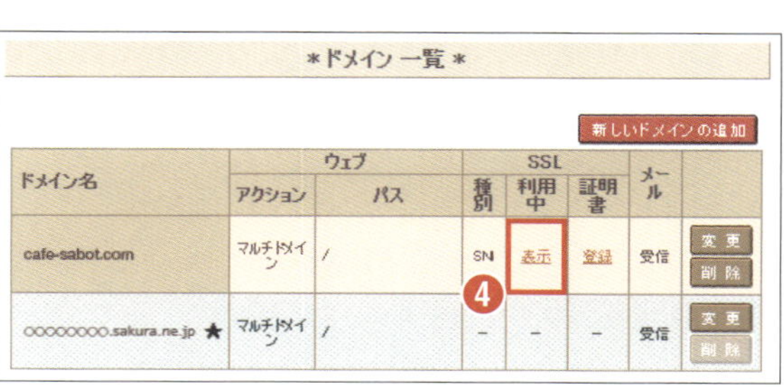

▸▸ 独自ドメインとSSL設定が完了したサイトを確認する

1 設定した独自ドメインにアクセスできるか確認する

設定が完了した独自ドメインが地球全体のインターネット上で認識されるには、最大で1日ほど待つ必要があります。
時間が経過したら独自ドメインにアクセスしてみてください。サイトにアクセスできることを確認しましょう。ただしまだ何もファイルがないので「404 Not Found」❶などと表示されます。

リクエストされたデータ（URL）がWebサーバに存在しない場合、Webサーバは「そのデータはありません」と返信をします。それが「404 Not Found」で、ウェブで共通する表示です。

Not Found ❶

The requested URL / was not found on this server.

And More　お店・商品・サイトをブランディングで統一しよう

たとえ絶対的に自信のあるよい商品・お店だったとしても、人の目にとまり選んでもらえなければ意味がありません。そのためには、その「よいもの」に価値を与える、つまり共感や信頼などを通じて価値あるものとして認知される必要があります。そのように価値あるブランドに育てていく対策や活動を総称して「ブランディング」と呼びます。
いわゆるブランド品が初めて見る商品でもそのブランドと認識されるのは、ほかにはない確立されたブランドイメージがあり、どの商品にもその精神が行き渡っているからです。
あなたが提供するものの唯一無二の特長はなんでしょうか？　特長を際立たせることで独自の価値を生み出していくことができます。実際のお店、商品、そしてサイトでも、その統一された特長が前面に押し出されるように心がけてください。

And More　独自ドメインでメールアドレスも作れる

さくらインターネットをはじめほとんどのレンタルサーバでは、契約するとサーバ領域を使用できるだけでなく、独自のメールアドレスを作成・管理することができます。ウェブサイトだけでなくメールアドレスの@以降にも独自ドメインを使用できます。

× フリーのメールアドレスでもなく……

mail@yahoo.co.jp

× プロバイダー会社のメールアドレスでもなく……

mail@xxxx.sakura.ne.jp

○ 独自ドメインのメールアドレスを作成・管理できる

mail@cafe-sabot.com

〈 さくらインターネットでメールアドレスを作成・管理する方法 〉

① メールアドレスの管理画面を表示する

サーバコントロールパネルのサイドメニューから［メールに関する設定］→［メールアドレスの管理］❶をクリックして「メールアドレスの管理」画面を表示します。

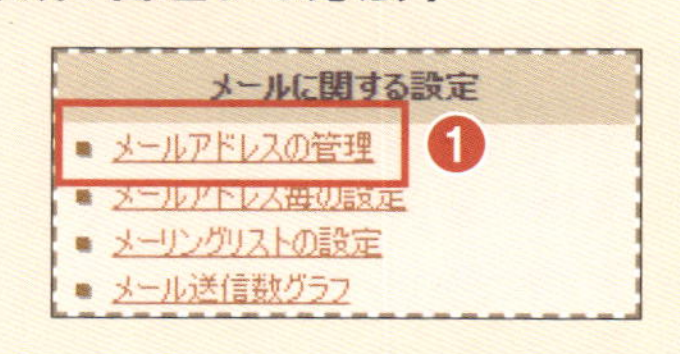

② 追加したいメールアドレスを設定する

「メールアドレスの追加」❷で追加したいメールアドレス、およびパスワードを設定して、［追加］をクリックすると追加完了です。

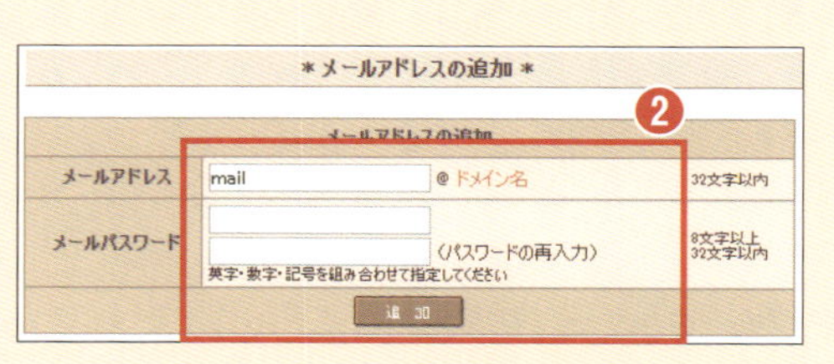

「@ドメイン名」の文字上でマウスホバーすると、利用できるドメイン名が表示されます❸。
この例の場合は次の2つのメールアドレスを利用できますが、同一のアドレスとして認識されます。
mail@cafe-sabot.com
mail@○○○○.sakura.ne.jp

メールソフトの設定方法についてはプロバイダー会社のマニュアルを参照してください。

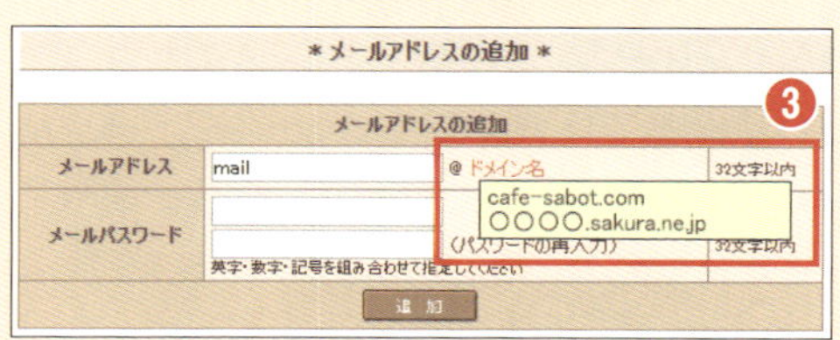

LEVEL 1 Lesson 03

WordPressのサーバへの設置と本体のインストール

WordPressをインストールする

インターネット上に場所も確保していよいよWordPressの話に入るんですね？

ようやくWordPressのインストールを行います！ドメインの話よりもずっと簡単ですよ

▸▸ WordPressの導入はレンタルサーバで簡単に行える

このレッスンでは、WordPressをサーバにインストールしていきます。まず「WordPress公式サイト」（https://ja.wordpress.org/）にアクセスして、WordPressをダウンロード、サーバの特定の場所に置き、さらにサーバにデータベースを作成して、WordPressのプログラムファイルを編集……と専門的で面倒な作業です。

WordPressとは？

初心者でも簡単にブログを作成可能！

ブログ感覚でホームページの作成・更新が可能！テンプレートを活用すれば、初心者の方でも簡単に本格的なホームページを作成することができます。

WordPress

プラグインの活用で、多機能ブログ環境に

数多くのデザインテンプレートが無料で公開されています。デザインやレイアウトの変更も容易で、自分好みのサイト制作が可能です。

さくらのレンタルサーバ版の特長

「さくらのレンタルサーバ」「さくらのマネージドサーバ」でクイックインストールを行ったWordPressはいくつかのプラグインを予めインストールしています。
WordPress 公式サイト

さくらのレンタルサーバのWordPressを紹介するページ

さくらインターネットに限らず、多くのレンタルサーバ事業者ではWordPressのインストールが簡単に行えるサービスを提供しています。使用するレンタルサーバによっては、WordPress本体とデータベースを同時に作成して設定できるものもあります。

でも安心してください。「さくらのレンタルサーバ」のコントロールパネルでは、WordPressが簡単に導入できるようになっているのです。

WordPressを動かすには、「データベース」と「WordPress本体」の2つが必要とだけ覚えてください。さくらインターネットではこの2つを別々に作成します。

このレッスンでは
・データベースの新規作成
・WordPressのサーバへの導入
・サイトアドレスの指定
・WordPress本体のインストール
を行います

データベースを追加する

1 データベースの設定をクリックする

サーバコントロールパネルのサイドメニューから［アプリケーションの設定］→［データベースの設定］❶をクリックしてください。

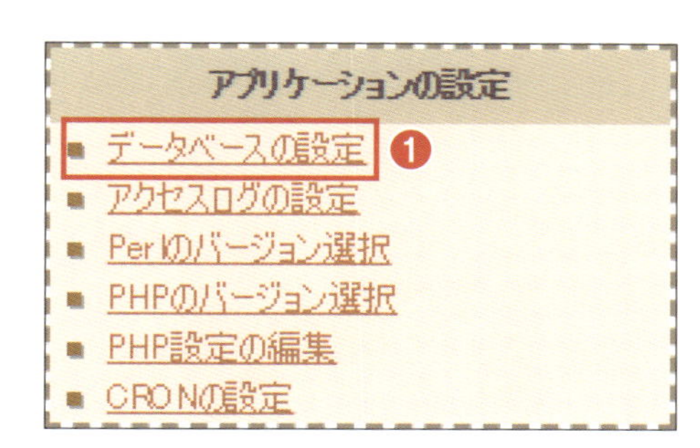

2 データベースを新規作成する

次の画面で［データベースの新規作成］❷をクリックして［データベースの新規作成］画面に進みます。

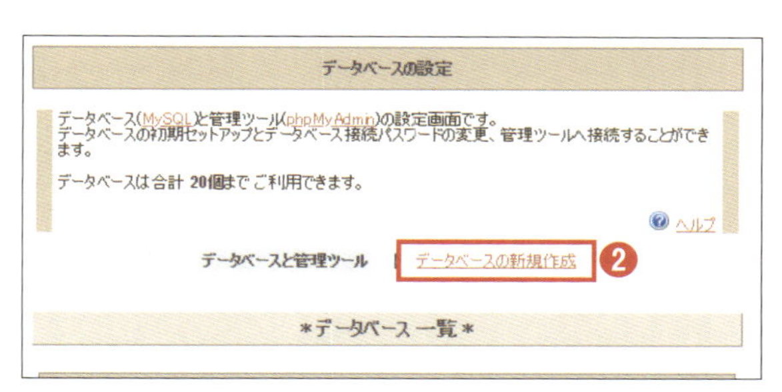

3 データベースの名前を決めて入力する

データベース名❸を入力します。本書では「cafe-sabot-wpdb」としました。

データベースのバージョン❹は、はじめから使用できる最新版になっているので、初期設定のままで大丈夫です。

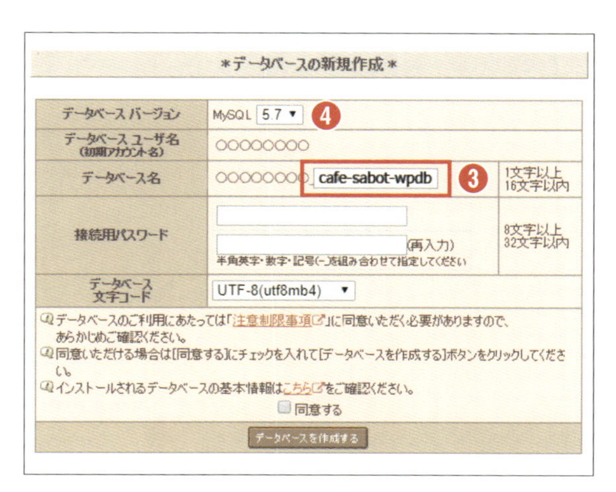

データベースの名前は
好みでかまいませんが
「wpdb」などとつけておくと
わかりやすくなりますよ

データベースを追加する（続き）

4 データベースに接続するパスワードを設定する

データベースに接続するパスワード❶を設定します。データベースの文字コード❷は「UTF-8(utf8mb4)」を選択してください。入力が完了したら［同意する］❸にチェックを入れて、［データベースを作成する］❹をクリックします。

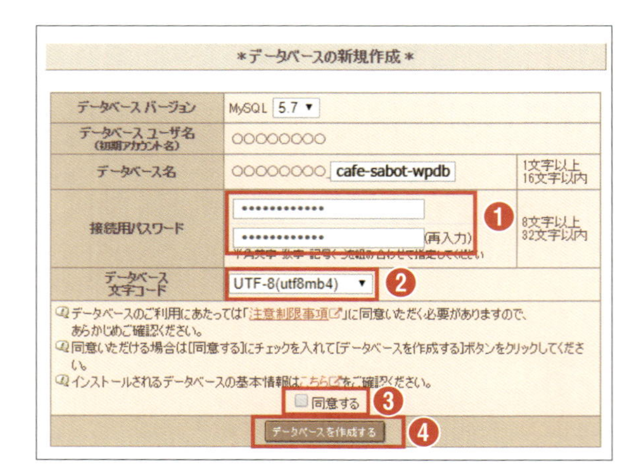

5 データベースの追加が完了

データベース一覧に新しいデータベース❺が追加されました。

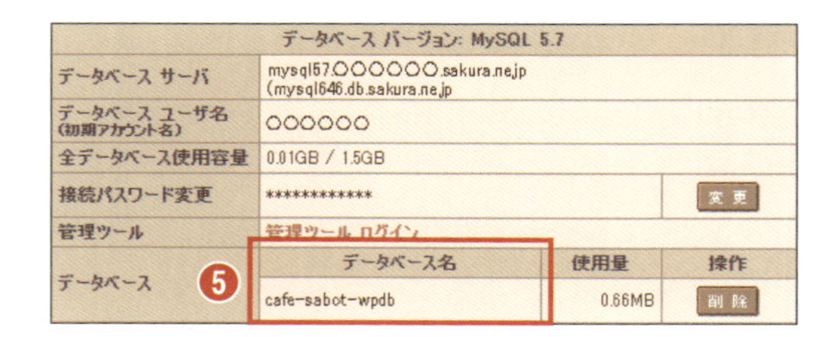

これでデータベースの設置が完了しました
次は「クイックインストール」で
サーバにWordPressを導入します

サーバにクイックインストール

1 WordPressをサーバにクイックインストール

WordPressをサーバに導入するためサーバコントロールパネル→[運用に便利なツール]→[クイックインストール] ❶ をクリックします。次の画面で[ブログ]→[WordPress] ❷ を選択します。

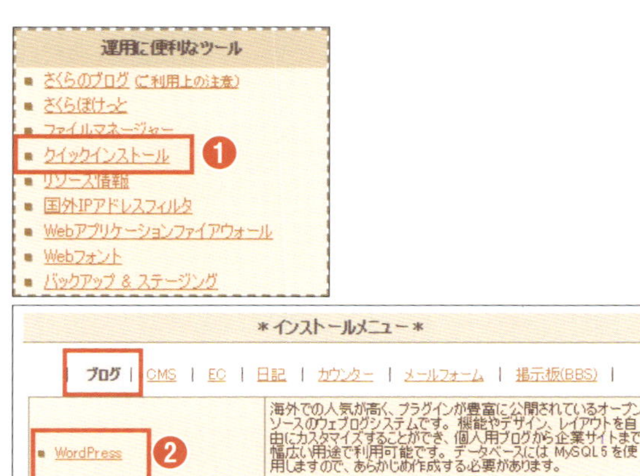

2 インストールするサーバの場所を指定する

[インストール先] ❸ で初期ドメイン（○○○○○○○○.sakura.ne.jp）を選択して次に下層フォルダ名 ❹ を入力します。独自ドメイン名を連想させる名称にします。ここでは「cafe-sabot-wp」にしました。

❸では取得した独自ドメインは選択しないように注意してください。

注意事項
・データベースには MySQL5 を使用しますので、あらかじめ作成する必要があります。
・インストール先にWebアプリケーションファイアウォールを有効にしたドメインを選択すると、ソフトウェアが正常に動作しない場合があります。あらかじめWebアプリケーションファイアウォールを無効にしてください。詳しくはこちらをご確認ください。
・キャッシュプラグインなどで生成されるフォルダ（wp-content/cache）の内容は定期的に削除されます。詳しくはこちらをご確認ください。
確認　ライセンス、インストール規約、注意事項の内容に同意する
インストール先　http:// ○○○○○○○○.sakura.ne.jp　cafe-sabot-wp　❹
○○○○○○○○.sakura.ne.jp
cafe-sabot.com
データベース　❸　00.○○○○○○○○.sakura.ne.jp
データベースパスワード

3 データベースを選択して指定する

[データベース]を設定します。P43の3で作成したデータベース（○○○○○○○○_cafe-sabot-wpdb）❺ をプルダウンメニューから選択して指定します。P44の4で設定した接続用パスワードを[データベースパスワード] ❻ に入力します。完了したら[インストール] ❼ をクリックします。

[テーブルの接頭語を入力してください] ❽ は初期設定のままで大丈夫です。

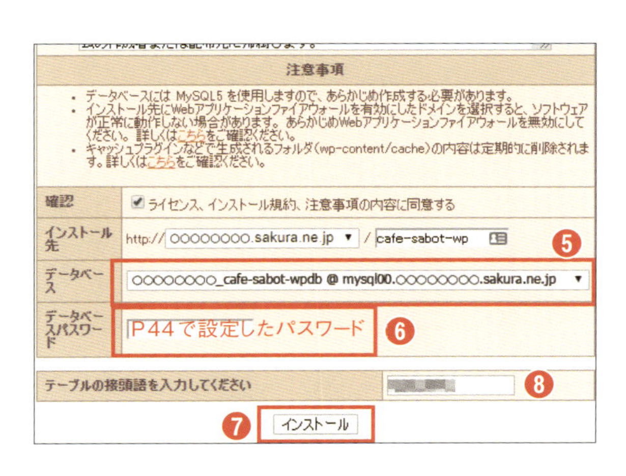

▸▸ サーバにクイックインストール（続き）

4 WordPressのインストールが完了

しばらくして「WordPress 5.xのインストールが完了しました」❶と表示されたらサーバへのWordPress導入が完了です。

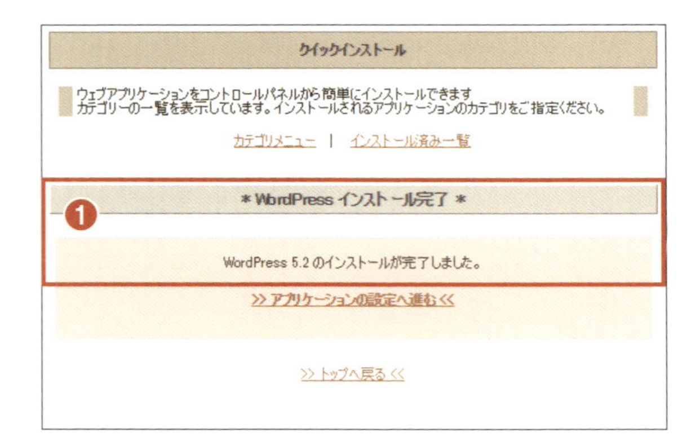

5 アプリケーションの設定には進まない

「アプリケーションの設定へ進む」❷をクリックするとWordPressのインストール画面が表示されますが、ここでは進まないでください。
その前にウェブサイトのトップページがドメイントップに表示されるように設定します。次ページで解説します。

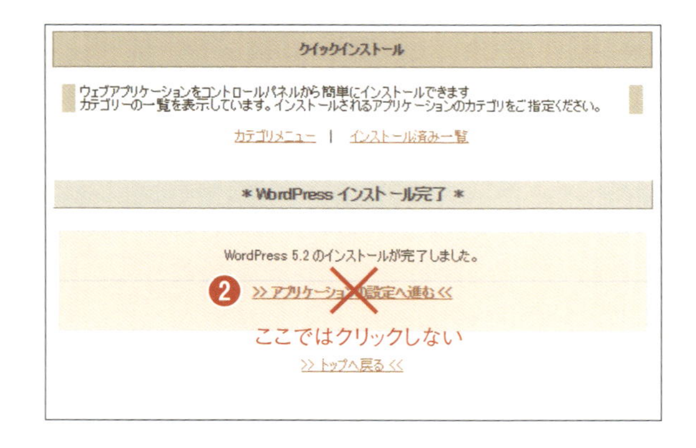

これでサーバへのWordPress環境の
導入が完了しました
次にWordPressの設定に進む前に
まずドメインの設定をします

サイトアドレスをドメイントップに設定する

1 ドメインの指定フォルダを変更する

このままWordPressのインストールを進めるとウェブサイトのトップページのURLが「cafe-sabot-wp」付きになってしまいます。これはドメインの場所を明示的に指定することで解決します。

2 ドメイン/SSL設定を開く

サーバコントロールパネルのサイドメニューから[ドメイン設定]→[ドメイン/SSL設定]❶をクリックします。

3 独自ドメインの詳細設定を開く

「ドメイン一覧」から「cafe-sabot.com」の「変更」❷をクリックします。

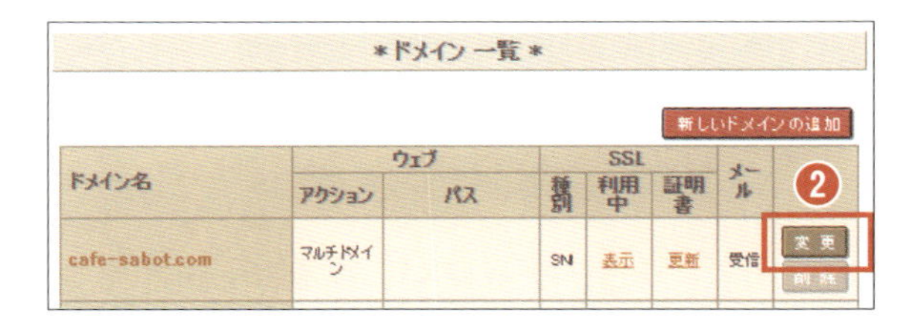

4 独自ドメインの場所を指定する

「1. 設定をお選びください」の項目で「マルチドメインとして使用する(推奨)」❸を選択します。

「2. マルチドメインの対象のフォルダをご指定ください」で「指定フォルダ」❹にP45の「インストール先」の下層フォルダで指定した場所(ここでは「/cafe-sabot-wp」)を入力します。

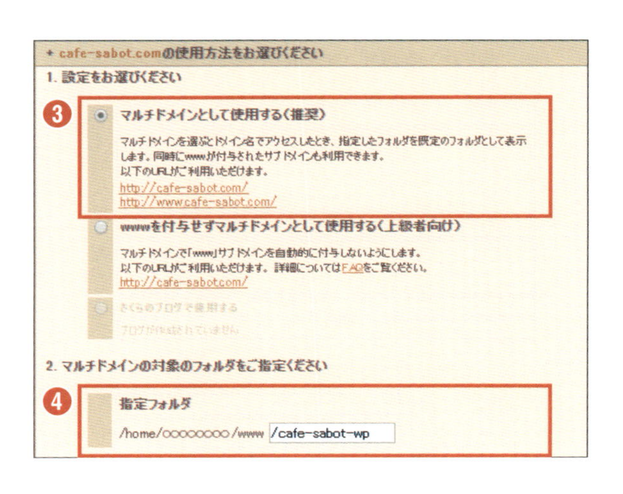

▸▸ サイトアドレスをドメイントップに設定する（続き）

5 設定を保存する

ドメイン詳細の設定を確認したら下の［送信］❶をクリックして設定を保存します。

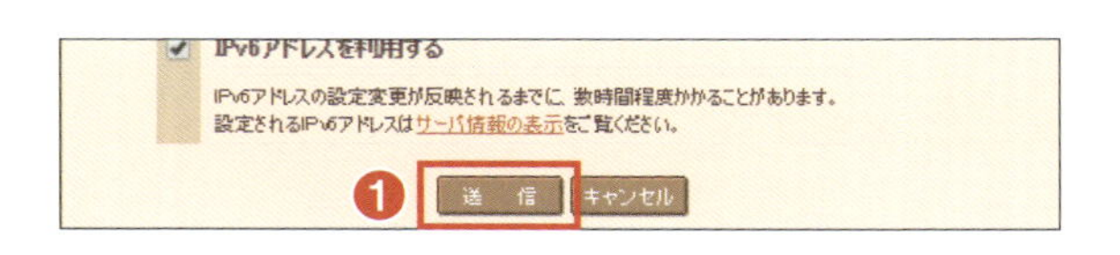

6 独自ドメインの場所を指定完了

「ドメイン一覧」画面に戻ると、独自ドメインのパス（場所）が「cafe-sabot-wp」に正しく設定されています❷。これを確認できたら指定が完了です。

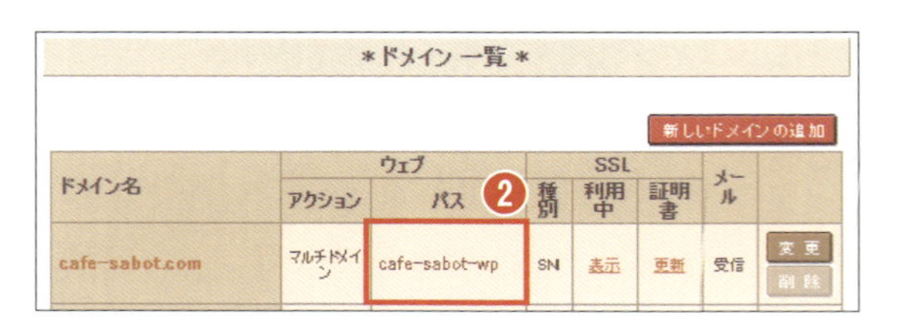

独自ドメインと関連付けられた
サーバ上の場所を明示的に
指定することができました
次はいよいよWordPress本体の
インストールです

And More　サーバに複数のドメインを設置できるマルチドメイン

「マルチドメイン」は契約したレンタルサーバ内に複数の独自ドメインを持つことができる機能です。右の図のように初期ドメインの下にいくつもの独自ドメインが存在しているイメージです。これにより1つのレンタルサーバで複数のウェブサイトの運用が行えます。さくらのレンタルサーバをはじめ、レンタルサーバ各社でサービスを提供しています。WordPressでウェブサイトの運用を行う場合は、マルチドメイン1つに対しWordPressをインストールします。

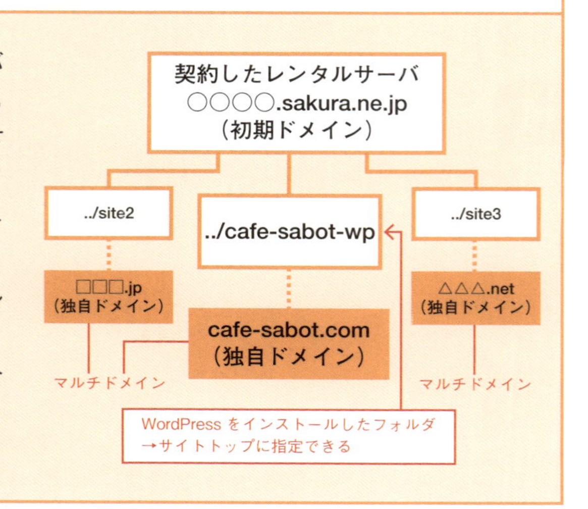

WordPressをインストールする

1 独自ドメインのURLにアクセスする

いよいよWordPress本体をインストールする作業を行います。ブラウザで独自ドメインのURL（WordPress環境を導入したURL）❶にアクセスしてください。

2 WordPressのインストール画面が表示

「ようこそ」と表示されてWordPressのインストール画面❷が表示されます。

❷

ようこそ

WordPress の有名な5分間インストールプロセスへようこそ！以下に情報を記入するだけで、世界一拡張性が高くパワフルなパーソナル・パブリッシング・プラットフォームを使い始めることができます。

必要情報

次の情報を入力してください。ご心配なく、これらの情報は後からいつでも変更できます。

サイトのタイトル

ユーザー名　ユーザー名には、半角英数字、スペース、下線、ハイフン、ピリオド、アットマーク(@)のみが使用できます。

パスワード　強力　隠す　重要: ログイン時にこのパスワードが必要になります。安全な場所に保管してください。

メールアドレス　次に進む前にメールアドレスをもう一度確認してください。

検索エンジンでの表示　検索エンジンがサイトをインデックスしないようにする　このリクエストを尊重するかどうかは検索エンジンの設定によります。

WordPress をインストール

さっき「クイックインストール」したばかりなのにまたインストールするんですか？

さくらインターネットではWordPressをサーバに導入することを「クイックインストール」と呼んでいますWordPressではここからのステップを「インストール」と呼んでいるんですよ

▸▸ WordPressをインストールする（続き）

3 WordPressのインストール画面の詳細

ここからはWordPressのインストール方法をひとつずつ順を追って解説します。

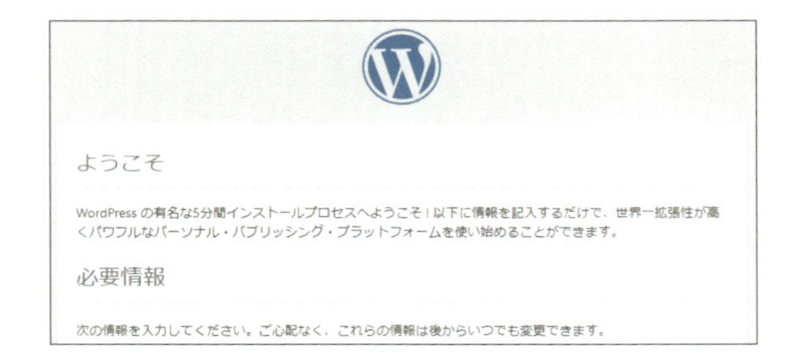

4 ウェブサイトのタイトルを入力する

❶［サイトのタイトル］：
タイトルを入力します。どんなウェブサイトなのか直感的にわかるタイトルにしましょう。ここでは「cafe sabot」とします。

サイトタイトルはウェブサイトを見つけてもらうためにとても重要です。ここではお店の名前だけにしましたが、「お店の名前＋地域名＋特徴」を簡潔に表現することをおすすめします。

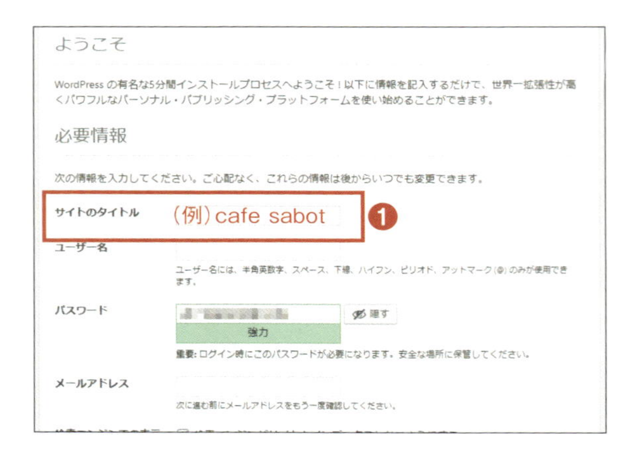

5 ユーザー名を入力する

❷［ユーザー名］：
ユーザー名はWordPressの管理画面にログインする際に使います。
使用できる文字は、半角英数字、スペース、下線（アンダーバー）、ハイフン、ピリオド、アットマーク（@）です。

セキュリティを意識して「admin」などの類推しやすい名前は避けてください。

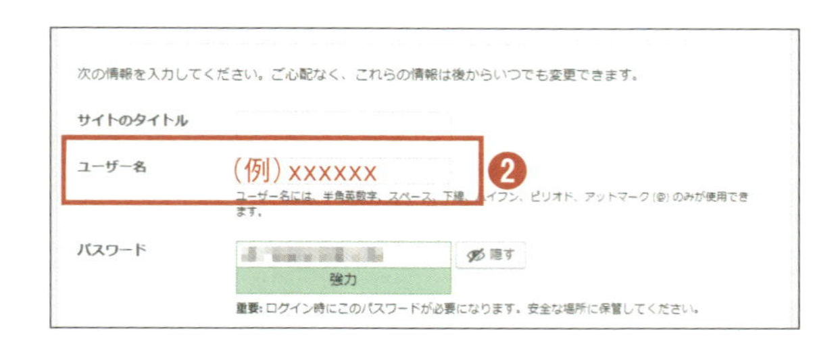

▸▸ WordPressをインストールする（続き）

6 パスワードを設定する

❶［パスワード］：
WordPressの管理画面にログインする際のパスワードを設定します。セキュリティを意識して類推されにくいユーザー名とパスワードにしましょう。初期設定で提示されているものを使用してもOKです。
入力したパスワードの安全性は、その下に表示されるインジケーターで確認することができます。「強力」❷と認識されるパスワードを設定してください。

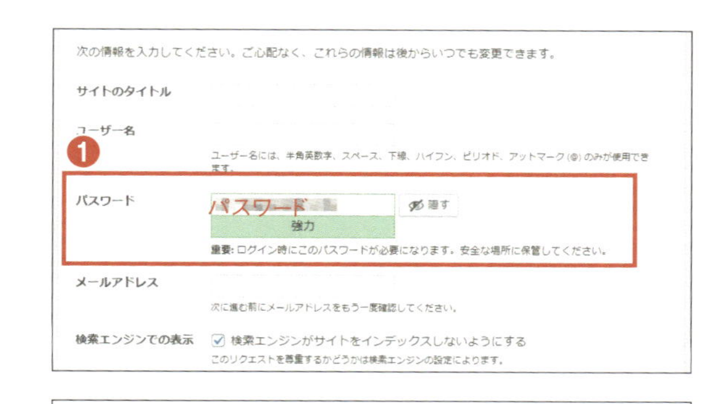

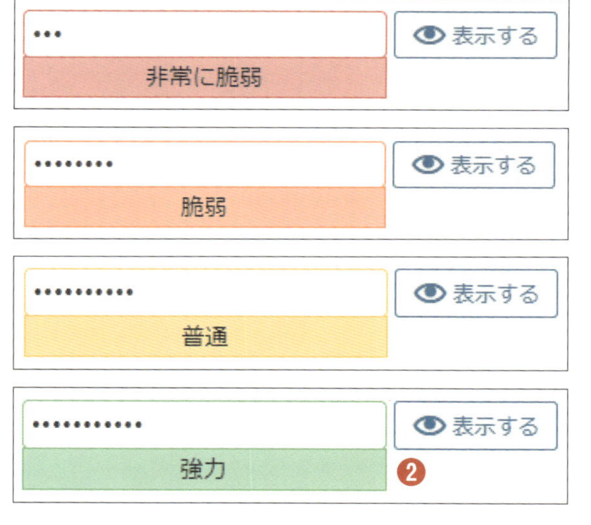

7 メールアドレスを設定する

❸［メールアドレス］：
WordPressを管理するためのメールアドレスを入力します。

WordPressからの通知を受信するために使用されます。パソコンで受信できるメールアドレスを指定してください。

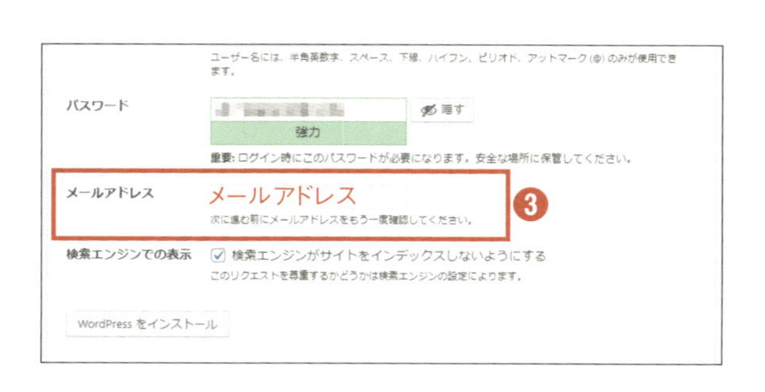

WordPressをインストールする（続き）

8 検索エンジンでの表示を設定する

❶［検索エンジンでの表示］：
作成している途中のサイトを検索されないようにするため、いったんここにチェックを入れます。

これはあとで管理画面で設定を解除できます。サイトを見つけてもらうために解除するのを忘れないようにしましょう。

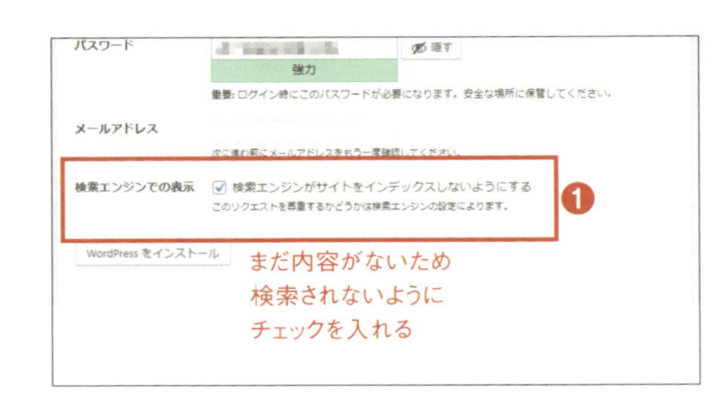

9 WordPressをインストールをクリックする

❷［WordPressをインストール］：
上記の7までの設定がすべて終わったら、「WordPressをインストール」をクリックします。「成功しました！」❸と表示されればインストールが完了です。

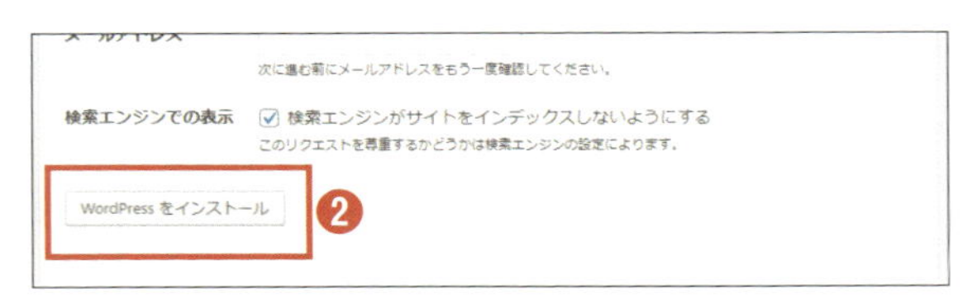

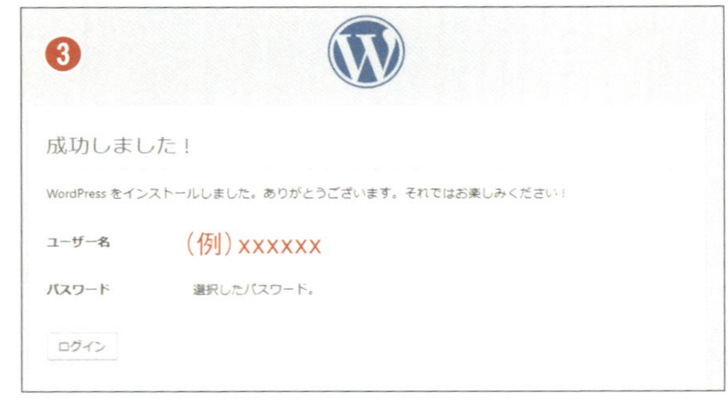

WordPressのインストールが
やっと終わったんですね？

そうです！
楓さんのサーバに
楓さんの独自ドメインで
楓さんのWordPressサイトの
設置が完了しました
さっそくログインしてみてください

WordPressにログインできるかをテストする

1 WordPressのログインを試す

WordPressにさっそくログインしてみましょう。［ログイン］❶をクリックします。

ログイン画面が表示されたら、このログインページのURLをブックマークしておきましょう。

成功しました！

WordPress をインストールしました。ありがとうございます。それではお楽しみください！

ユーザー名　（例）xxxxxx

パスワード　選択したパスワード。

ログイン ❶

2 ユーザー名とパスワードを入力してログインする

インストール時に設定した［ユーザー名またはメールアドレス］❷と［パスワード］❸を入力して［ログイン］❹をクリックすると、WordPressの管理画面が表示されます。

3 WordPressのログインを試す

これでWordPressのサイトが公開されました。インターネットにつながっていれば、どのスマホやパソコンからでも、世界中どこからでもあなたのサイトにアクセスできるのです。

設定時に「検索エンジンがサイトをインデックスしないようにする」をチェックしているので、原則として検索エンジンに検知されません。作りかけのサイトを見つけてほしくない場合に、この設定を有効にします。

▸▸ WordPressを最新版にアップデートする

1 WordPressを最新版にアップデートする

レンタルサーバのクイックインストールを使用してWordPressを導入すると、最新のバージョンではないことがあります。WordPress・プラグイン・テーマ・翻訳を最新の状態にバージョンアップしておきましょう。くわしくは次ページで解説します。

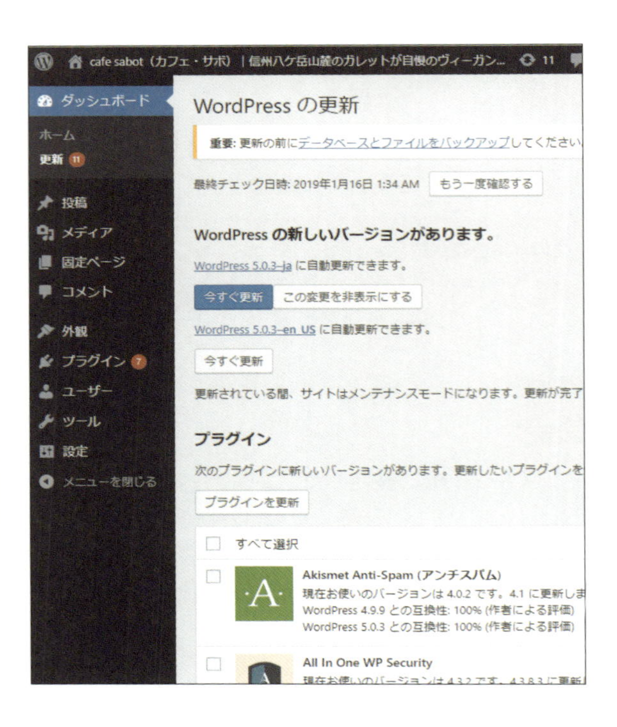

バージョンアップは
本来は慎重に行うべき作業ですが
ここではWordPressを導入した直後
ですから問題ありません

And More　世界中のボランティアが自発的に開発・メンテナンス

WordPressはフリーかつオープンソースのソフトウェアで、世界中のボランティアの開発者たちによって日々メンテナンスされているものです。WordPressは「GPL」（General Public License）と呼ばれるライセンスを採用しており、プログラムの実行・研究・再配布・改変版の頒布、この4つの自由を宣言していることが最も大きな特徴です。

WordPressが世界中でこれほどまでに活用されているのはこの精神のおかげなのです。WordPressのアップデートを行うと表示される「WordPress x.x.xへようこそ」のページでも、それらについて説明されているので一度は目を通すようにしてみましょう。

WordPressを最新版にアップデートする(続き)

2 更新情報があるか確認をする

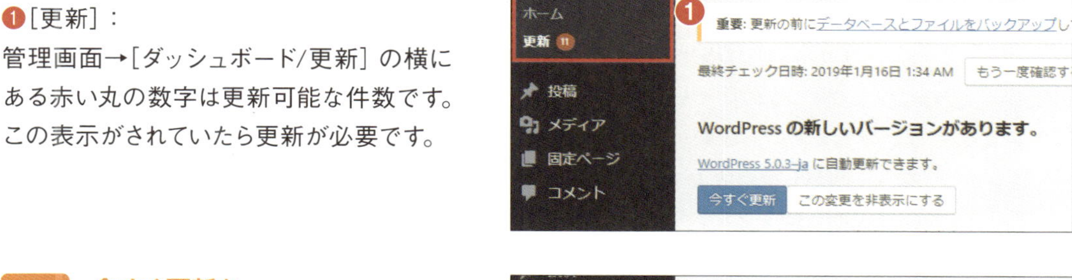

❶[更新]:
管理画面→[ダッシュボード/更新]の横にある赤い丸の数字は更新可能な件数です。この表示がされていたら更新が必要です。

3 今すぐ更新をクリックする

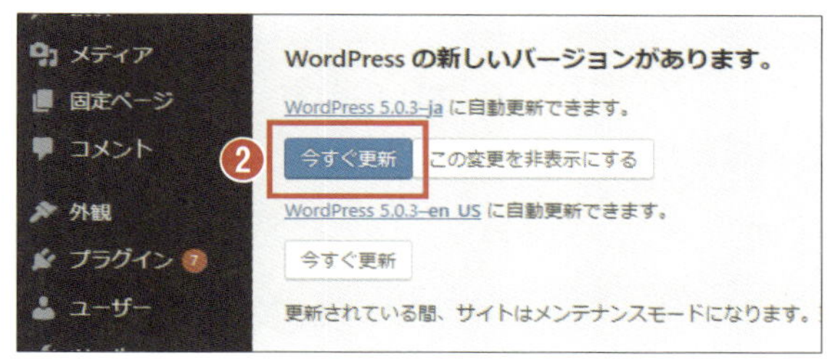

❷[今すぐ更新]:
[今すぐ更新]ボタンが表示されていればクリックして「WordPressの更新」ページに移動します。

4 最新バージョンの更新ページに表示が切り替わる

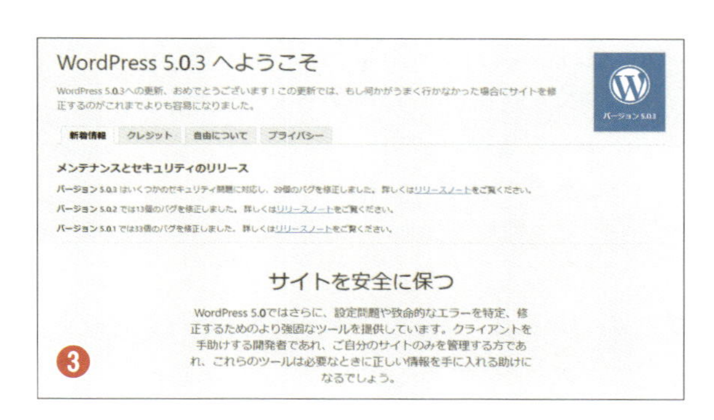

❸[WordPress 5.x.xへようこそ]:
しばらく待つと「WordPress 5.x.xへようこそ」という最新バージョンの更新ページに移動します。

5 もう一度更新をクリックする

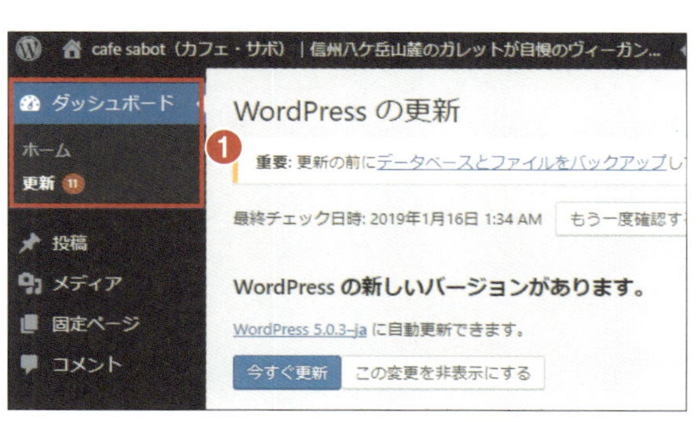

再び❶の[ダッシュボード/更新]をクリックして「WordPressの更新」ページに移動してください。

▸▸ WordPressを最新版にアップデートする(続き)

6 プラグインの更新を確認する

❶[プラグインの更新を確認]：
[ダッシュボード/プラグイン] の横に赤丸の数字があり、「プラグイン」の見出しの下に更新が必要なプラグインが一覧表示されているなら、[すべて選択] ❷にチェックをして [プラグインを更新] ❸をクリックします。しばらく待つと更新が完了します。
再び前ページ❶の [ダッシュボード/更新] をクリックして「WordPressの更新」ページに移動してください。

7 テーマの更新を確認する

❹[テーマの更新を確認]：
「テーマ」の見出しの下に更新の必要なテーマが一覧表示されているなら、同様にそれらを [すべて選択] して、[テーマを更新] ボタンをクリックします。しばらく待つとテーマの更新が完了します。

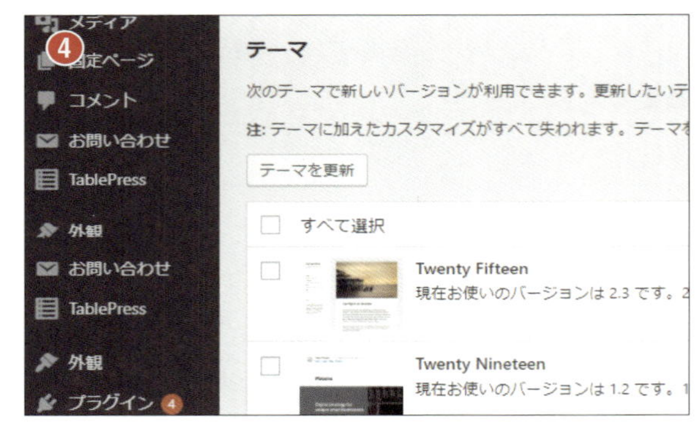

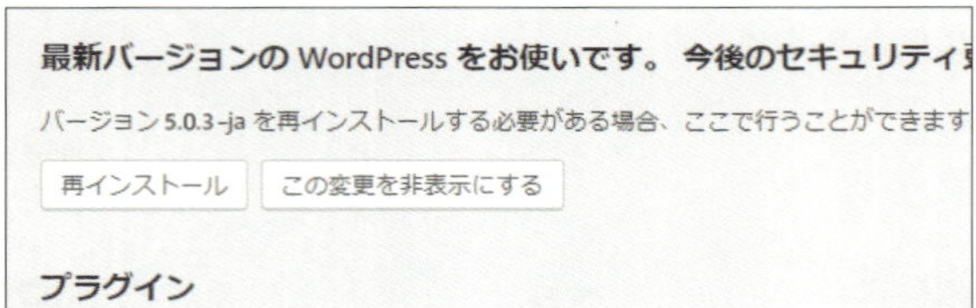

「翻訳」の見出しの下に「翻訳はすべて最新版です」と表示されているなら翻訳を更新する必要はありません。そうでない場合は翻訳の更新も実行してください。

「最新バージョン～をお使いです」
と表示されていれば
更新する必要はありません

ここまでなんとか
私にもできました！

LEVEL 2

WordPressの基本設定

LEVEL 2
Lesson
01

WordPressの基本画面

WordPressの管理画面をみてみよう

「管理画面」って
なんだかちょっと
むずかしそうですね……
私にできるかしら？

意外と簡単ですよ！
今後WordPressを
操作する基本になるので
おぼえましょう！

▸▸ WordPressの基本画面をまずおぼえる

思いどおりのウェブサイトにしていくには、基本を知ることが何よりも近道です。
地味ですがWordPressを運営するうえで基本設定など大切な分野を習得しましょう。

WordPressの管理画面はヘッダー(ツールバー)・メインナビゲーション・作業領域・フッターによって構成されています。
次ページから各機能についてみていきましょう。

ヘッダー
(ツールバー)

メイン
ナビゲーション

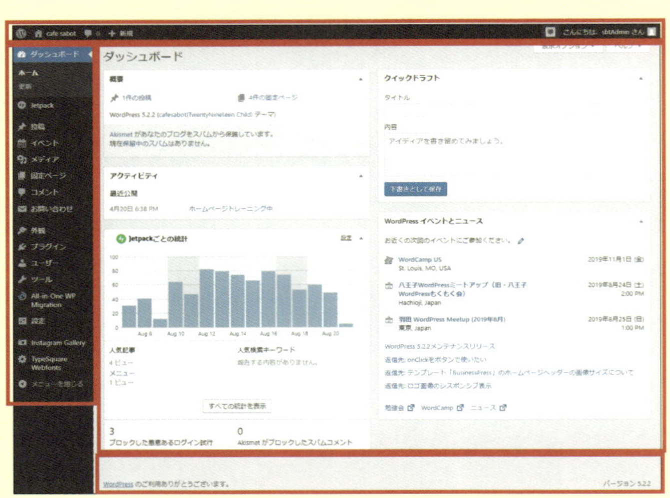

作業領域

フッター

使用するテーマや導入しているプラグインにより
管理画面の構成は異なります
このレッスンではWordPress初期インストール時の
基本的な機能を説明していきます

WordPress管理画面のヘッダー各部の機能

1 管理画面：ヘッダー

管理画面の最上部に左右に配置されているのが「ヘッダー」です。ヘッダー各部の名前とおもな役割をみていきましょう。

2 管理画面：ヘッダー［WordPress公式サイト］

❶［WordPress公式サイト］：
WordPressの各種公式サイトへのリンクです。

3 管理画面：ヘッダー［サイト名］

❷［サイト名］：
ここをクリックすると公開サイトへ移動します。

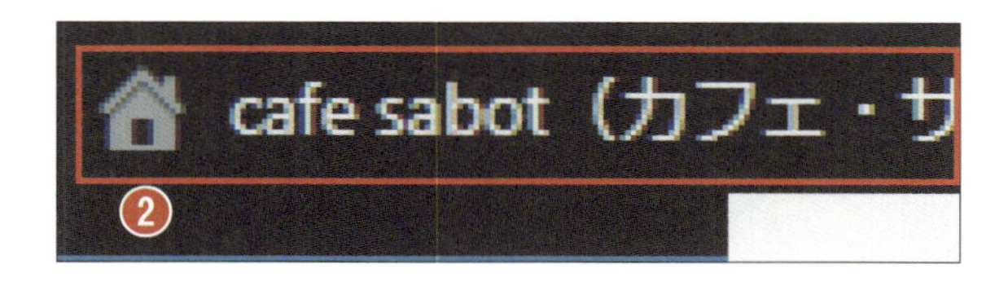

4 管理画面：ヘッダー［更新情報］

❸［更新情報］：
WordPress本体やプラグインの更新の必要を通知します。

5 管理画面：ヘッダー［新着コメント］

❹［新着コメント］：
新着コメントの件数を表示します。

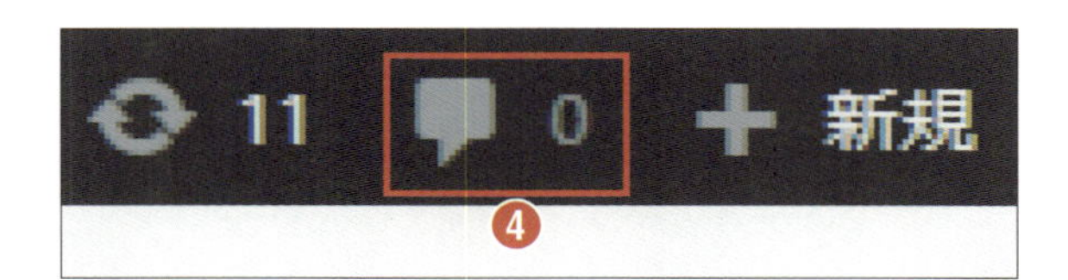

WordPress管理画面のヘッダー各部の機能(続き)

6 管理画面:ヘッダー [新規]

❶[新規]:
投稿記事や固定ページなどの新規作成メニューです。

7 管理画面:ヘッダー [ユーザー名]

❷[ユーザー名]:
ログイン中のユーザー名が表示され、マウスホバーするとプロフィールの編集やログアウトするためのリンクが表示されます。

8 管理画面:ヘッダー [表示オプション]

❸[表示オプション]:
管理画面のコンテンツ領域の表示を制御します。

9 管理画面:ヘッダー [ヘルプ]

❹[ヘルプ]:
表示しているページに関係したヘルプ情報を表示します。

WordPressの管理画面は
わかりやすいアイコンやラベル表記によって
直感的に操作できるように工夫されています

WordPress管理画面のナビゲーション各部の機能

1 管理画面：ナビゲーション

WordPressの管理画面の左側（赤枠内）に位置するのが「メインナビゲーション」❶です。これらのナビゲーションメニューから管理画面の各ページにアクセスすることができます。

ここからはナビゲーションの各機能についてそれぞれみていきましょう。

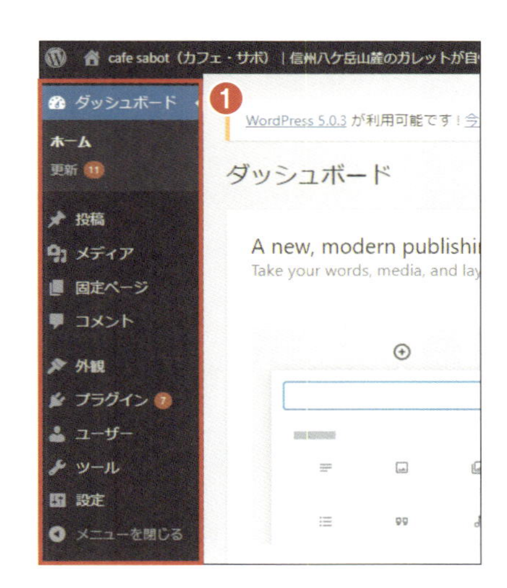

2 管理画面：ナビゲーション［ダッシュボード］

❷［ダッシュボード］

ダッシュボードには［ホーム］と［更新］の2項目があります。

［ホーム］：

ログイン後、最初に表示される画面で、サイト管理の各種機能にアクセスします。

［更新］：

WordPress本体やプラグイン、テーマ、翻訳を最新バージョンに更新します。

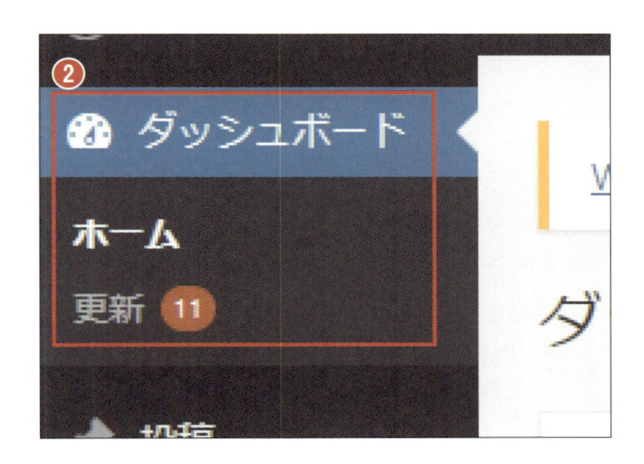

3 管理画面：ナビゲーション［コメント］

❸［コメント］

サイト上に寄せられた訪問者からのコメントを管理します。

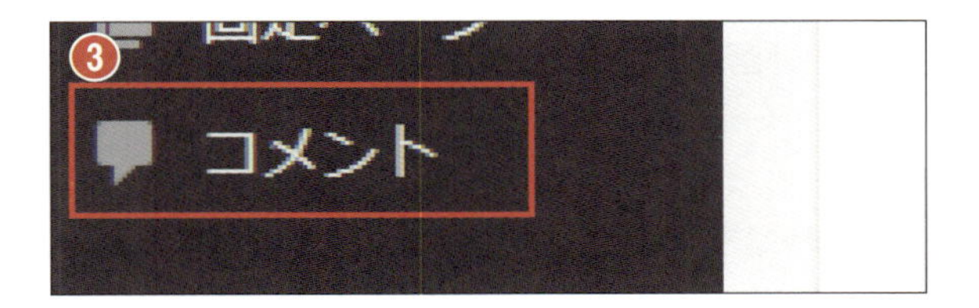

▸▸ WordPress管理画面のナビゲーション各部の機能（続き）

4 管理画面：ナビゲーション［投稿］

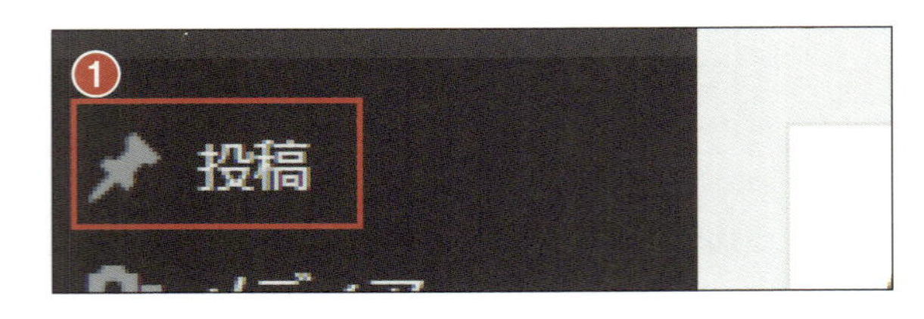

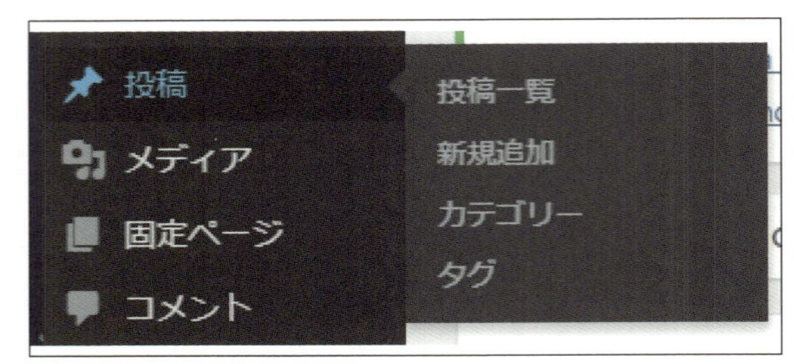

❶［投稿］
［投稿］をマウスホバーまたはクリックすると以下の４項目が表示されます。

［投稿一覧］：
すべての投稿へアクセスができます。新規追加や既存の投稿の編集を行います。

［新規追加］：
投稿を新規追加します。

［カテゴリー］：
投稿を特定のグループやサブグループに分類するためのカテゴリーを管理します。

［タグ］：
タグを管理します。タグとは投稿に割り当てるキーワードのようなものです。

5 管理画面：ナビゲーション［メディア］

❷［メディア］
［メディア］をマウスホバーまたはクリックすると次の２項目が表示されます。

［ライブラリ］：
画像や動画などアップロードしたすべてのファイルを管理します。

［新規追加］：
投稿やページで使うためのメディアファイルをアップロードします。

▸▸ WordPress管理画面のナビゲーション各部の機能(続き)

6 管理画面:ナビゲーション [固定ページ]

❶[固定ページ]
[固定ページ] をマウスホバーまたはクリックすると次の2項目が表示されます。

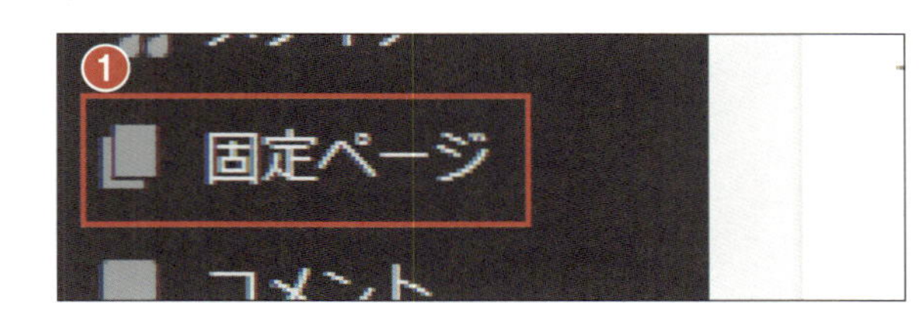

[固定ページ一覧]:
固定ページの新規作成や既存の固定ページを編集します。

[新規追加]:
固定ページを新規追加します。

7 管理画面:ナビゲーション [ユーザー]

❷[ユーザー]
[ユーザー] はサイトに登録されたユーザーアカウントを管理するナビゲーションです。以下の3項目があります。

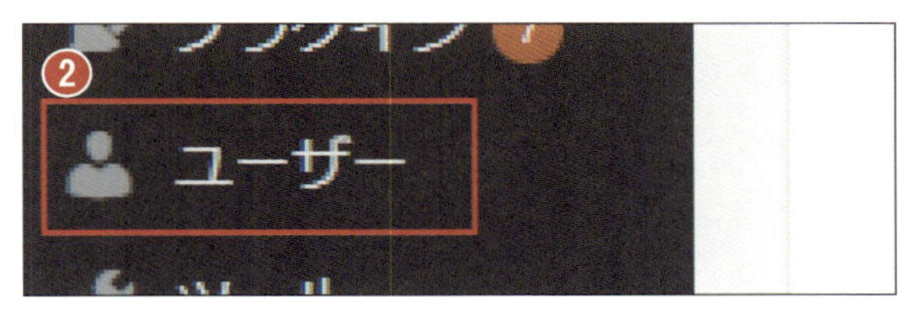

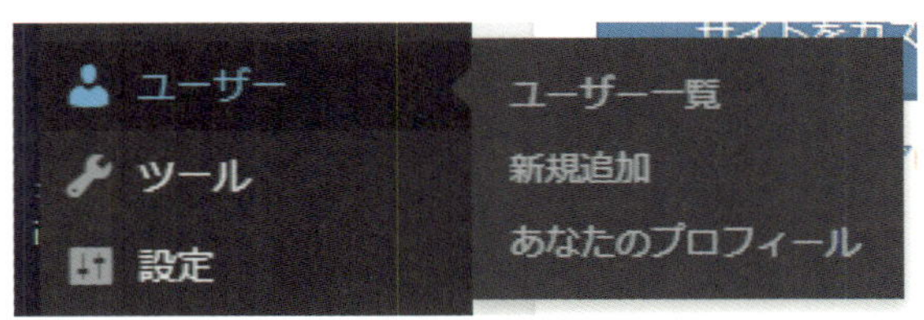

[ユーザー一覧]:
サイトのすべてのユーザーが一覧表示されます。

[新規追加]:
サイトにユーザーを追加します。

[あなたのプロフィール]:
アカウントの表示名やWordPressの個人的な設定を管理します。

▸▸WordPress管理画面のナビゲーション各部の機能(続き)

8 管理画面:ナビゲーション[外観]

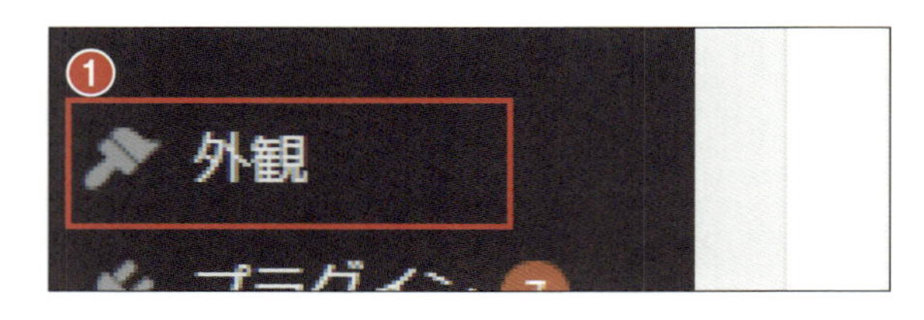

❶[外観]
サイトのデザインやページ構成を設定するナビゲーションで次の6項目があります。

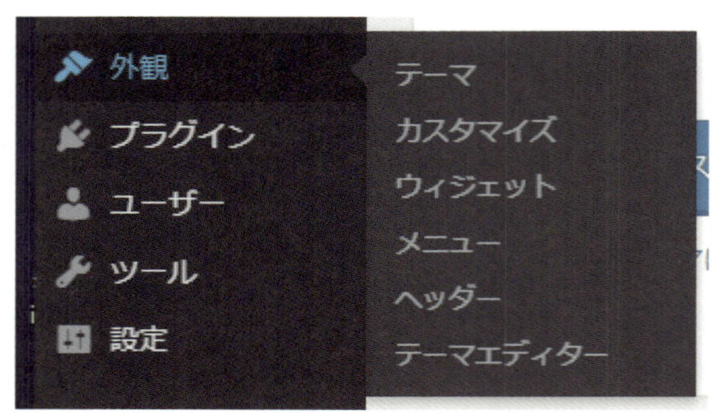

[テーマ]:
テーマを管理します。「WordPressテーマディレクトリ」に登録された多くのテーマから自由に選ぶことができます。

WordPressで初期表示されるメニューは[テーマ]と[テーマの編集]のみです。そのほかの[カスタマイズ][ウィジェット][メニュー][ヘッダー]はテーマに依存しているメニューです。

[カスタマイズ]:
サイトの色調、ロゴや背景画像の変更、ナビゲーションメニューを設定を直感的な操作で行います。

[ウィジェット]:
カレンダーやカテゴリリストなどの表示をサイト上に追加する機能です。

[メニュー]:
ナビゲーションメニューを管理します。

[ヘッダー]:
テーマカスタマイザーでサイトのヘッダーを編集します。

[テーマの編集]:
高度な知識が必要でサイトを壊す危険があるので本書では使用しません。

「マウスホバー」って
マウスのカーソル(ポインタ)を
ボタンの上にただ重ねることなんですね!
下層メニューを表示するには
マウスホバーするか右クリックするのね

WordPress管理画面のナビゲーション各部の機能(続き)

9 管理画面:ナビゲーション[プラグイン]

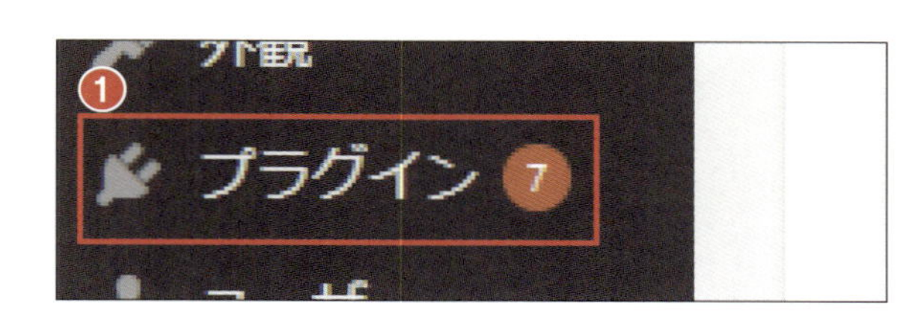

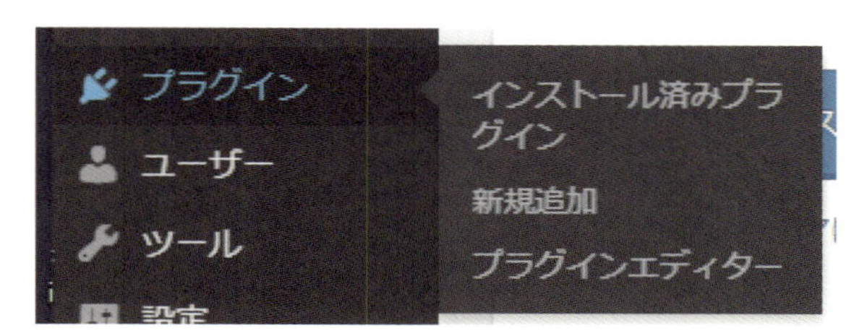

❶[プラグイン]
[プラグイン]によりWordPressを拡張したり機能を追加したりすることができます。以下の3項目があります。

[インストール済みプラグイン]:
導入済みのプラグインを管理します。

[新規追加]:
公式のWordPressプラグインディレクトリに登録されたプラグインを探したり、ほかのプラグインをアップロードして導入することができます。

[プラグインエディター]:
プラグインのプログラムを編集します。高度な知識が必要でサイトを壊す危険があるので本書では使用しません。

10 管理画面:ナビゲーション[ツール]

❷[ツール]
WordPressを管理するために拡張されたツールを使用できます。ここでは詳細の説明は省きます。

11 管理画面:ナビゲーション[設定]

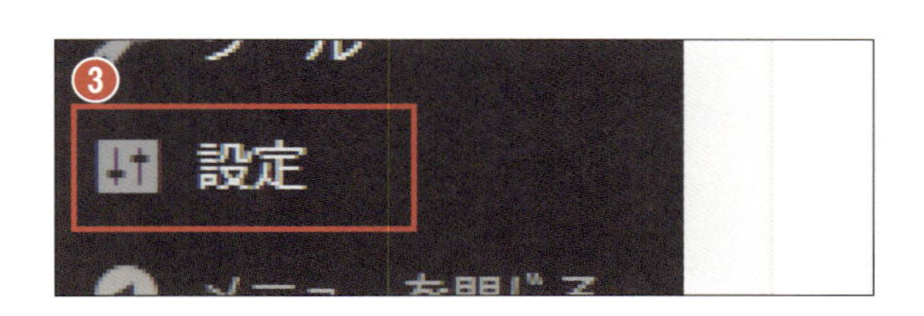

❸[設定]
分野ごとにサイトの各種設定を管理します。ここでは詳細の説明は省きます。

LEVEL 2
Lesson
02

サイトの基本設定

テーマカスタマイザーでサイトのデザインを簡単に設定

次はいよいよサイトを
作っていくんですね
とはいっても何から
始めればいいんだろう？

そうですね！
ここでは
テーマカスタマイザーに
ついて解説しましょう！

▸▸ WordPressテーマとテーマカスタマイザー

「WordPressテーマ」とは、サイトのデザインや機能のセット一式のことです。
テーマを変更することで、サイトのデザインや機能の一式を切り替えることができるようになっているシステムファイルの集合体です。
WordPressをインストールするといくつかのテーマが一緒に導入されます。
通常はWordPress本体のメジャーアップデートでは革新的な新機能が加えられます。そのたびにそれらの新機能に対応した新たなデフォルトテーマも追加されています。

WordPressの基本テーマ	テーマの特徴
Twenty Sixteen	2016年に登場したデフォルトテーマでシンプルなデザインが特長です
Twenty Seventeen	アイキャッチが印象的でよりスタイリッシュなテーマです
Twenty Nineteen	新機能「ブロックエディター」に対応したテーマです

「テーマカスタマイザー」では、サイトタイトルなどの基本的な設定や色調、メニューの構成をリアルタイムにプレビューしながら変更できます。
上の表のデフォルト（基本）テーマはこのカスタマイザー機能に対応しています。この機能を採用しているか、どのような項目を設定できるかは選択したテーマに依存します。
本書では「Twenty Nineteen」を使ってカスタマイズしていきましょう。

WordPressテーマと
テーマカスタマイザーを利用することで
専門的な知識がなくても
美しいデザインのウェブサイトが
簡単に構築できるんです！

テーマを「Twenty Nineteen」に設定する

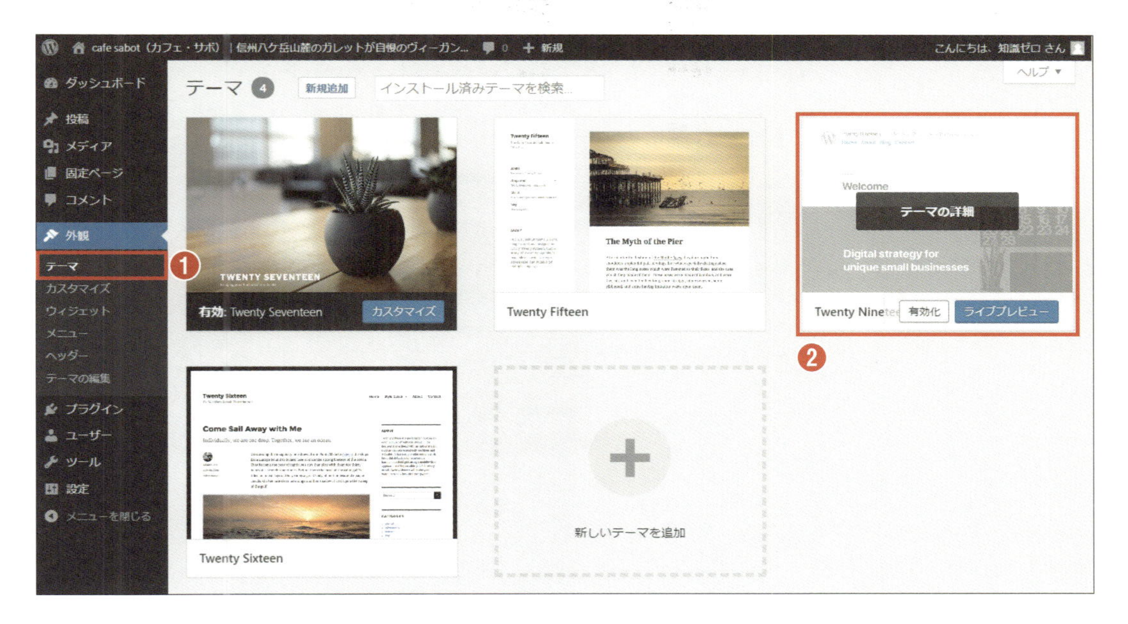

1 ［テーマ］の画面に移動する

WordPressに用意されているテーマから「Twenty Nineteen」を有効化しましょう。❶ナビゲーションの［外観］→［テーマ］をクリックして「テーマ」ページを開きます。

2 「Twenty Nineteen」を有効化する

❷「Twenty Nineteen」にマウスホバーして表示された［有効化］ボタン❸をクリックしてテーマを切り替えます。はじめから「有効：Twenty Nineteen」と表示されているならすでに有効化されています。
右側の［ライブプレビュー］ボタンは、テーマを有効化する前にデザインをプレビューで確認できる機能です❹。

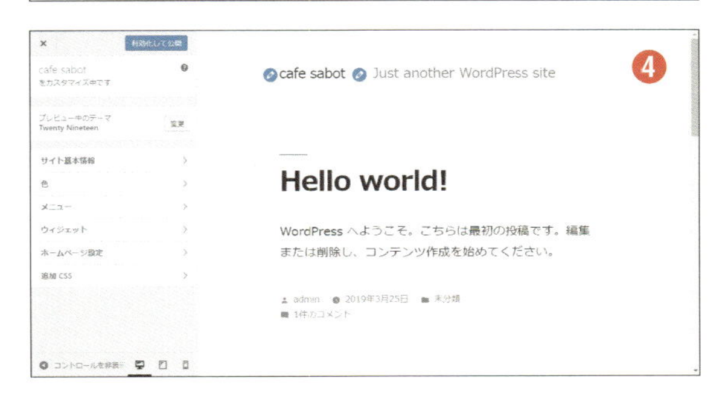

▸▸ テーマカスタマイザーを表示する

3 ［カスタマイズ］をクリックする

❶「有効：Twenty Nineteen」と表示されたら、❷［カスタマイズ］ボタンをクリックしてテーマカスタマイザーを表示します。

ナビゲーションの［外観］→［カスタマイズ］をクリックしても同様の操作が可能です。

4 テーマカスタマイザーが表示される

「Twenty Nineteen」のテーマカスタマイザーが❸のように表示されます。

テーマカスタマイザーの各部の名前と機能

1 テーマカスタマイザー［作業エリア］

テーマカスタマイザーの各部の名前と機能を見ていきましょう。

❶［作業エリア］：
サイトの外観イメージが表示されるエリアです。なんらかの設定の変更を行うとその外観イメージがここにすぐに反映されます。

鉛筆のアイコンをクリックすると該当する箇所の設定に移動することができます。

変更した設定は保存（公開）するまでは
実際のサイトには反映されないので
好きなだけ変更を試すことができます

▸▸ テーマカスタマイザーの各部の名前と機能(続き)

2 テーマカスタマイザー［ナビゲーションエリア］

❶［ナビゲーションエリア］：
テーマのカスタマイズをするうえで各種の設定を行うナビゲーションの全体です。

3 テーマカスタマイザー［編集内容の保存］

❷［編集内容の保存］：
編集内容を実際のサイトに反映するには［公開］ボタンをクリックします。
新たに保存する変更がないなら［公開済み］と表示されてクリックできないようになっています。

［公開］ボタンの右のアイコン(歯車)❸をクリックすると、「公開」「下書きとして保存」「予約公開」(公開する日時を指定)など、保存するためのオプションが表示されます❹。

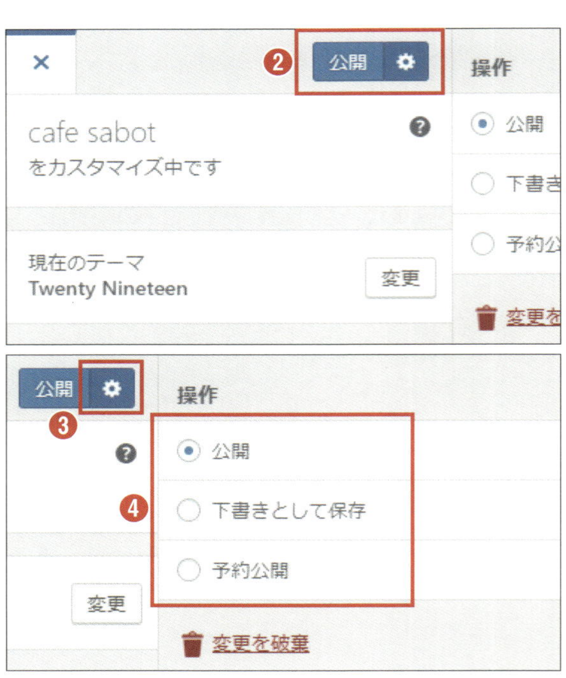

テーマカスタマイザーの各部の名前と機能(続き)

4 テーマカスタマイザー [表示デバイスの切り替え]

❶[表示デバイスの切り替え]:
ナビゲーションエリアのいちばん下にある3つのアイコン(左からパソコン、タブレット、スマートフォン)の表示に切り替えて外観イメージを確認することができます。

5 テーマカスタマイザー [現在のテーマ]

❷[現在のテーマ]:
[変更] ボタンをクリックすると、選択しているテーマを変更することができます。

And More 膨大な数のなかから最適なテーマを選ぶには?

2020年1月時点で公式ディレクトリだけでも7,000以上ものテーマが登録されています。そのなかから目的にあった最適なテーマをどのように選び出せるのでしょうか。
管理画面→[外観] →[テーマ] ページ→[新規追加] ボタンをクリックすると、公式テーマディレクトリに登録されているテーマを検索することができます。
「注目」「人気」「特殊フィルター」などで絞り込んでみてください。前述のとおり、テーマを変更することでサイトのデザインや機能の一式を切り替えることができます。
自分が作ろうと思っているサイトの目的を明確に理解することがテーマ選びの重要な最初の一歩です。
最初からテーマ選びのために膨大な時間をかけるよりも、WordPressがどのようなシステムなのか、テーマでできることや後述するプラグインでできること、それぞれの役割などをまず把握することをおすすめします。

▸▸ テーマカスタマイザーでサイト基本情報を設定する

1 テーマカスタマイザーで設定をはじめる

テーマカスタマイザーのナビゲーションから各種設定を行います。まず［サイト基本情報］❶をクリックしてください。

2 ［サイト基本情報］の編集画面に切り替わる

「Twenty Nineteen」のテーマカスタマイザーの［サイト基本情報］の編集画面が以❷のように表示されます。
この画面を使ってサイトの設定を編集していきます。

サイトにロゴ画像を挿入する

1 ロゴ画像をアップロードする

❶［ロゴ］：
［ロゴ］でサイトにロゴ画像を挿入することができます。［ロゴを選択］をクリックして画像をアップロードします。❷［ファイルを選択］ボタンをクリックしてファイルを指定するか、画像ファイルをドラッグしてファイルをアップロードします。

2 アップロードした画像を選択する

アップロードされている画像を選択して❸、［選択］ボタン❹をクリックします。
Twenty Nineteenには画像切り抜き機能❺があります。切り抜き位置を調整して［画像切り抜き］ボタン❻をクリックします。

ロゴの画像はあらかじめ用意しておきましょう。画像のフォーマットはJPEGかPNG形式です。Twenty Nineteenでは画像は正方形に切り抜かれ、ロゴが円形に表示されます。

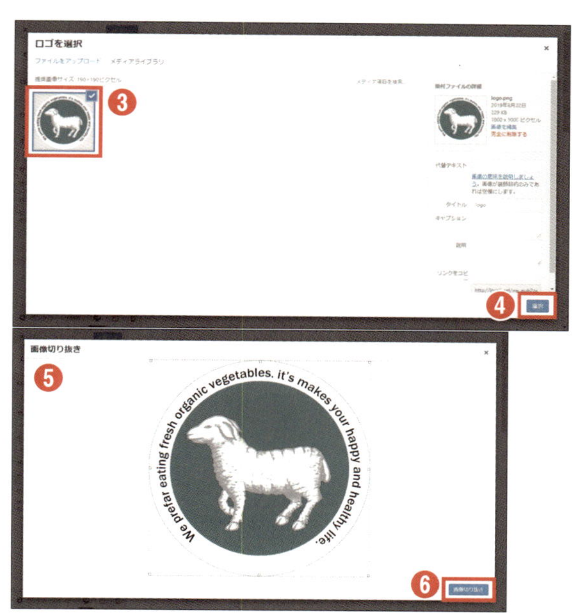

3 ロゴ画像が画面に反映される

ロゴ画像がナビゲーションエリアと作業エリアに反映されました❼。

▸▸ サイトのタイトル・キャッチフレーズを設定する

1 ［サイトのタイトル］を入力する

❶［サイトのタイトル］：
サイトのタイトルを入力・変更するのが［サイトのタイトル］です。このフィールドを編集して設定します。ただしここでは、WordPressをインストールした時にすでに設定済みです❷。

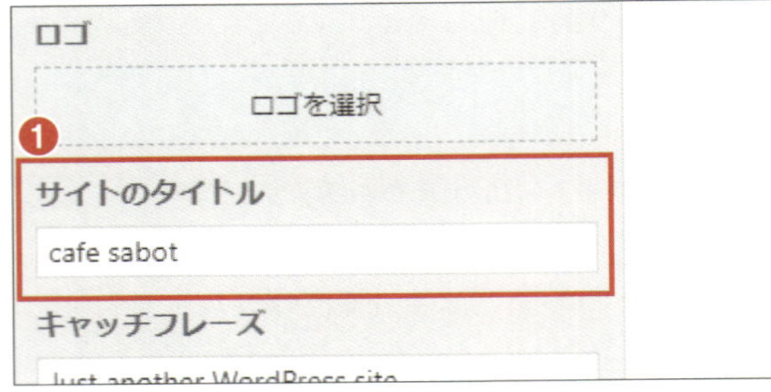

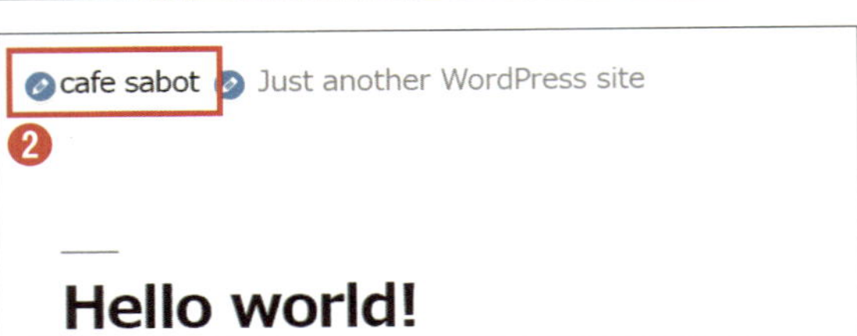

2 ［キャッチフレーズ］を入力する

❸［キャッチフレーズ］：
通常はタイトルの近くに表示されます。サイトを効果的に紹介することができる簡潔な文章を入力します。ここでは「カフェ・サボ｜信州八ケ岳山麓のガレットが自慢のヴィーガンカフェ」と入力しました❹。

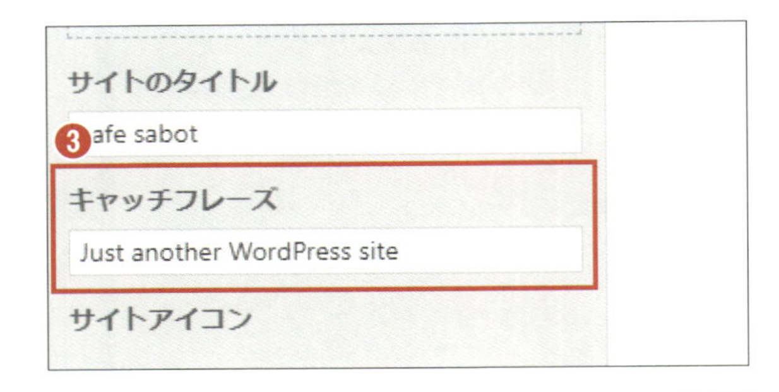

cafe sal❹ カフェ・サボ｜信州八ケ岳山麓のガレットが自慢のヴィーガンカフェ

Hello world!

WordPress へようこそ。こちらは最初の投稿です。編集または削除し、コンテンツ作成を始めてください。

検索した人が気を引くような
キャッチフレーズを考える
必要があるのね

サイトアイコンを挿入する

1 [サイトアイコン]を設定する

❶[サイトアイコン]：
[サイトアイコン]はパソコンのブラウザのタブや、スマートフォンのブラウザアプリにサイトアイコン（ファビコンとも呼ばれる）として表示される画像です。

ロゴ画像と同様の方法でサイトアイコンのための画像を設定できます。画像サイズは512×512ピクセル以上の正方形にします。

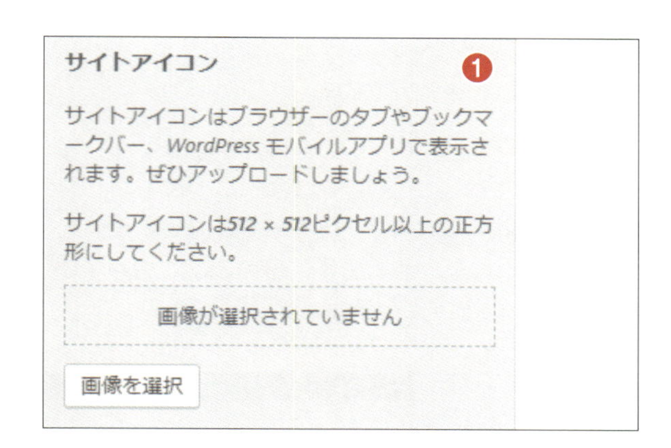

2 [サイトアイコン]が設定された状態

設定した状態のウィンドウです。サイトアイコン画像がウィンドウタブ❷とナビゲーションエリア❸に反映されます。
タイトルの文字列を設定しているだけだと、訪問者がサイトを訪れたときに視認性がよくありません。サイトをイメージさせるアイコンを用意してぜひ設定しましょう。

And More 読者の関心を意識したタイトルや見出しにする

雑誌や新聞で読者の関心を引く見出しについてイメージしてみてください。キャッチーな語句を含んだ簡潔でわかりやすい表現で、決して説明的ではないことがわかります。読者は見出しで何について述べている記事であるかを瞬時に判断するのです。
ウェブサイトも同様で、キャッチーな語句（キーワード）を含めた簡潔でわかりやすい見出しが必要不可欠です。説明的で長すぎる見出しはNG。記事を読み始めても見出しから受けた印象と異なっていればすぐに離脱してしまいます。
見出しに続くコンテンツは価値ある質の高いものになるように努めます。訪問者にしっかり届くことを意識した質の高いコンテンツ・見出し・タイトルは、SEO（検索エンジン最適化）の観点からもとても大切です。
Twenty Nineteenの場合、「キャッチフレーズ」はサイトタイトルに連結される重要なフレーズです。

サイトを公開する

1 ［公開］をクリックしてサイトを公開する

ここでは、ロゴ・タイトル・キャッチフレーズ・サイトアイコンを設定したら完了とします。❶［公開］ボタンをクリックして公開すると、サイトに反映されます。❷のようにひとまずサイトが公開されました。

載せてる情報はまだ少ないけど
もうサイトが公開されたなんて
なんだかスゴイですね！

最初のハードルはクリアです！
「色」「メニュー」「ウェジェット」
「ホームページ設定」「追加CSS」
は随時説明していきますね

LEVEL 3

WordPressでコンテンツ作成

LEVEL 3
Lesson
01

ウェブサイトの構成を考える

どんなウェブサイトにするのか全体像をイメージしてみよう

サイトで伝えたいことは
あるにはあるけど……
何から手をつければ
いいんでしょう？

どんなサイトにしたいか
しっかりイメージをして
まず全体の構成を
考えてみましょう！

▸▸ お店の魅力をきちんと分析する

いよいよコンテンツの作成です。まずは実際の店舗・会社の特長や魅力を書き出してみましょう。そこからサイトの全体像をイメージしていきます。

本書では「cafe sabot」のサイトを作成しますので、その特長や魅力を以下に書き出してみます。

cafe sabotとは

- 信州の八ヶ岳山麓にあるカフェ
- 空気も水も野菜も美味しい
  自然豊かな土地
- お店は手作り感満載で
  どこか懐かしく落ち着いた雰囲気
- キッチンストーブがお店のシンボル
- 身体にやさしいヴィーガン料理が主体

自然豊かな土地にあるカフェ

ほっこりとした雰囲気の店内

シンボルのキッチンストーブ

名物のヴィーガンガレット

実際の店舗や会社の
特徴や魅力は何でしょうか？
それがそのまま
ウェブサイトでの
アピールポイントになります！

ヴィーガンスイーツも多数ご用意

サイトの個性を際立たせる

1 サイトの方向性を明確にする

実際のお店の魅力をきちんと分析したら、制作するサイトの方向性を明確にしていきます。

1. サイトの目的は：
「お店を広く知ってもらうとともに、新しいメニューの紹介や、お店を利用したフリーマーケットやスローフードのワークショップなどのイベント情報も発信していきたい」

2. 何を伝えたいか：
「ヴィーガンを主体とした身体にやさしいメニュー開発に努めており、お客様に身体の元気を引き出す食の楽しさを伝えたい」

3. サイトの対象となるのは：
「訪れたお客様にほっこりとした気持ちになってほしい。どんなタイプの人にも立ち寄ってほしいが、あえていうなら女性や家族連れが対象」

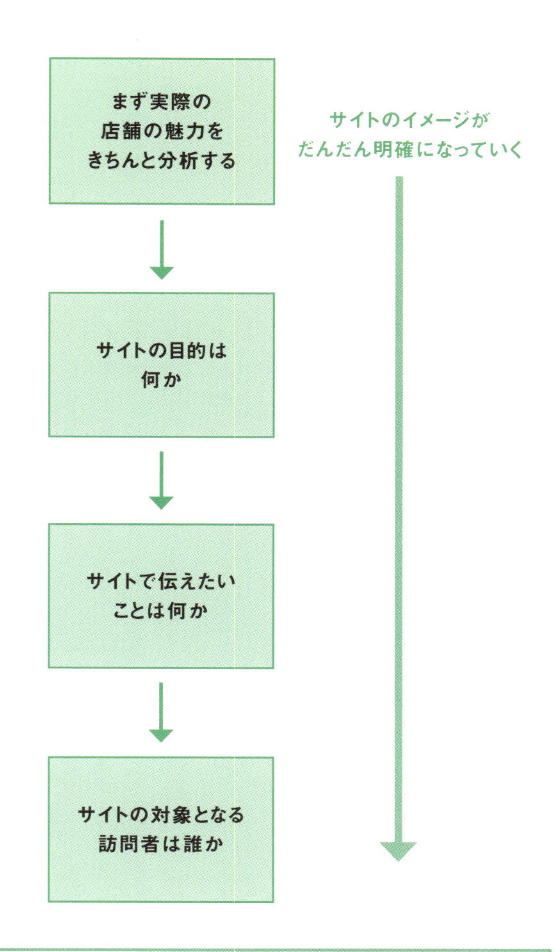

And More 「テーマ」「コンセプト」「アイデア」を定める

たとえば本書はWordPressの基礎学習が「テーマ（題目）」です。サイト制作経験のない方に（誰に）これを伝える（何を）ことが本書の「コンセプト」。伝える手段として実在のカフェオーナーに教えていく体裁にした「アイデア」に基づいて執筆しています。
どのような企画でも、もちろんサイト制作でも、この手順は同じです。

「テーマ（題目）」に従ってまずは情報を収集・整理・分析しますが、この段階ではまだ方向性がありません。分析結果に従って「誰に」「何を伝えたいか」を考えるのが「コンセプト（方向性）」を定めることです。
コンセプトを明確にすることができれば、サイト制作を一定の方向へ前進させることができます。

▸▸ サイト構成を考える／サイトマップの作成

2 サイト全体の構成を考える

「目的」「伝えたいこと」「訪問者」を具体的にイメージできたら、ウェブサイトで表現したいことが見えてきたと思います。
次にサイトの全体構成を考えてみます。

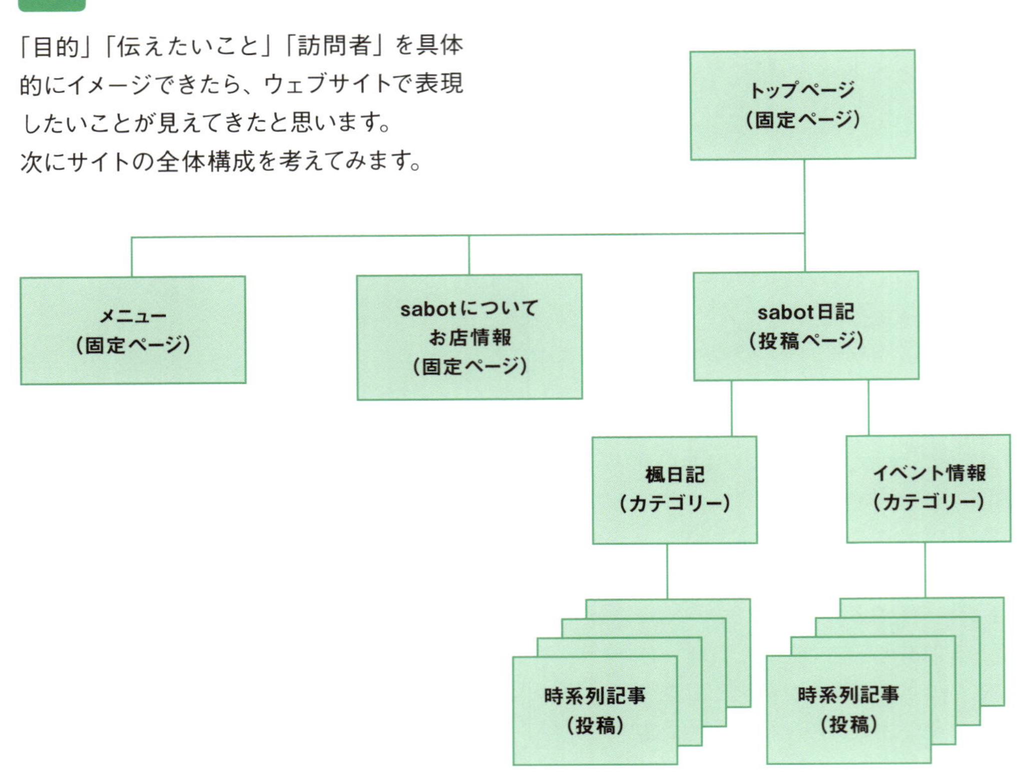

And More 競合するサイトを分析しよう

サイトの構成を考える際に競合サイトをたくさん見ることはとてもいい勉強になります。競合サイトがどのような情報を載せているか、どのようにページ分類しているか、どのように魅力を表現しているかを分析していいところはどんどん参考にしましょう。
しかし自店舗（自社）について先に分析した情報に他サイトのいいところを合算していくと、結構な情報量になってしまいます。そこで情報をふくらませられるだけふくらませたら、次に情報の絞り込みをします。テーマやコンセプトに合ったものだけを厳選してブラッシュアップしていくイメージです。この作業を行うことで、無理やりしぼり出した貧相なコンテンツではなく、厳選した高品質のコンテンツへと仕上げていくことができます。

サイト構成を考える／サイトマップの作成（続き）

3 ページごとの構成を考える

次にページごとのコンテンツを書き出していきます。まずは掲載したいコンテンツを書き出し、それらをページごとに分類してみましょう。

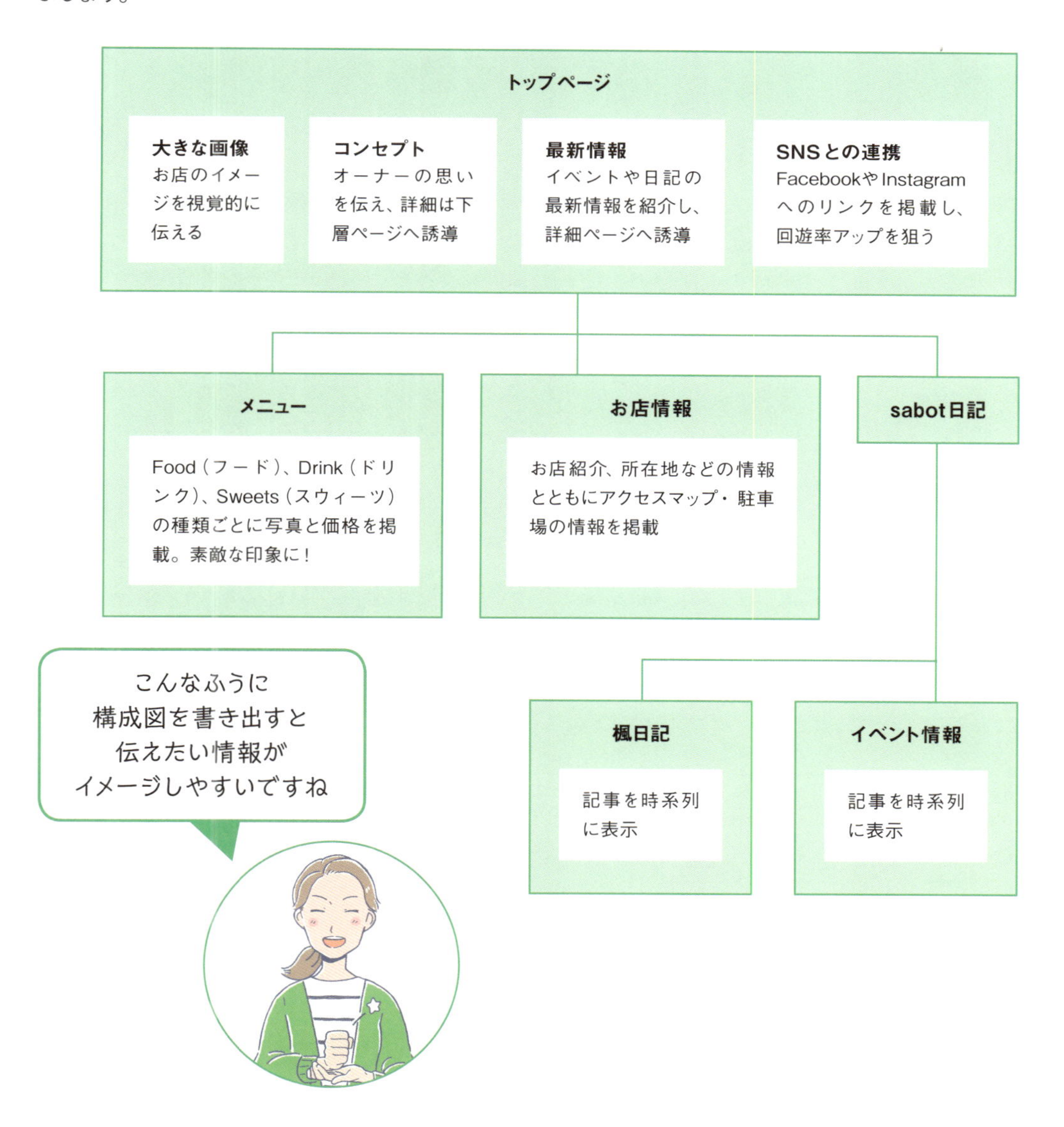

LEVEL 3
Lesson 02

WordPressで常設のコンテンツを作成する

「固定ページ」でコンテンツを作ってみよう

サイトの構成も整って
いよいよここから
コンテンツの作成に
着手するんですね？

そうです！
実際に作りながら
WordPressの操作を
覚えていきましょう

「固定ページ」と「投稿」の違いは？

WordPressで作成する記事には大きく分けて「固定ページ（page）」と「投稿(post)」の２つの種類があります。
WordPressでは、固定ページと投稿ページを使ってサイトを構築します。固定ページと投稿ページの違いは、「時系列に従って表示するかしないか」です。
このレッスンでは、固定ページの使い方についてみていきます。

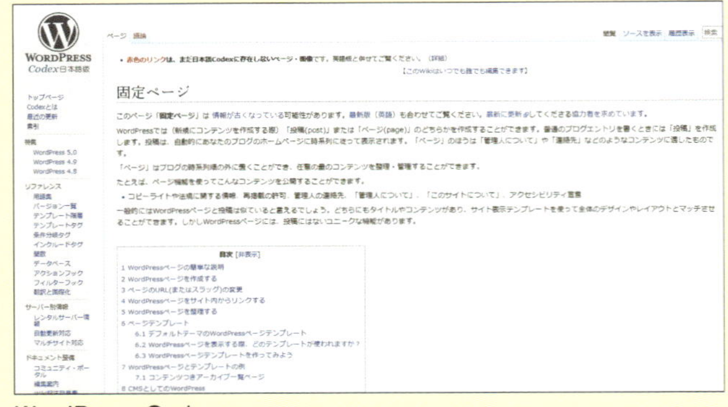

WordPress Codex
https://wpdocs.osdn.jp/Main_Page

固定ページ

“WordPressでは新規にコンテンツを作成する際に、「投稿(post)」または「ページ（page）」のどちらかで作成ができます。普通のブログエントリを書くときには投稿で作成します。投稿は、自動的にあなたのブログのホームページに時系列に従って表示されます。ページは「管理人について」や「連絡先」などのようなコンテンツに適したものです。”

WordPressの公式オンラインマニュアルである「WordPress Codex」では、「固定ページ」は上記のように説明されている

「固定ページ」と「投稿ページ」の使い分け方

1 「固定ページ」はサイトに常設するページに利用する

P80の「サイト構成を考える／サイトマップの作成」の図で示したように、たとえば「お店情報」は時系列に従って整理する必要がないので固定ページを使います。

「お店情報」など常設するページは「固定ページ」を利用する

2 「投稿ページ」は日毎に更新するページに利用する

一方、「sabot日記」の各記事は「○月○日にイベントを開催しました」といったように日時と関連付けられて増えていきます。
記事を時系列に従って整理する場合に投稿を使います。

「固定ページ」と「投稿ページ」は混乱しやすい概念ですが、サイトを運営していくとすぐに理解できますので安心してください。記事を作成する基本的な方法はどれも同じです。

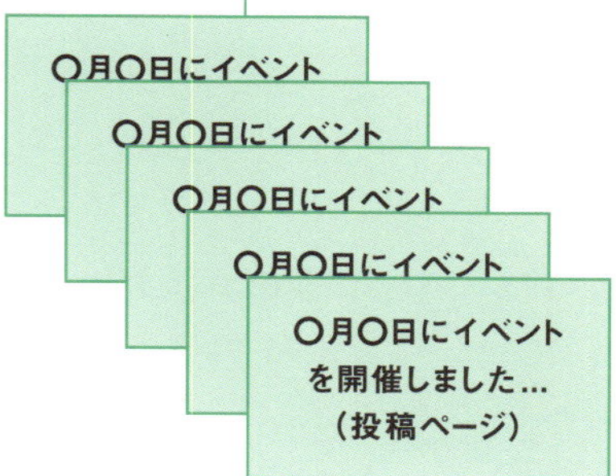

「sabot日記」のように記事を時系列に従って整理したい場合は「投稿ページ」を利用する

変動しないコンテンツは「固定ページ」
日記のように増えていくのが
「投稿ページ」なんですね！

LEVEL 3　WordPressでコンテンツ作成

▸▸「固定ページ」の管理画面

1 「固定ページ」の管理画面に移動する

WordPressをインストールすると２つの記事がサンプルとして作成されています。
右の図は「サンプルページ」をマウスホバーした状態❶です。

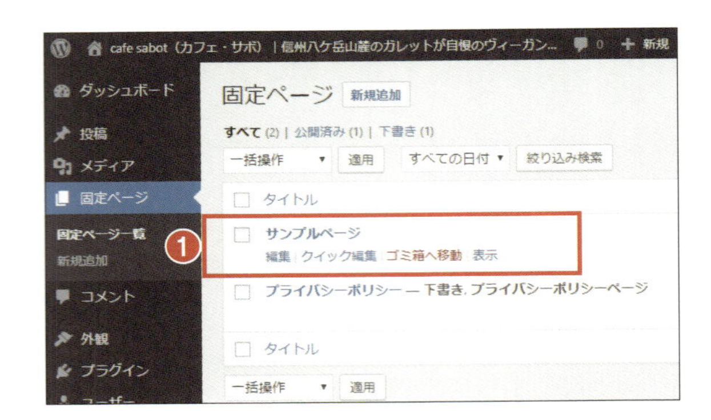

2 「固定ページ」の編集画面に移動する

タイトルの「サンプルページ」か「編集」の文字列をクリックすると固定ページの編集画面に移動します。

あらかじめ作成されている記事の編集画面に特徴が説明されているので、まず一読することをおすすめします。

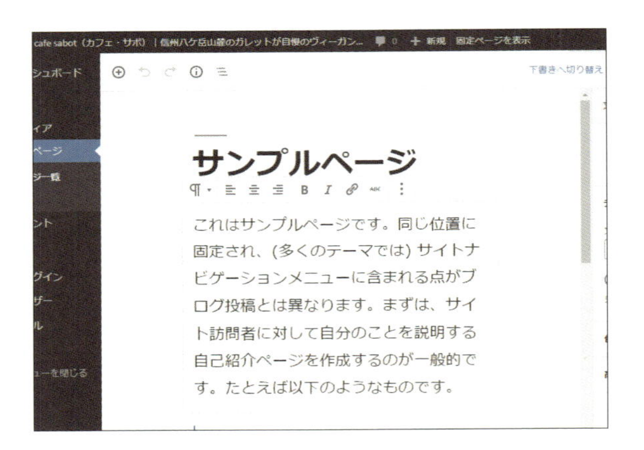

3 「固定ページ」内の記事の状態を確認する

「固定ページ一覧」に戻ってください。現状、サンプルページは公開中、プライバシーポリシーは下書きの状態です。
一覧の上部には、
「すべて（2）｜公開済み（1）｜下書き（1）」と表示されており❷、それぞれの状態に絞り込んで表示することもできます。

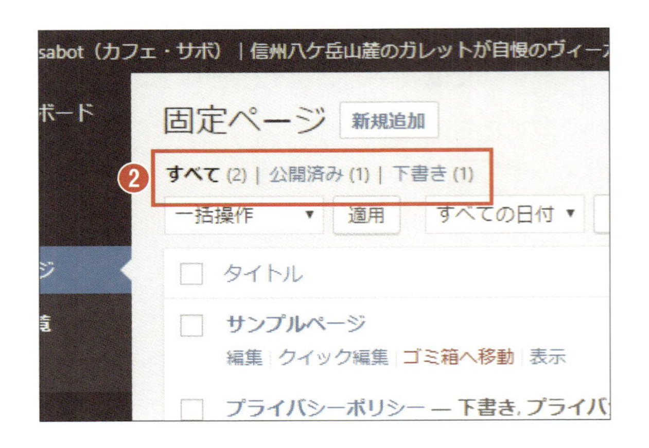

「固定ページ」の記事を削除する

1 「固定ページ」の不要な記事を削除する

ここでは「プライバシーポリシー」❶は使用しないので記事を削除してみましょう。

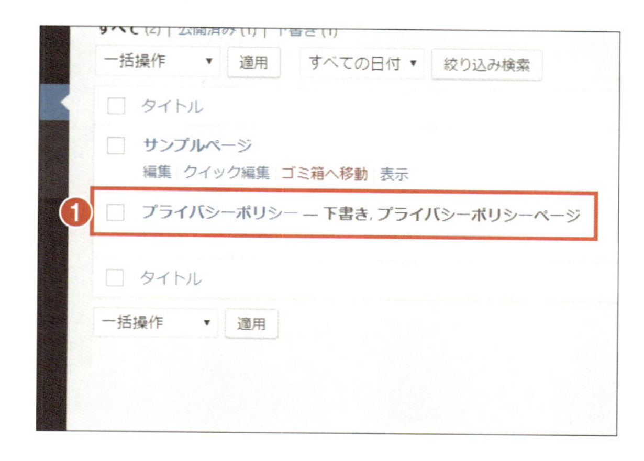

2 タイトルをマウスオーバーしてゴミ箱へ移動を選択

「プライバシーポリシー」のタイトルをマウスホバーして、そのタイトルの下に表示されたメニューのリンクから「ゴミ箱へ移動」をクリックします❷。するとその一覧から削除されたことがわかります。

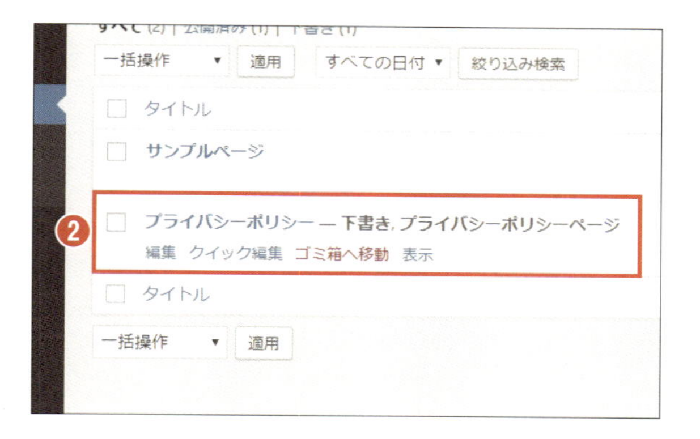

3 一覧の表示が変わる

一覧の上部は

「すべて（1）｜公開済み（1）｜ゴミ箱(1)」

と表示が変わりました❸。

「ゴミ箱（1）」の一覧からゴミ箱へ移動した記事を「復元」したり「完全に削除する」を選択したりすることができます。

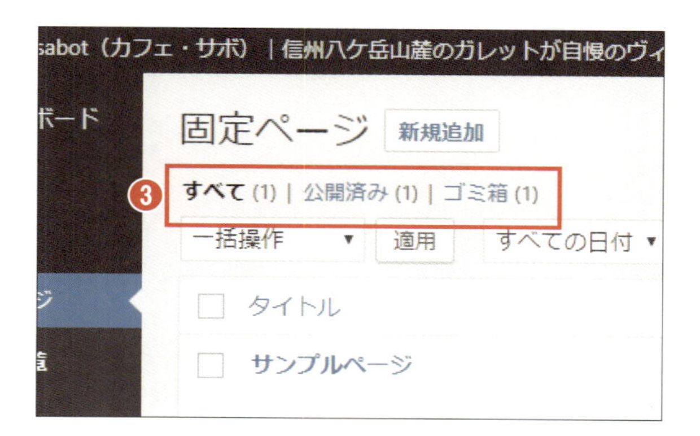

▸▸「ブロック」の使い方の基本

1 「ブロック」は それぞれの要素の固まり

タイトルや本文の上にマウスホバーしていくとそれぞれの要素が固まりになっていることがわかります。
それぞれの固まりを「ブロック」と呼びます。

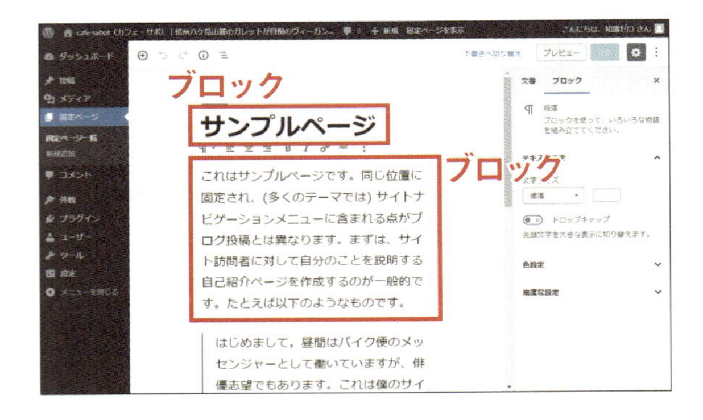

2 ブロックの設定画面を表示させる

図版は「これはサンプルページです……」のブロックをクリックした状態です。
選択したブロックごとに使用できる設定画面が表示されます。
さらにその上の［文書］タブ❶をクリックすると、現在編集中の記事そのものに関係する設定メニューが表示されます。

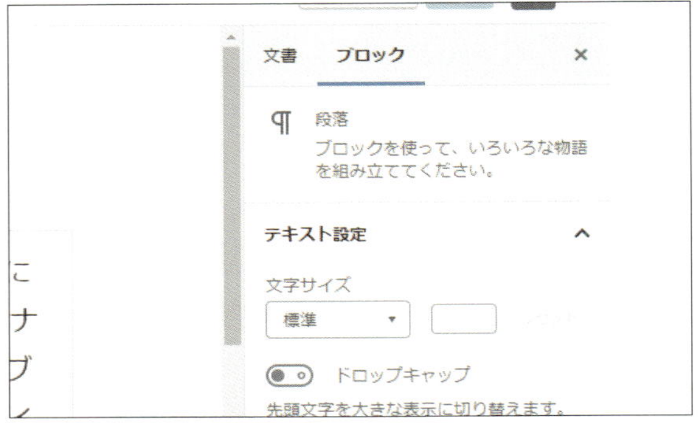

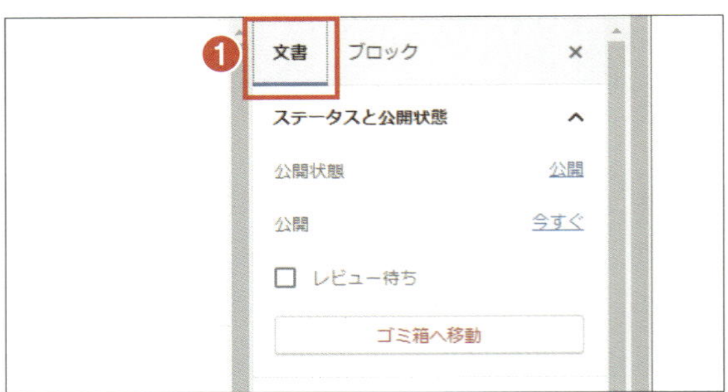

開発時には「Gutenberg（グーテンベルク）」と呼ばれたこのブロックエディターはWordPress5.0で搭載された最新の機能です くわしくはLEVEL4で紹介します

ブロックの文字要素を変更する

1 記事のタイトルを変更する

記事のタイトルを変更するには、タイトルの「サンプルページ」の文字ブロック❶をクリックします。

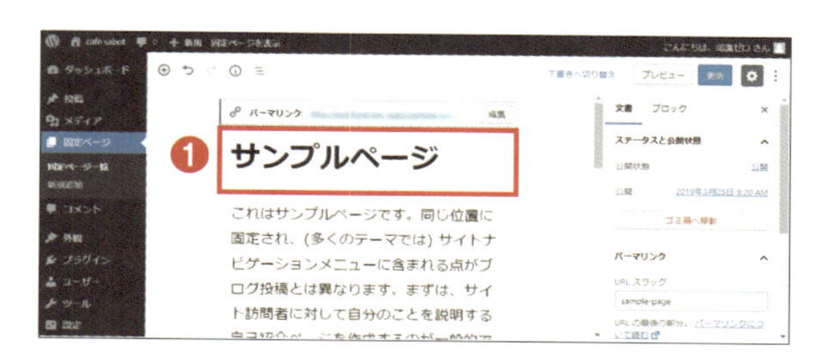

2 記事のタイトルが変更された状態

入力できる状態になったら「メニュー」と書き換えます❷。

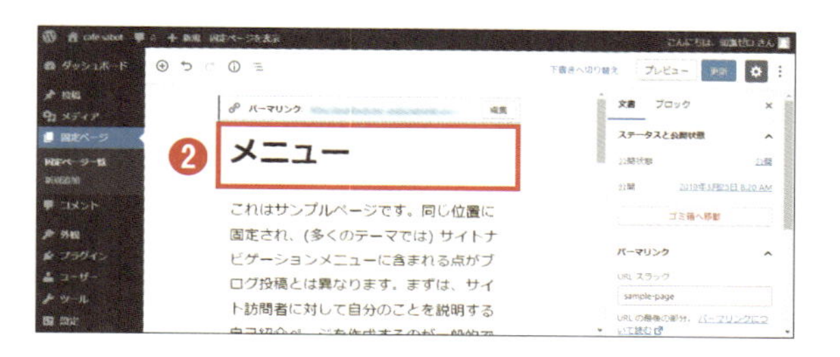

3 本文を変更する

本文❸を変更するのもタイトル変更と同様です。

「これはサンプルページです。同じ位置に……」の文字ブロックをクリックして入力モードにしたら、テキストを入力します。

ここでは「ここにメニューの説明を掲載します」と入力しました❹。

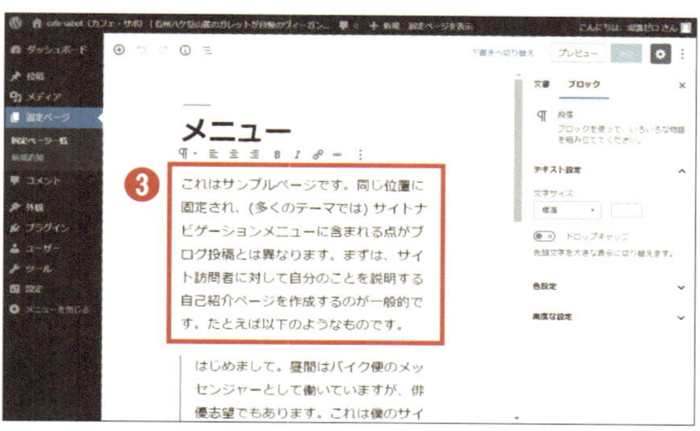

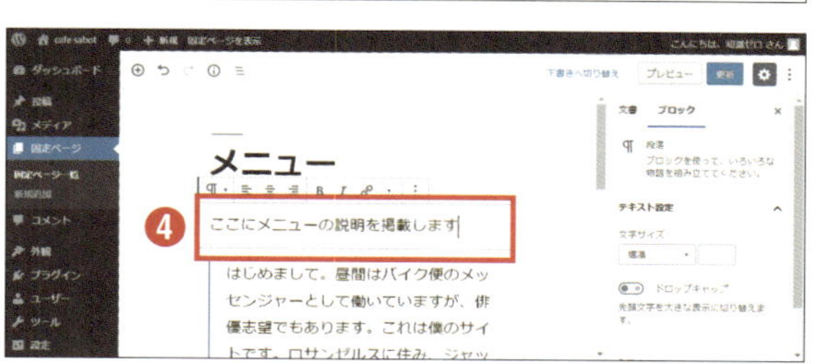

LEVEL 3 WordPressでコンテンツ作成

▸▸段落ブロックを削除する

1 削除したいブロックをクリックする

ここでは「はじめまして……」以下の段落ブロックを削除します。
削除したいブロックをクリック❶します。

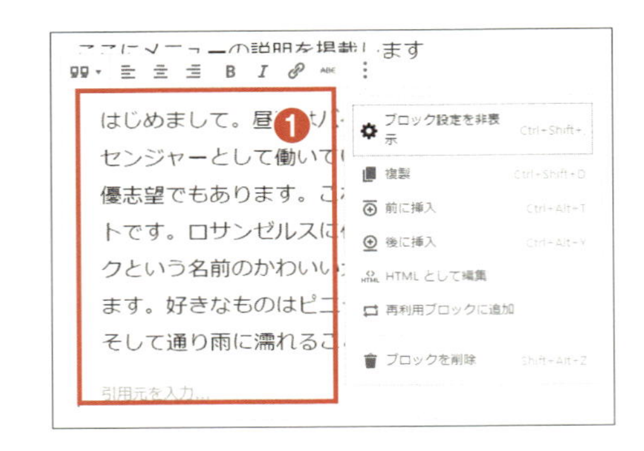

2 右端のアイコンをクリックする

上部に表示されている右端のアイコンをクリック❷します。

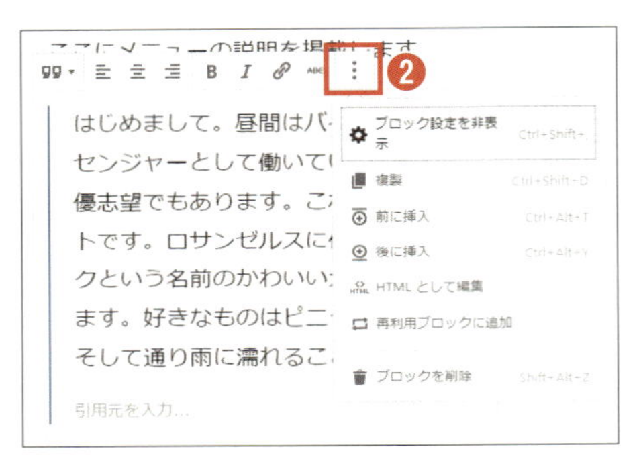

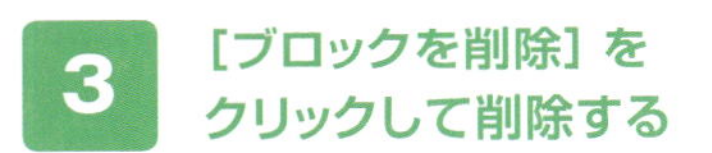

3 ［ブロックを削除］をクリックして削除する

［ブロックを削除］❸を選択します。
ほかのブロックを削除したい場合もこの方法で削除してください。

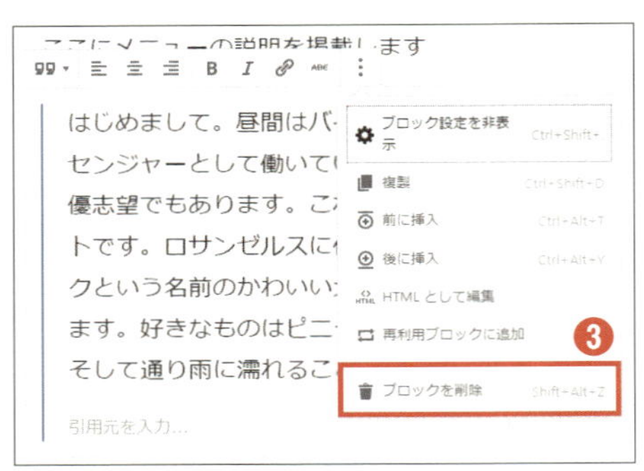

WordPressで共通する
ブロック削除の方法なんですね

パーマリンクを設定する

1 パーマリンク

画面右上の設定メニュー→[文書] タブ→[パーマリンク] ❶の設定があります。
「パーマリンク」とは、その記事のURLのことです。

2 URLスラッグ

「スラッグ」とは、この場合は記事の名前のことで、スラッグはURLの一部になります。検索でこのページを見つけてもらうために大事な設定なので、適切なURLになるように変更しておきましょう。
ここでは「menu」❷とします。

And More URLスラッグを名付ける際のポイント

WordPressの「スラッグ」は「固定ページ」に加え、後述する「投稿」や「カテゴリ」でも使用する、それぞれの記事(固定ページ・投稿)や分類(カテゴリ)の名前のようなものです。
これらはURLの一部になりますので、表示しているページを特徴づけるフレーズにすることはSEOの観点からも重要です。

〈スラッグを命名する際のポイント〉

- ☑ **半角の文字(アルファベットとハイフン)を推奨**
- ☑ **検索キーワードを含む短いフレーズにする**
- ☑ **ほかの「固定ページ」「投稿」「カテゴリ」で使用したスラッグの再使用はNG**

▸▸ 変更した内容を更新する

更新

編集が完了したら画面上部の「更新」❶をクリックしてサイトに反映させます。

2 ページを確認

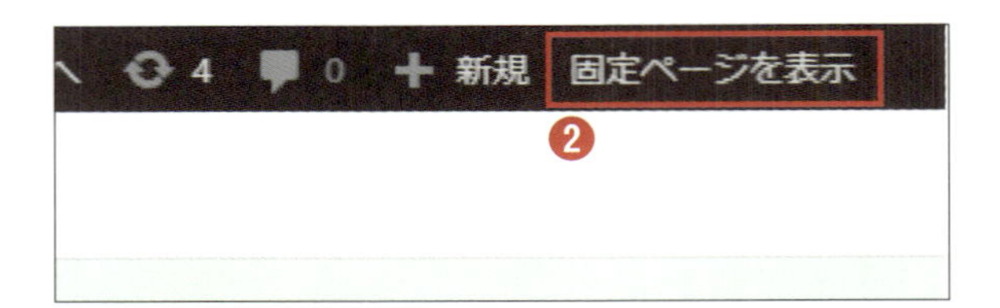

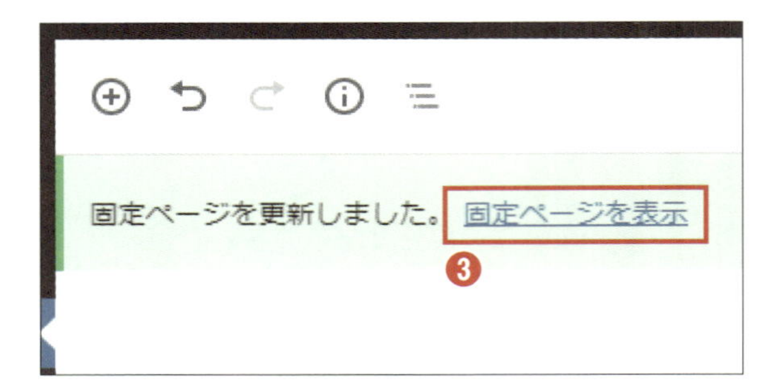

ページ最上部のツールバー❷もしくは「更新」をクリックしたら表示されるメッセージから［固定ページを表示］❸をクリックすると、更新したページをサイト上ですぐに確認することができます❹。

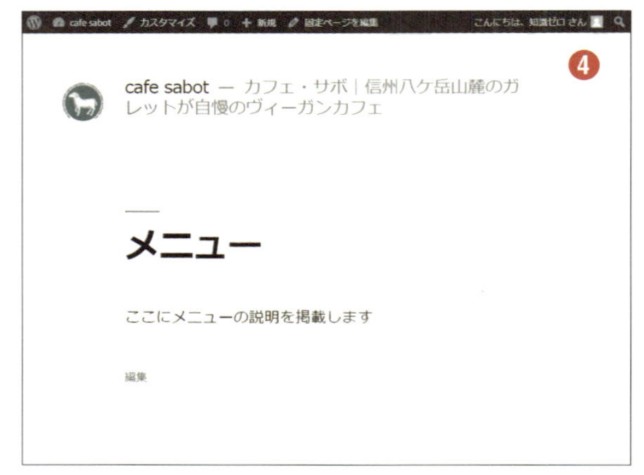

同じ操作を複数の箇所で行えるのがWordPressの特長なんですね！

「固定ページ」で新規記事を作成・公開する

1 「固定ページ」の新規作成

ここで管理画面→[固定ページ一覧] に戻りましょう。新しい固定ページを作成するには、左メニューあるいは一覧の最上部にある [新規追加] ❶をクリックします。

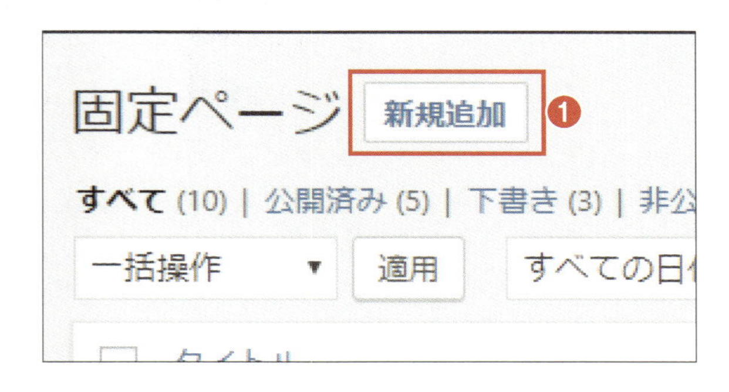

2 新規追加ページの詳細を設定

「sabotについて」「sabot日記」の詳細は右のように設定します。

「文書」タブをクリックしても「URLスラッグ」を設定するための「パーマリンク」が表示されていない場合は、右上の [下書きとして保存] ボタンをクリックしてください。

sabotについて (お店情報) :
- 記事のタイトル : sabotについて
- 本文 : ここにお店の説明を記載します
- URLスラッグ : about

sabot日記 :
- 記事のタイトル : sabot日記
- 本文 : 日記の一覧を表示します
- URLスラッグ : information

3 新規追加した記事を公開する

編集が完了したら保存します。
新規作成した記事は「公開する」ボタンで、既存の記事は「更新」ボタンで保存します。パーマリンクを設定した場合の文書タブは右図のように表示されます。

このような方法で「固定ページ」をどんどん作成してみてください

▸▸ グローバルメニューを設置する

1 3つの固定ページへのリンクを作成する

「メニュー」「sabotについて」「sabot日記」の3つの固定ページを作成しました。これらのページにアクセスするためのリンクメニューを設置してみましょう。

サイト上のどのページからでもアクセスできるリンクのことを「グローバルメニュー」と呼び、通常はページの上部かフッターに設置します。

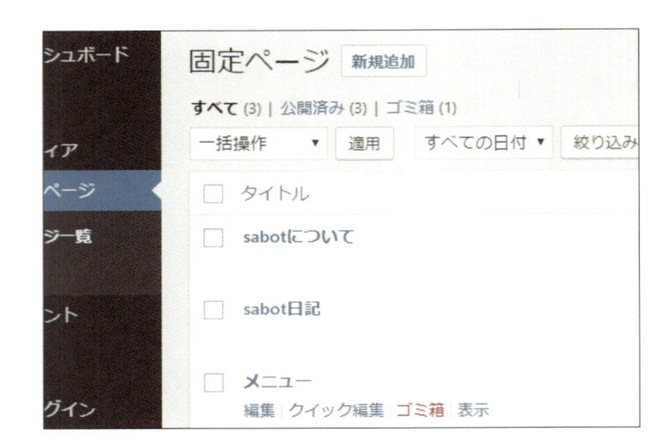

2 [メニューを新規作成] をクリックする

左メニュー→[外観] →[カスタマイズ] ❶を開いてください。続いて [メニュー] ❷をクリックすると❸の画面に切り替わります。[メニューを新規作成] ❹をクリックします。

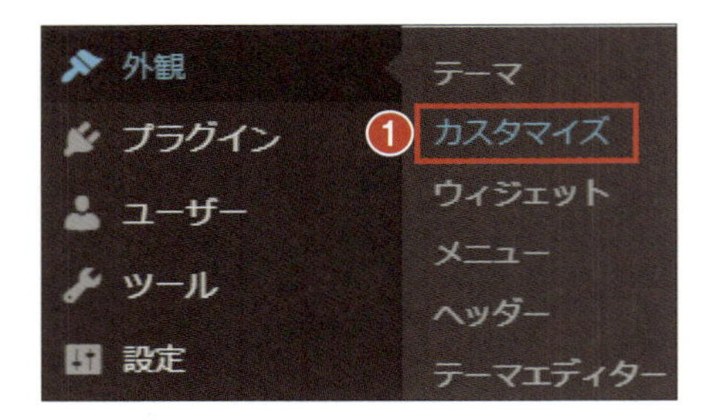

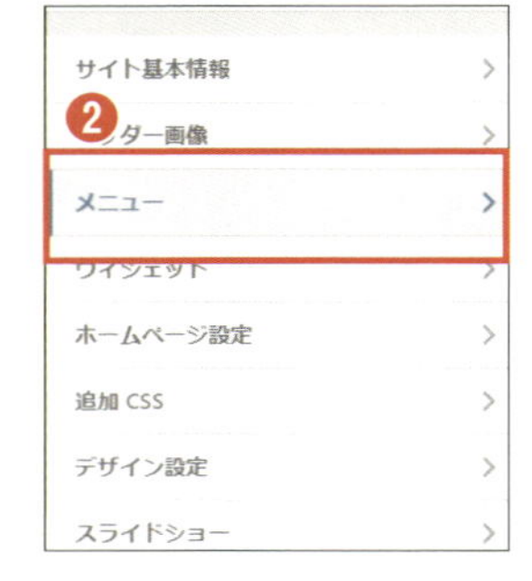

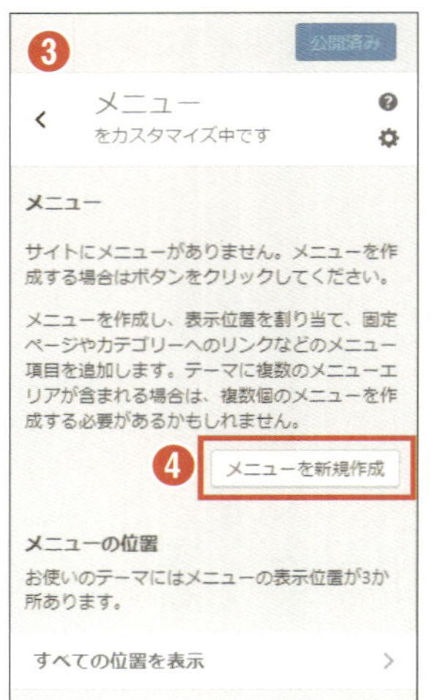

グローバルメニューを設置する（続き）

3 メニューを新規に作成する

新しいメニューを次のように設定します。

❶メニュー名：
「グローバルメニュー」と入力

❷メニューの位置：
「メイン」と「フッターメニュー」にチェックを入れる

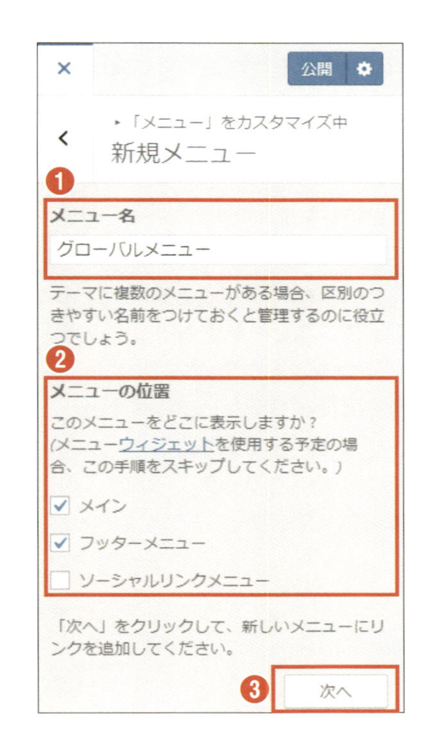

4 作成中のメニューの設定をする

［次へ］❸をクリックすると「グローバルメニュー」が作成され、設定画面に切り替わります。
［項目を追加］❹をクリックすると、「グローバルメニュー」に追加できる項目が表示されます❺。

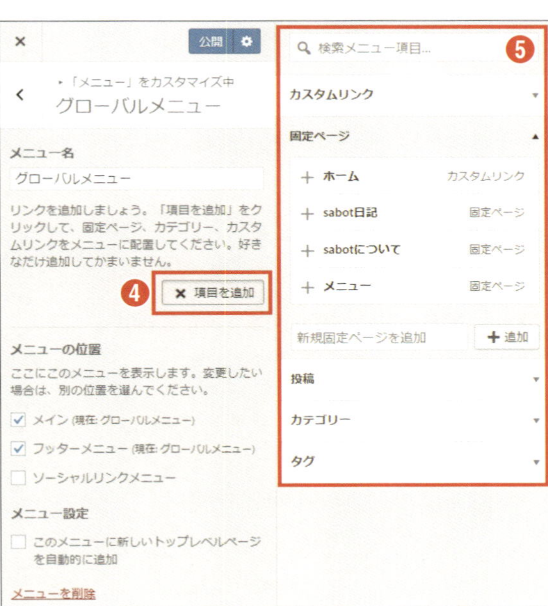

▸▸ グローバルメニューを設置する（続き）

5 表示するメニュー項目を選択する

「固定ページ」の下の一覧にある「ホーム」を含めた4項目❶をすべてグローバルメニューに追加することにします。
それぞれの項目の［＋］マークをクリックすると、左側の「グローバルメニュー」と入力されたフィールドの下にメニューが追加されます❷。「+」マークはチェックマークに替わります。「ホーム」「sabot日記」「sabotについて」「メニュー」のすべてを追加していきます。［項目を追加］❸をクリックして、右側に展開されたエリアを閉じます。

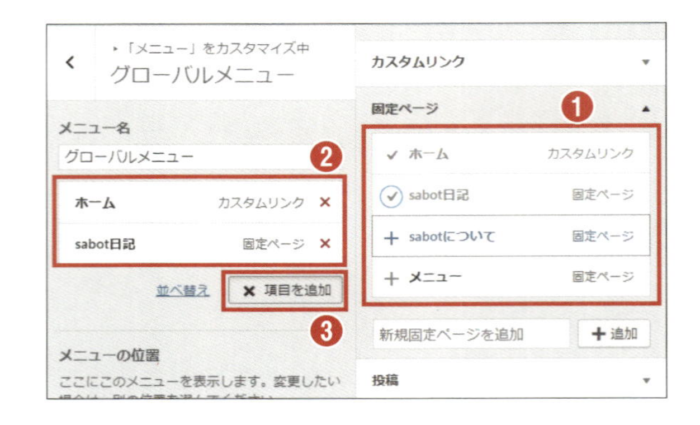

6 追加されたメニューを確認する

追加されたメニューの表示を作業領域のプレビュー画面で確認できます❹。

7 選択したメニューを並べ替える

メニュー項目はドラッグ&ドロップで順番を簡単に入れ替える❺ことができます。

> メニュー項目を並べ替えるとグローバルメニューがその順番で表示されます。

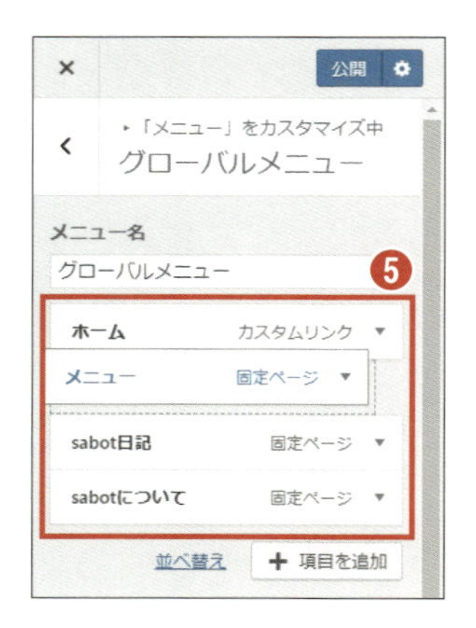

▶▶グローバルメニューを設置する（続き）

8 メニューが並べ替えられる

並べ替えが完了したら❶、作業領域のプレビューで❷確認します。

9 ［公開］をクリックしてメニューを保存する

［公開］❸をクリックして保存し、サイトに反映させます。

10 公開サイトで表示を確認する

公開中のサイトでグローバルメニュー❹が表示されていることを確認しましょう。

LEVEL 3 WordPressでコンテンツ作成

LEVEL 3

Lesson

03

WordPressで時系列のコンテンツを作成する

「投稿」でコンテンツを作ってみよう

新しいお知らせをする場合などに適した時系列に整理されるのが「投稿」でしたよね！

そうです！お店の最新情報やイベント情報の発信に適していますね

▸▸「投稿」はカテゴリーとタグで記事を分類する

「投稿」では、「カテゴリー」や「タグ」で記事を分類することができます。
記事に親子関係を設けて階層化できるカテゴリーと、キーワード的な役割を果たすタグを設定することができます。以下の表にカテゴリーとタグそれぞれの特徴をまとめました。適切に設定して投稿記事をうまく分類することでユーザーが訪問しやすいサイトにしましょう。

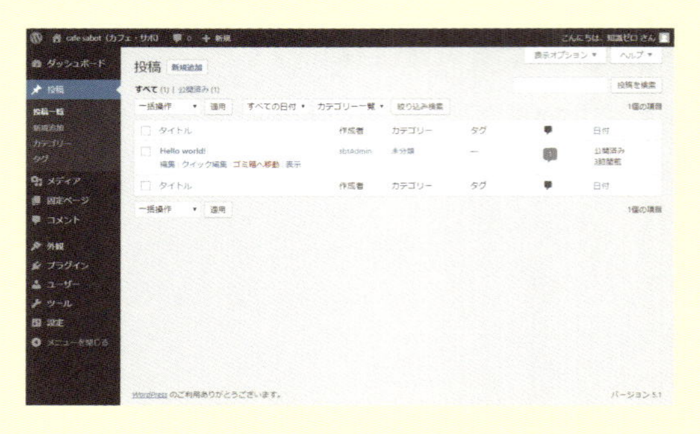

カテゴリーとタグの違い	階層構造	特徴
カテゴリー	投稿記事に親子関係を設けて階層化できる	投稿記事の系統立てた分類ができ、大まかなジャンル分けに適している （例：おかず／主菜／サラダ／デザート）
タグ	投稿記事を階層化することはできない	投稿記事のより細かな分類に適しており、キーワードを設定するようなイメージで使用する （例：ニンジン／ジャガイモ／キャベツ）

カテゴリーとタグを上手に使い分けてわかりやすいサイトをつくりましょう

「投稿」の使い方の基本

1 「カテゴリー」の編集・追加

ここでは投稿で「イベント情報」と「楓日記」というカテゴリーを作成します。ナビゲーションメニュー→[投稿]→[カテゴリー] ❶をクリックして「カテゴリー」ページの画面に移動してください。

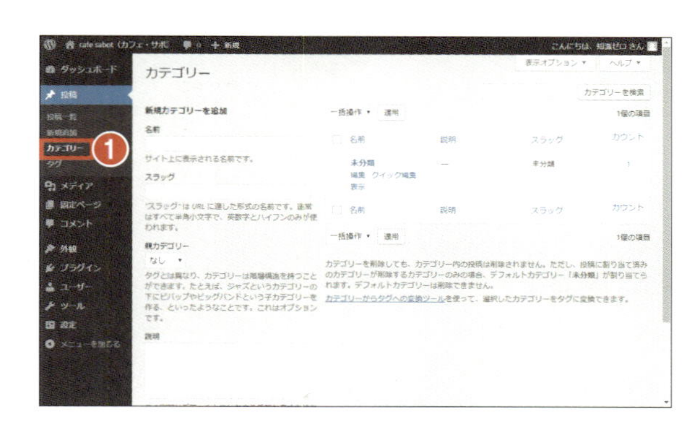

2 既存の「未分類」カテゴリーを編集する

すでに「未分類」カテゴリーがあるので、まずこれを編集しましょう。[未分類]→[クイック編集] ❷を選択してください。

[編集]→[編集画面]で同様に編集することもできます。

3 名前とスラッグを入力する

「名前」と「スラッグ」を下記のように入力します❸。

名前：**イベント情報**
スラッグ：**event**

入力したら[カテゴリーを更新] ❹をクリックします。

▶▶「投稿」の使い方の基本（続き）

4 新規カテゴリーを追加する

［新規カテゴリーを追加］の下にあるフィールドにそれぞれ次のように入力します❶。

名前：**楓日記**
スラッグ：**diary**

入力したら［新規カテゴリーを追加］❷をクリックします。❸のようにカテゴリー一覧に新しいカテゴリーが追加されます。

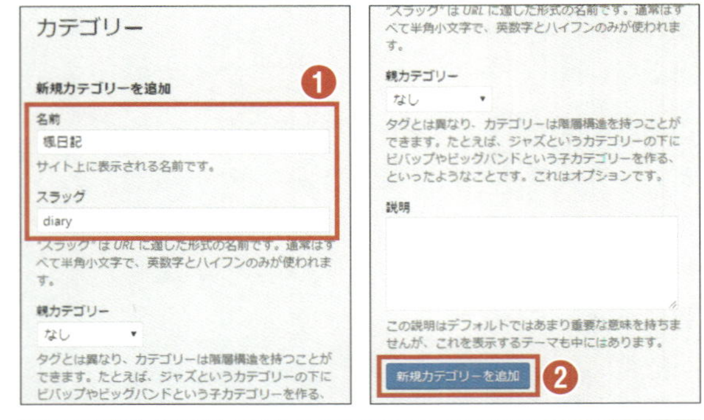

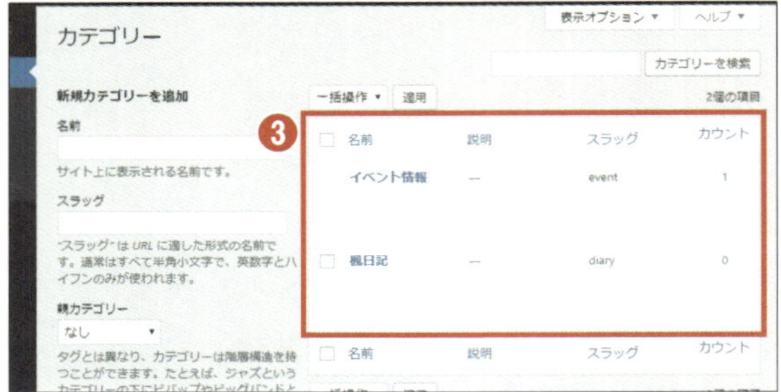

5 投稿一覧でカテゴリーの追加を確認する

管理画面→［投稿一覧］に戻ると、WordPressのインストール時にサンプルとして作成された記事「Hello world!」のカテゴリーが「イベント情報」になっています❹。

「楓日記」に加えて
お店のスタッフごとにカテゴリーを
設けることもできそうですね

「投稿」を新規追加する

1 投稿記事の作成テストを行う

「楓日記」の新規記事をつくるテストをしましょう。
ナビゲーションメニュー→[投稿]→[新規追加]❶で新規画面を表示します。「固定ページ」の追加と同様に記事タイトルと本文❷を入力します。

練習なのでタイトルや本文は仮の内容でかまいません。

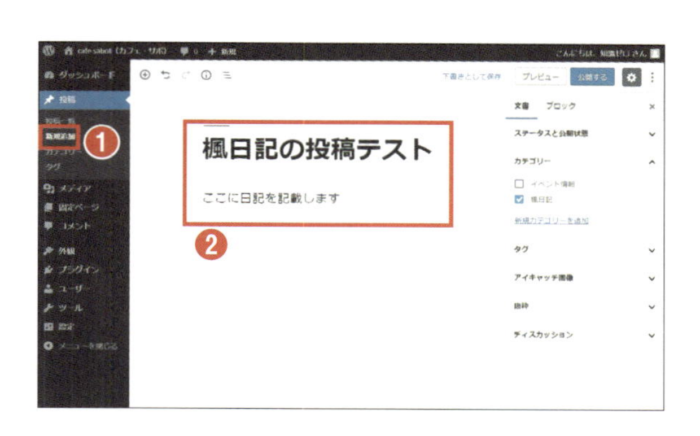

2 投稿記事にカテゴリーを設定する

右メニュー→[文書]タブ❸→カテゴリーで、「楓日記」にチェック❹を入れます。

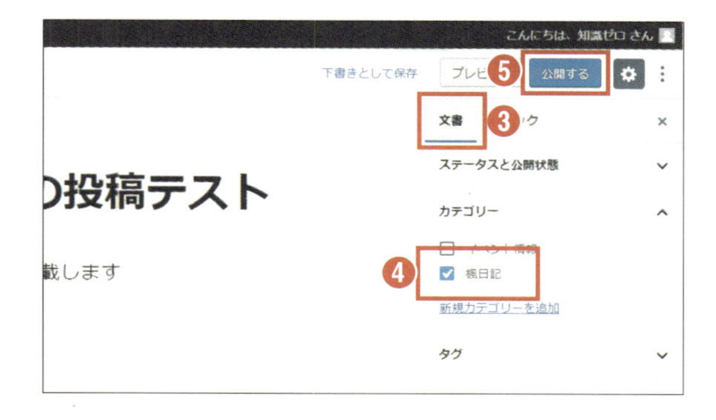

3 投稿記事を公開する

[公開する]❺で保存するとサイトに反映されます。記事作成がきちんと行われることが確認できました❻。

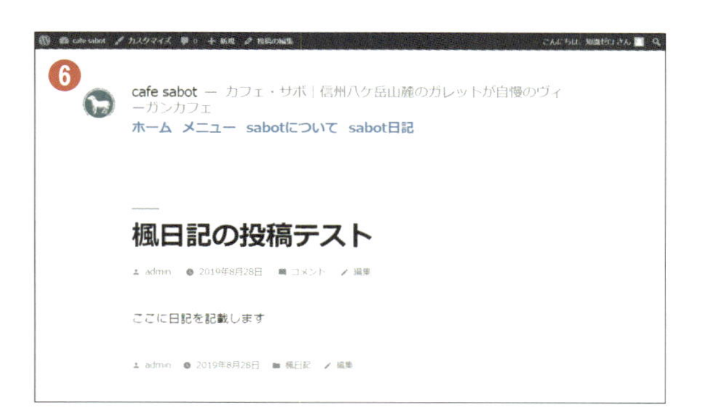

LEVEL 3
Lesson 04

WordPressのメディアの使い方

画像を埋め込んでコンテンツをリッチにする

サイトが形になったけど
情報が文字だけでは
なんとなく
さびしいような……？

そのとおり！
画像を入れてみましょう
記事が一気に華やかに
なりますよ

画像・動画・音声を埋め込んでサイトの印象をアップ

厳選された印象的な画像や動画をトップページに大きく掲載するなど、メディアを上手に活用すると、ウェブサイトは一気に華やぎます。

WordPressでは、画像だけでなく動画や音声などのメディアファイルをアップロードして記事に埋め込むことができます。

メディアの種類	アップロードできるファイルの拡張子の例
画像	.jpg .jpeg .jpe .gif .png .bmp .tiff .tif .ico
動画	asf .asx .wmv .wmx .wm .avi .divx .flv .mov .qt .mpeg .mpg .mpe .mp4 .m4v .ogv .webm .mkv .3gp .3gpp .3g2 .3gp2
音声	.mp3 .m4a .m4b .aac .ra .ram .wav .ogg .oga .flac .mid .midi .wma .wax .mka

上記のほかWordやExcel、PDF形式のファイルなども記事に掲載することができます。
ダウンロード用のボタンも設置可能です。
セキュリティ上の理由によりアップロードできないこともあります。

アイデア次第で
いろいろ活用できます
どんなものが効果的か
いろいろ考えましょう

記事に画像を追加する

1 「sabotについて」の記事に写真画像を埋め込む

ナビゲーションメニュー→［固定ページ］→［固定ページ一覧］から「sabotについて」の編集画面を開きます。

次に、左上の「＋（ブロックの追加）」アイコン❶を選択して表示されたブロックの一覧から［画像］を選択すると、画像ブロックが作成されます❷。

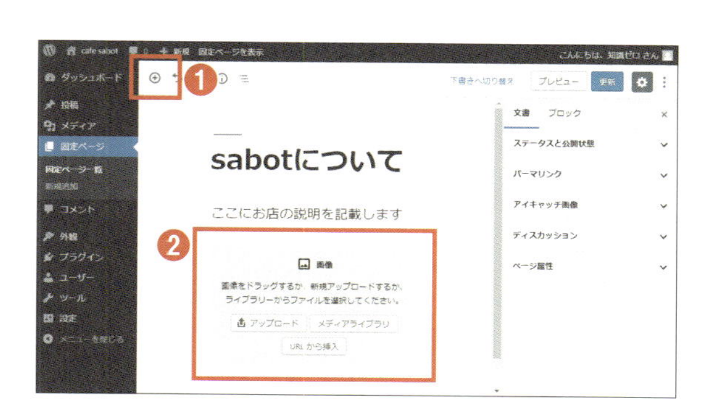

2 画像をアップロードする

ブロックに画像を挿入するには次の４つの方法があります。

1. ファイルのアップロードエリアに画像をドラッグ&ドロップ
2. ［アップロード］で画像を選択
3. ［メディアライブラリ］ですでにアップロードした画像を選択
4. ［URLから挿入］でインターネット上の画像を選択

ここでは1の方法で行いました❸。

3 画像のキャプションを入力して表示を確認する

「キャプションを入力 ...」❹に画像の説明を入力した後、記事を更新して保存します。更新したページを確認すると、挿入した画像が中央に大きく表示されます❺。

▸▸ アイキャッチ画像を設定する

1 アイキャッチで記事を目立たせる

「アイキャッチ」とは、記事の内容を視覚的に印象づける画像のことです。

❶一覧表示されたそれぞれの記事のアイキャッチの例

❷記事を個別に表示するとその冒頭に大きく配置されるアイキャッチの例

アイキャッチを利用できるかどうか、どのように使用されるかはテーマによって異なります。右の画像は他のテーマを選択した例です。

2 アイキャッチ画像を設定する

ここでは「メニュー」ページにアイキャッチを設定します。

ナビゲーションメニューの［固定ページ］→［固定ページ一覧］から「sabotについて」の編集画面を開きます。

右メニュー→［文書］タブ→［アイキャッチ画像を設定］❸をクリックすると、［アイキャッチ画像］の画面❹が表示されます。

アイキャッチ画像を設定する（続き）

3 画像ファイルをアップロードする

画像をアップロードエリアにドラッグ＆ドロップ❺します。

左上の［ファイルをアップロード］タブをクリックすると、ファイルを選択する画面が表示されます。そこから画像をアップロードすることもできます。

4 登録したい画像を確認して選択する

登録したい画像が選択されている❻ことを確認して、右下の［選択］❼をクリックします。

5 更新して公開ページを確認する

編集画面に戻るので、［更新］で保存すると右のように公開されます。

アイキャッチに使う画像は
記事を一覧表示したときに
ひと目で見分けがつくような
ものを選ぶのがコツです

LEVEL 3
Lesson
05

モバイルでWordPressコンテンツを作成

スマートフォンで コンテンツを作ってみよう

パソコンを使うのが
面倒なときがあります
スマホで投稿したりは
できないんですか？

ごもっともな意見です
もちろん大丈夫ですよ！
スマホでもWordPressを
操作できるんです

スマートフォンからでも管理画面にアクセスできる

スマートフォンに保存している写真や動画を投稿で活用したいなら、スマートフォンで投稿編集作業をすれば簡単です。WordPressの管理画面にはスマートフォンからもアクセスすることができます。管理画面にアクセスする方法は２つです。

【方法1】WordPressアプリを使う

iPhoneやiPad、Androidなどのモバイル機器でアプリが提供されており、インターネットに接続できない状況でもある程度の操作が可能です。このアプリを使うにはLEVEL６で説明しているJetpackと連携している必要があります。

【方法2】スマートフォンのインターネットブラウザで管理画面にアクセスする

ブラウザの幅が狭いためにPC表示とは異なりますが、スマホでも基本的な操作は遜色なく行うことができます。

このレッスンでは
方法２のインターネットブラウザで
操作する方法を紹介します
アプリ版でも操作は同様ですよ

▸▸ スマートフォンで管理画面にアクセスする

1 スマートフォンで ログイン画面にアクセス

Safari や Chrome などのインターネットブラウザを開いてWordPressサイトのログインURLにアクセスするとログイン画面が表示されます。
例：
http://sample.com/wp_login.php
ユーザー名とパスワードを入力してログインします。

2 スマートフォンでの 管理画面

表示領域の幅が狭いためにとてもシンプルな表示になっています。操作できる機能としてはPC版と変わりません。

3 管理画面のメニューに アクセスする

左上の３本線（ハンバーガーメニュー）❶をタップすると、管理画面のメニューが表示されます。［投稿］→［新規追加］❷をタップして次のステップに進みます。

> ３本線が上下のバンズにパテが挟まった様子を連想させることから「ハンバーガーメニュー」と呼ばれるようになりました。

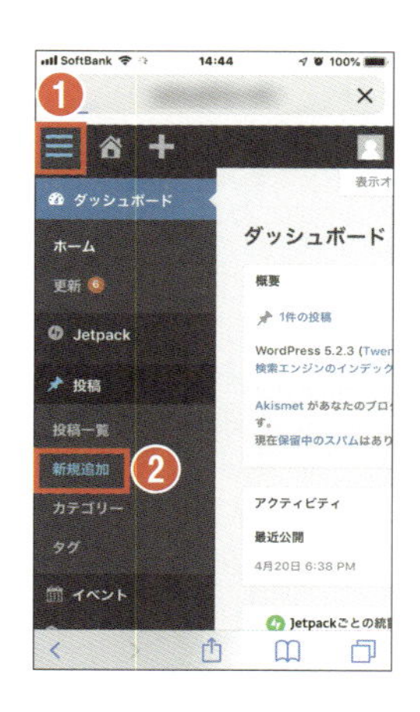

▸▸ スマートフォンで記事を編集する

1 新規作成でタイトルを入力する

タイトルの入力フィールドをタップして入力モードにするとキーボードが表示され、メールのような感覚で入力することができます。

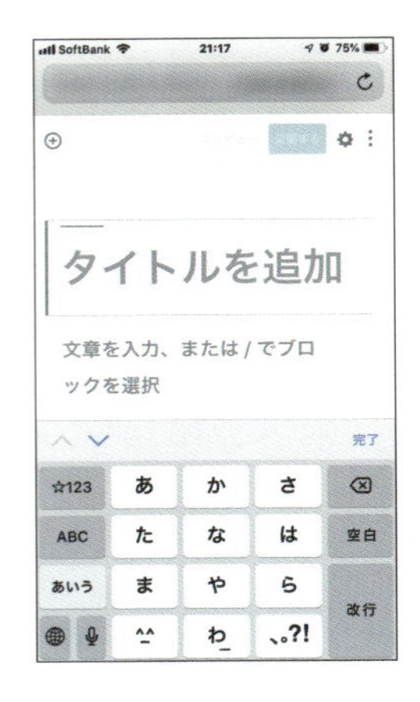

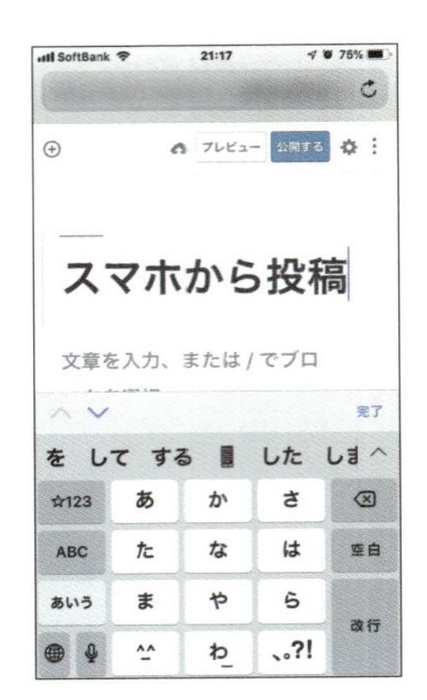

2 画像ブロックを挿入する

タイトルを入力し終えたら、最初の段落をタップして本文を同様に入力することができます。ここでは画像ブロックを挿入してみましょう。

表示された「＋(ブロックを追加)」❶をタップするとブロック一覧が表示されます。

［一般ブロック］から［画像］ブロック❷をタップしてください。

3 ［アップロード］でスマホ内の画像を選択

画像を追加するには次の3つの方法があります。

・アップロード
・メディアライブラリ
・URL から挿入

スマホ内の画像を選択するには［アップロード］❸をタップします。

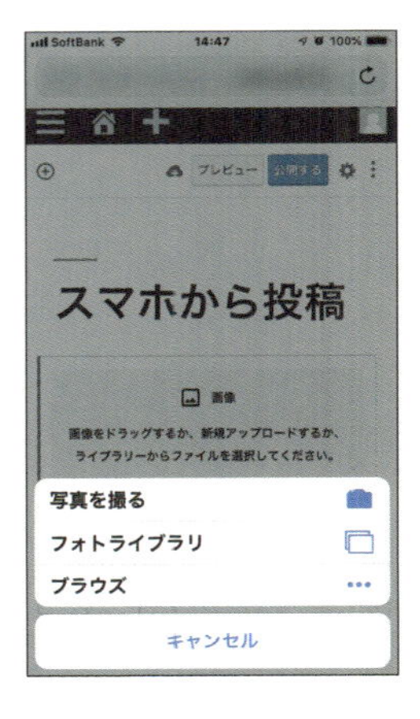

スマートフォンで投稿する際のポイント

1 ［写真を撮る］でスマホのカメラにアクセス

画像をアップロードする方法のうち［写真を撮る］❶をタップするとスマートフォンのカメラにアクセスできます。
投稿の画像として使用する写真をその場で撮影することができます。

2 ［フォトライブラリ］でスマホ内の画像を選択

画像をアップロードする方法のうち［フォトライブラリ］❷をタップすると、カメラロールなどスマートフォン内に撮りためた画像から選択することができます。
［ブラウズ］はスマートフォンからアクセスできるクラウドストレージの画像を選択することができます。

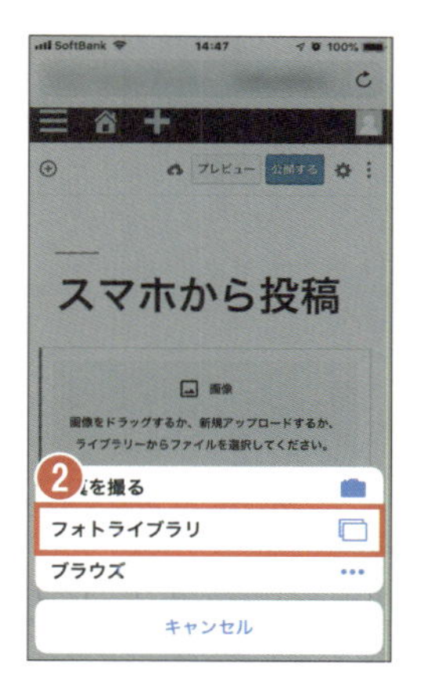

And More　スマホで撮影した画像の向きがおかしくなったら

スマホで縦位置に撮影した写真を投稿すると向きが横位置になることがあります。画像が持つ向きや日付・位置などさまざまな情報が影響するためです。情報を削除してくれるプラグイン「EWWW image Optimizer」❸を入れておきましょう。「プラグイン」についてはLEVEL5でくわしく解説します。

LEVEL 3
Lesson
06

ウェブサイトのトップページを設定する

画像が入るだけで
サイトの印象が
めきめきと
よくなるんですね！

そうなんです！
次にトップページも
同じ要領で作り込んで
みましょう！

トップページを固定ページで作り込む

通常、WordPressのトップページ（フロントページ）は、最新記事の一覧を表示する仕様になっています。
また、トップページを特定の固定ページを指定して表示できるようにもなっています。画像などを自由に配置しつつ作りこんでいく「固定ページ」のようなイメージです。
今回は固定ページを作り込んで、お店のコンセプトなどを掲載するトップページを設けていきましょう。

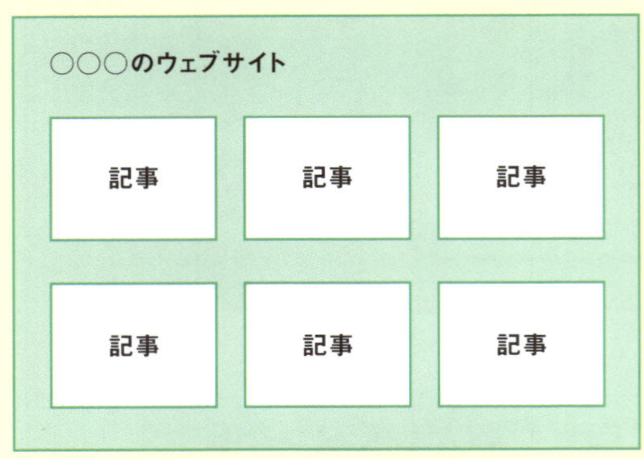

通常は最新記事の一覧

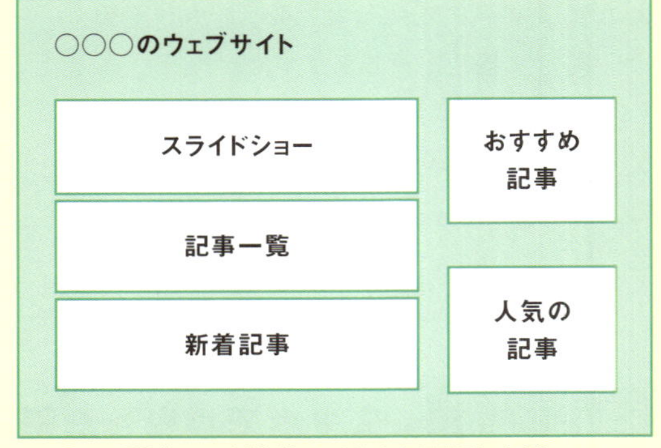

固定ページを使って自由に配置した例

WordPressは
思いどおりのサイトがつくれるように
柔軟な仕様になっているんですよ

トップページを固定ページで新規追加する

1 固定ページを新規追加する

トップページ用の固定ページを作成します。ナビゲーションメニュー→[固定ページ]→[新規追加] ❶で新規ページ画面を表示します。

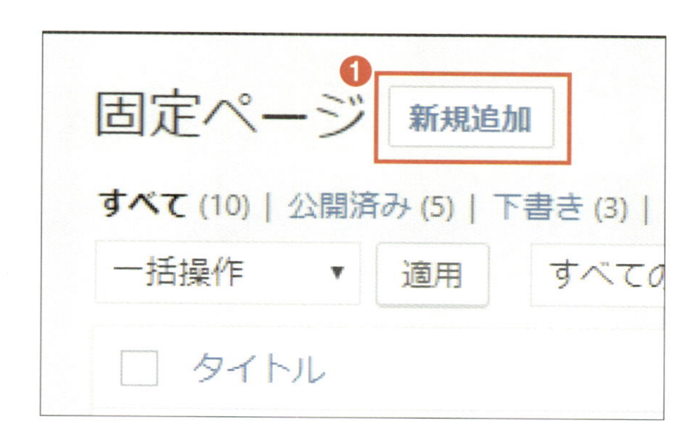

2 固定ページの詳細を設定する

「記事のタイトル」「スラッグ」「コンテンツ」「画像」をそれぞれ次のように設定します。

記事のタイトル:**cafe sabotのコンセプト**
スラッグ:**top**
コンテンツ:**コンセプト**
画像:**アイキャッチ画像の設定**

入力や設定が完了したら[公開する]をクリックして保存します。

3 表示設定のページを開く

管理画面の左メニュー→[設定]→[表示設定] ❷のページを開きます。

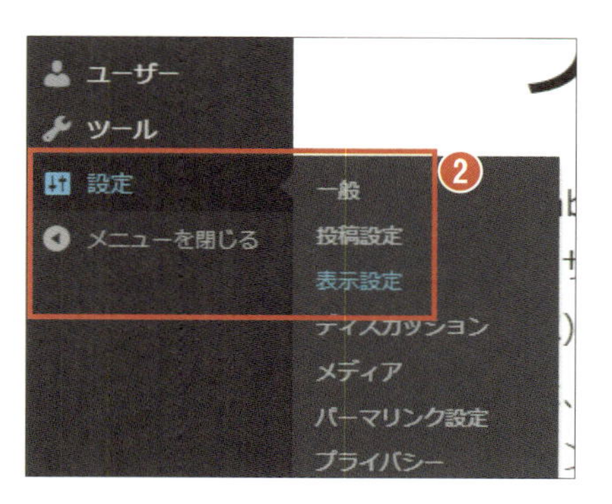

固定ページでトップページを表示する

4 固定ページをトップページに設定する

［ホームページの表示］で［固定ページ］❶を選択します。
［ホームページ］→［cafe sabotのコンセプト］❷を選択して［変更を保存］すると設定完了です。

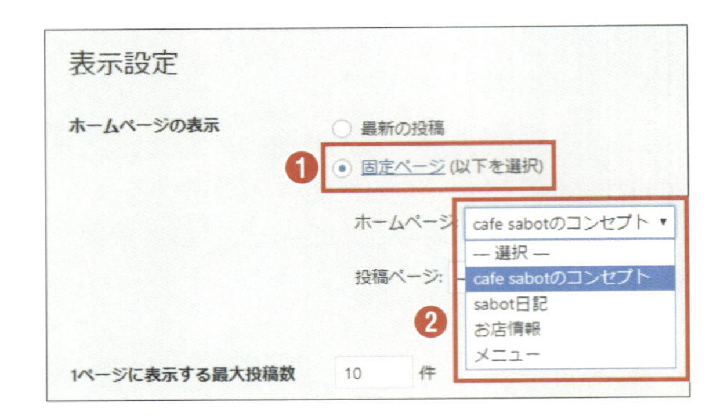

5 公開サイトでトップページを確認する

管理画面の［固定ページ一覧］を開くと、「cafe sabotのコンセプト—フロントページ」❸と表示されました。
作成した固定ページ「cafe sabotのコンセプト」がフロントページとして設定されたことがわかります。

トップページが右のようになっていればOKです

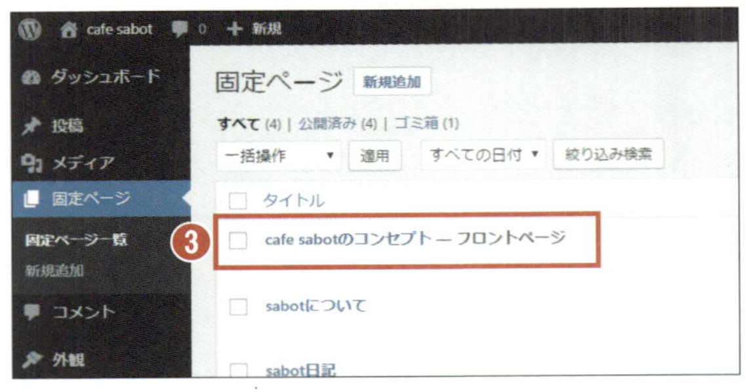

トップページができて
いよいよサイトらしく
なってきましたね！

LEVEL 4

ブロックエディター
—Gutenberg
（グーテンベルク）

LEVEL 4 Lesson 01

ブロックエディターの仕組みと基本的な使い方

ブロックを組み立てる感覚で記事を編集する

ブロックの組み立て？
それがサイトの編集といったいどんな関係があるんですか？

用意されたブロックを組み合わせることで複雑なレイアウトが可能になるんですよ

▸▸ 直感的に操作できるブロックエディター

WordPressをできるだけ直感的に操作できるように開発されたのが新しいブロックエディター（開発時のコードネーム：Gutenberg）です。
Gutenberg（グーテンベルク）の名は活版印刷の発明者ヨハネス・グーテンベルクからきています。活版印刷が情報をより大勢の人々に広く伝えることを担った功績はいうまでもありません。彼の名前が付された新型エディターはウェブの知識を持たない人でも、情報をより簡単により高度に発信するうえで力を発揮できるようにブロックエディターとして開発されています。
これまでのレッスンでもすでにブロックエディターを使って記事を作成・編集してきました。本章ではブロックエディターの特長を説明します。「固定ページ」「投稿」で行う編集方法は、原則として前バージョンからも共通です。

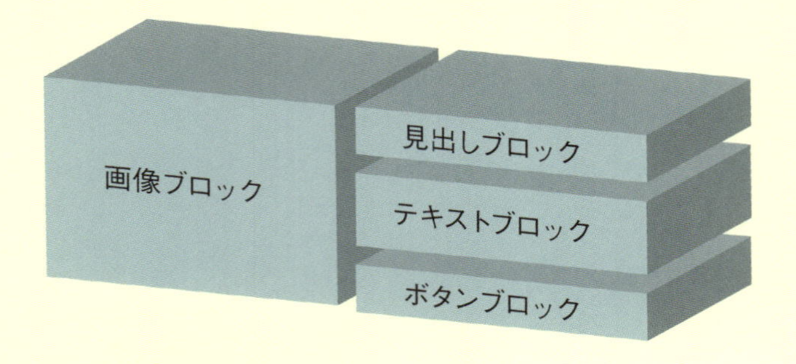

WordPressにあらかじめ準備されている用途ごとのブロックを組み込んでいきます積み木を積み上げていくような感覚ですね

ブロックエディターのインターフェイス

1 ブロックエディターの主要な３つのエリア

ブロックエディターは大きく以下の３つの画面に分けられます。

❶上部メニュー
❷メインカラム
❸設定メニュー（右メニュー）

メインカラム❷は記事の編集領域です。次ページから❶と❸の機能をくわしくみていきましょう。

▸▸ ブロックエディターの上部メニュー

1 上部メニュー：［ブロックの追加］

画面上部にはブロックエディターの基本機能のメニューボタンがあります。

❶［ブロックの追加］：
テキスト・見出し・画像・リストなど、用途に応じたブロックを多数利用できます。

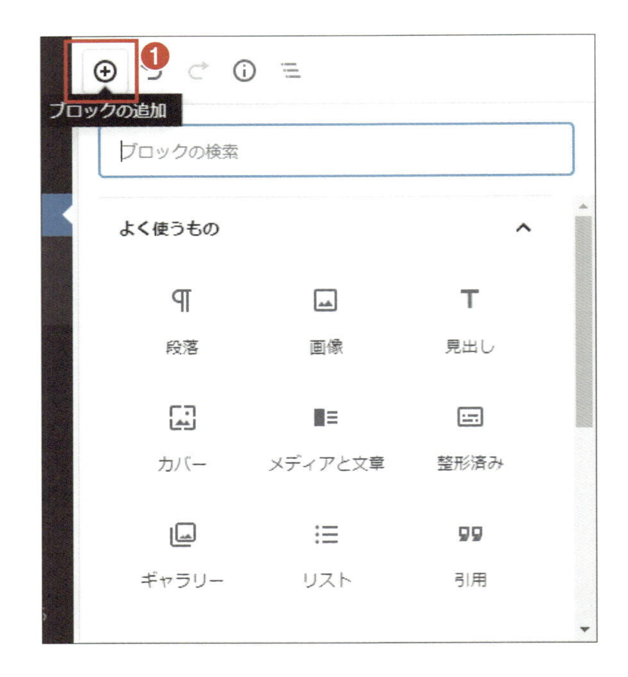

2 上部メニュー：［取り消し］［やり直し］

❷［取り消し］と［やり直し］：
左向きの矢印で最後の作業を取り消すことができます。右向きの矢印で直前の作業をやり直すことができます。

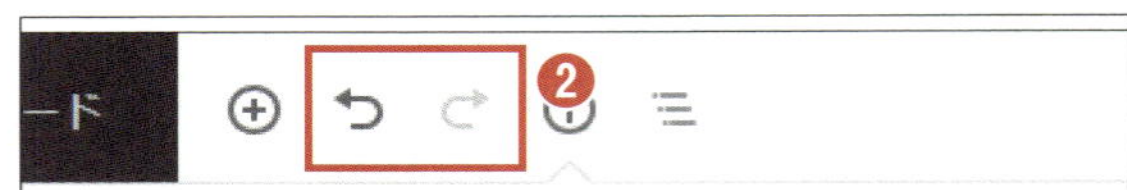

3 上部メニュー：［コンテンツ構造］

❸［コンテンツ構造］：
見出し・段落・ブロックの数の確認やコンテンツの構造を確認できます。
「文書の概要」では、見出しがインデックスのように表示され、それぞれの見出しにすばやく移動することができます。

ブロックエディターの上部メニュー（続き）

4 上部メニュー：[ブロックナビゲーション]

❶[ブロックナビゲーション]：
インデックスのように表示されたそれぞれのブロックにすばやく移動することができます。

5 上部メニュー：[下書きへ切り替え]

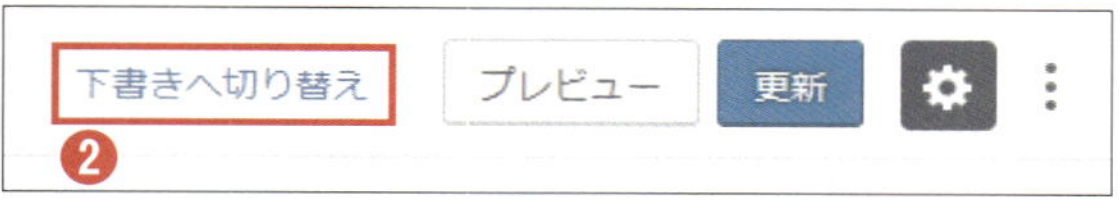

❷[下書きへ切り替え]：
すでに公開済みの記事を下書きに戻すことができます（新規作成の場合は［下書きとして保存］）。

6 上部メニュー：[プレビュー]

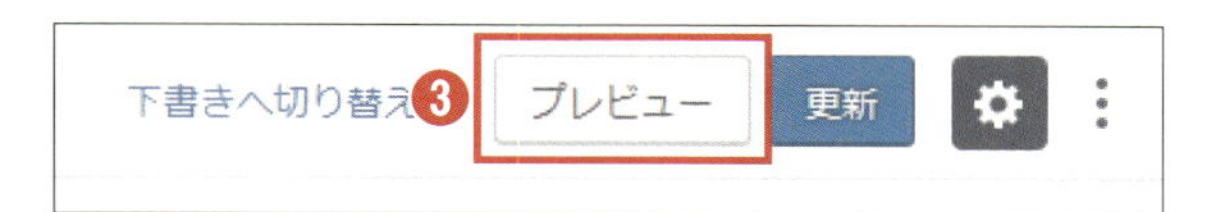

❸[プレビュー]：
公開もしくは更新を反映する前にプレビューして意図した表示になっているか確認することができます。

7 上部メニュー：[設定ボタン]

❹[設定ボタン]：
設定カラム（右カラム）の表示／非表示を切り替えます。

8 上部メニュー：[ツールと設定をさらに表示]

❺[ツールと設定をさらに表示]：
エディターの高度な設定を行います。

▸▸ ブロックエディターの設定メニュー（文書タブ）

1 設定メニュー（右メニュー）：[文書タブ]

画面の右側にある設定メニュー（右メニュー）を見ていきましょう。設定メニューは［文書タブ］と［ブロック］に大きく分かれています。ここでは文書タブについて説明します（ブロックについてはLesson02でくわしく解説します）。

❶［文書タブ］：
編集している記事自体の各種設定などを行います。

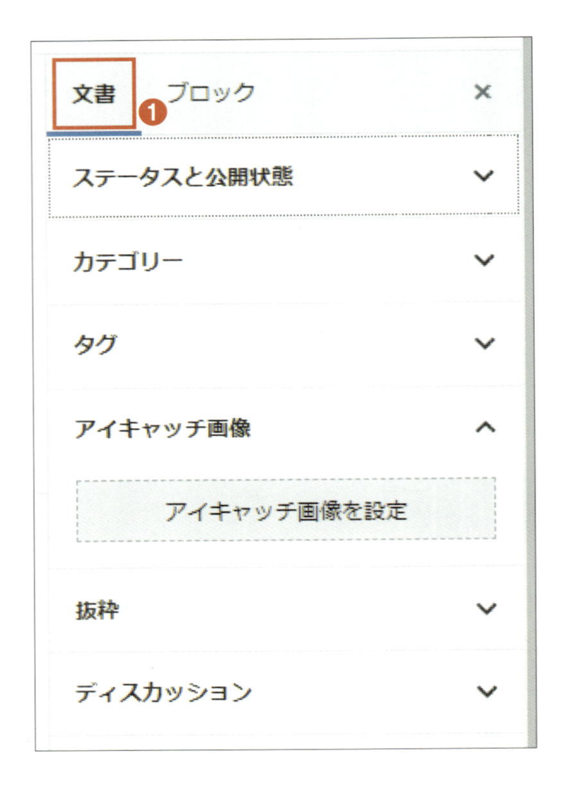

2 設定メニュー→文書タブ：[ステータスと公開状態]

❷［ステータスと公開状態］：
［公開］［非公開］を選択できます。
［非公開］にしてユーザー登録した人だけ、もしくは［パスワード保護］にしてパスワードを知っている人だけが閲覧できるように設定することもできます。
また公開日時の指定もできます。

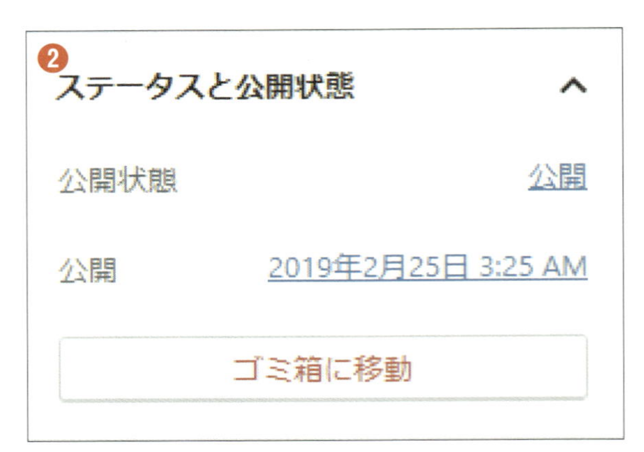

▸▸ブロックエディターの設定メニュー（文書タブ）（続き）

3 設定メニュー→文書タブ：[○○件のリビジョン]

❶[○○件のリビジョン]：
過去の履歴を復元することができます。最初は表示されず、編集・更新を繰り返すとリビジョンが生成されます。

26件のリビジョン ❶

4 設定メニュー→文書タブ：[アイキャッチ画像]

❷[アイキャッチ画像]：
記事一覧のサムネイル画像や記事ページの冒頭に表示される画像で、記事の視認性を高めるために利用します。
どのように表示されるかは使用するテーマによって異なります。

5 設定メニュー→文書タブ：[ページ属性]

❸[ページ属性]：
親ページを設定してページを階層構造（入れ子）にすることができます。
ページ属性は固定ページでのみ有効になる設定です。

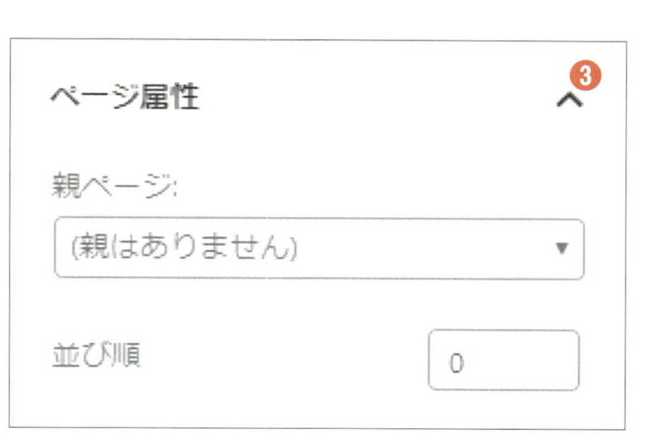

▸▸ブロックを使ったコンテンツの作り方

1 タイトルを入力する

ブロックを使ったコンテンツの作り方についてみていきましょう。
「投稿」で［新規追加］をしてタイトルを入力します❶。

2 最初のブロックにテキストを入力する

❷最初のブロック［文章を入力…］にカーソルを置いてテキストを入力します。

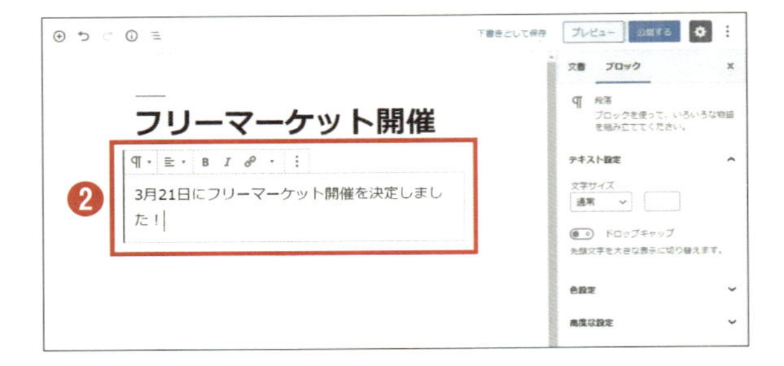

3 Enterキーを押してブロックを追加する

Enter キーを押して改行すると、❸のように自動的にブロックが追加されます。
❹［下書きとして保存］をクリックしてこまめに保存しておくと安心です。

設定カラム（右カラム）で、編集中のブロックに関係したさまざまな設定ができます。たとえば、段落ブロック❺では文字サイズや色の変更、［ドロップキャップ］を選択すると、雑誌のレイアウトのように段落の最初の１文字だけを大きくすることなどができます。

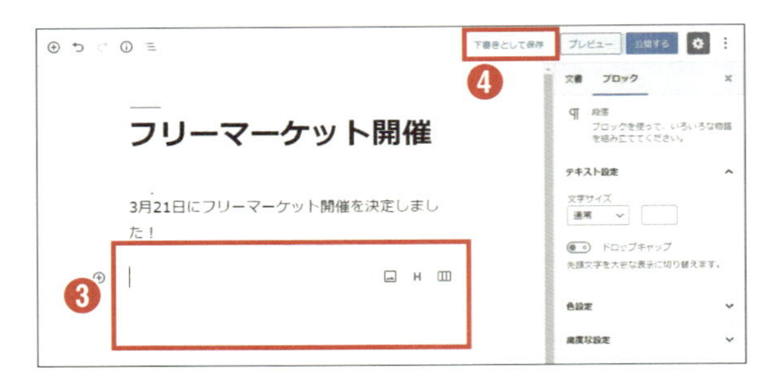

ブロックを追加するさまざまな方法❶

1 ブロック追加はいくつもの方法がある

ブロックを追加するためにはさまざまな方法が用意されています。ここではひとつずつ見ていきましょう。

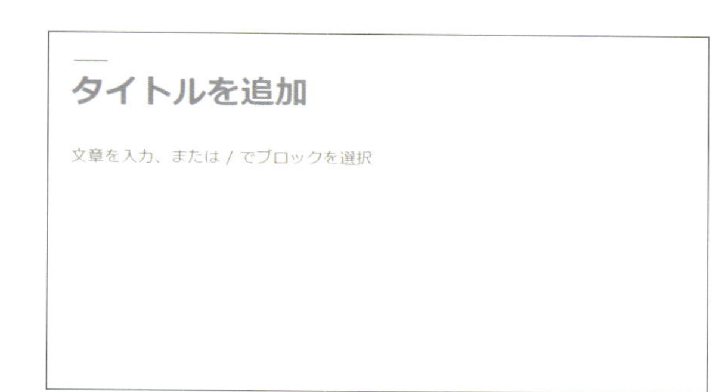

2 ブロック追加方法❶ Enterキーを押す

Enter キーを押してブロックを追加する方法が代表的です。ブロックの追加を意識することなく行える最も簡単な方法です。
既存のブロックにカーソルがある状態で Enter キーを押すと自動的にブロックが追加されます❶。

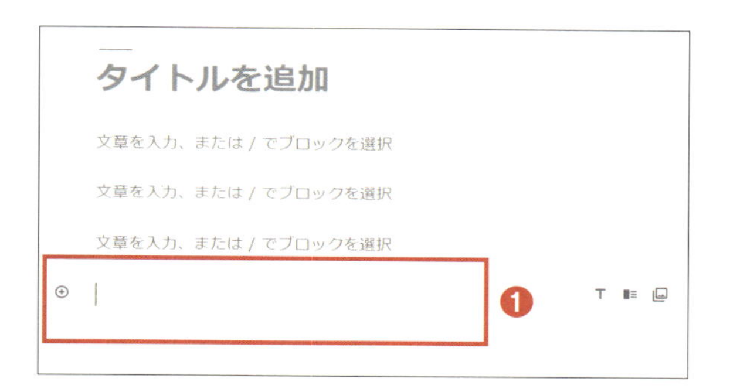

3 段落ブロックになり入力ができる

そのまま入力を始めると通常の段落ブロックとして入力を続行できます。
[ブロックの追加]（[+] アイコン）❷をクリックするとさらにさまざまな種類のブロックを追加することができます。

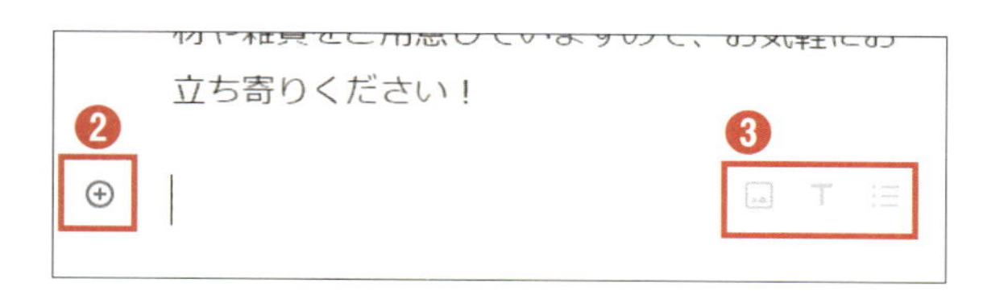

右側にある［画像の追加］［見出しの追加］［リストの追加］の3つのアイコン❸をクリックしてブロックの種類を選択することも可能です

▸▸ ブロックを追加するさまざまな方法❷

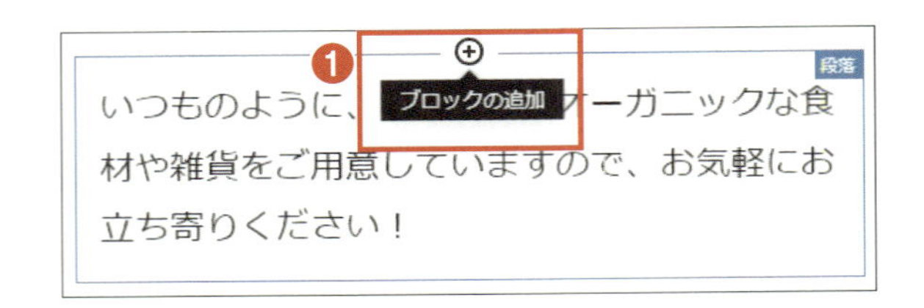

1 ブロック追加方法❷ ブロックにマウスオーバーする

[ブロックの追加] 機能を使って追加することもできます。これには２つの方法があります。
既存ブロックの上端／下端にマウスホバーすると表示される [ブロックの追加] ([+] アイコン) をクリックすると❶、ブロックの上下に新しいブロックが挿入されます。

2 ブロック追加方法❸ 上部メニューで選択する

また、上部メニューの [ブロックの追加] ([+] アイコン) ❷をクリックして、カーソル位置の下に新しいブロックを追加することもできます。
アイコンを選択してさまざまなブロックを追加可能です。

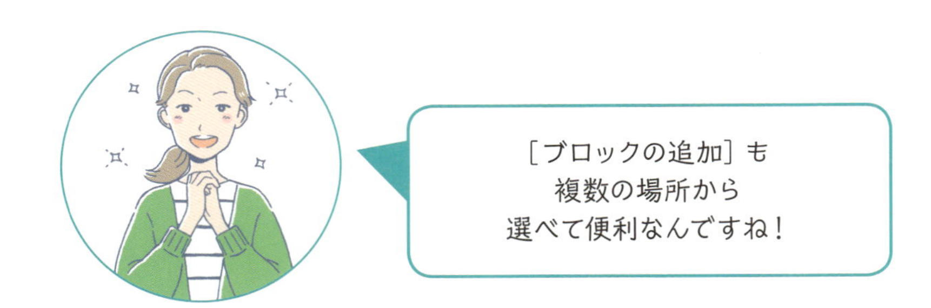

▸▸ 画像とテキストを配置できる［メディアと文章］ブロック

1 ブロックの追加：［メディアと文章］

［ブロックを追加］内のメニューにある［メディアと文章］ブロック❶では、画像とテキストを横並びにしたレイアウトのブロックが追加できます。

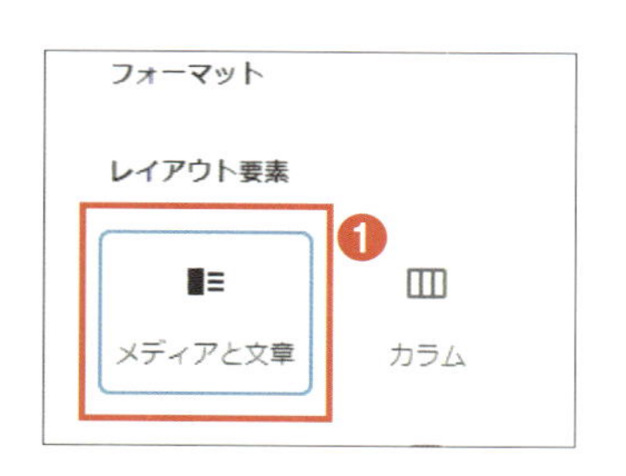

2 ［ブロックを追加］から［メディアと文章］を選択

［ブロックを追加］をクリック→［レイアウト要素］グループ→［メディアと文章］アイコンをクリック。左にメディアエリア・右にコンテンツエリアの2列にレイアウトされたブロック❷が追加されます。

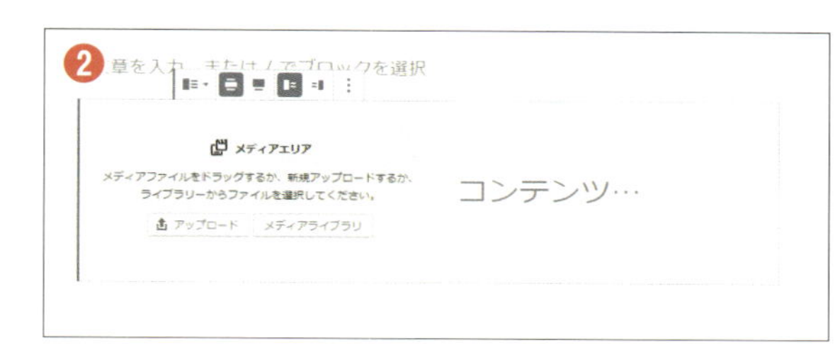

3 メディアエリアに画像を挿入

左側カラムのメディアエリアに画像を挿入❸します。右側のカラムにはテキストを入力します。

4 画像とテキストで構成されたレイアウトが完成

編集が完了したブロックが❹です。左の画像、右上のテキスト、右下のテキストの3つのブロックで構成されたレイアウトが完成しました。

画像をクリックするとブロックに対応したツールバーが上部に表示されます。左右を入れ替えたり幅広で表示したりすることができます。

▸▸ 複数の画像を横並びに配置する［ギャラリー］ブロック

1 ブロック追加方法❹ ［ギャラリー］ブロック

同じく［ブロックを追加］内にある［ギャラリー］ブロック❶では、3つの画像を横並びにしたレイアウトのブロックを追加することができます。

2 ブロック追加方法❹ ［ギャラリー］ブロック

［ブロックを追加］をクリック→［一般ブロック］→［ギャラリー］アイコンをクリックして［ギャラリー］ブロックを追加します。

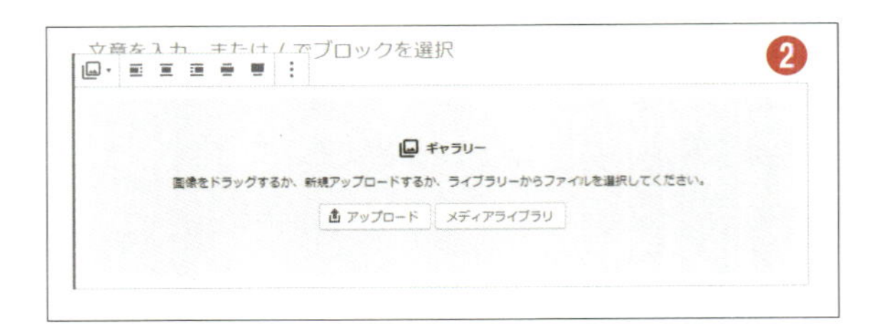

3 ブロック追加方法❹ ［ギャラリー］ブロック

❷追加されたブロックに、表示したい画像ファイルをまとめてドラッグします。❸がドラッグ後の画面です。

設定メニューで［ギャラリー］ブロックの設定を変更できます。「カラム」の「数」を設定すると横並びにする画像数の変更、また「リンク先」を「メディアファイル」に設定すると公開サイトで画像をクリックしたときに大きく表示させることができます。

ここでは［メディアと文章］ブロックと［ギャラリー］ブロックを追加してみました
このほかさまざまなブロックについては
さらに次のレッスンで説明します

ブロックで作成した記事の設定・保存・公開

1 設定を確認して記事を公開する

記事ができたら公開します。その前に設定メニュー（右メニュー）→［文書］タブ❶で投稿記事の設定を確認しましょう。

投稿の「文書」設定メニューの例

2 ［ステータスと公開状態］の確認

❷［ステータスと公開状態］

［先頭に固定表示］：

投稿した日時に関係なく一覧の先頭に記事が表示されるようになります。大切な投稿や目立たせたい投稿の場合に役立ちます。

［レビュー待ち］：

複数のスタッフが投稿する場合のように、スタッフの確認・承認が必要な場合に便利です。

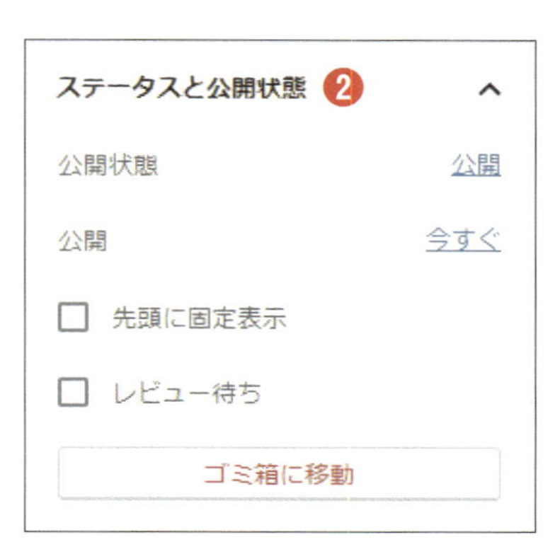

▸▸ブロックで作成した記事の設定・保存・公開(続き)

3 [パーマリンク] の設定

❶[パーマリンク]：
公開する記事のURLを「URLスラッグに」入力して設定します。半角文字(アルファベットや数字)で設定しましょう。

4 [カテゴリー] の設定

❷[カテゴリー]：
投稿する記事に適切なカテゴリーを選択します。

「投稿」の記事の場合は「カテゴリー」設定が表示されます(「固定ページ」の記事では原則として表示されません)。

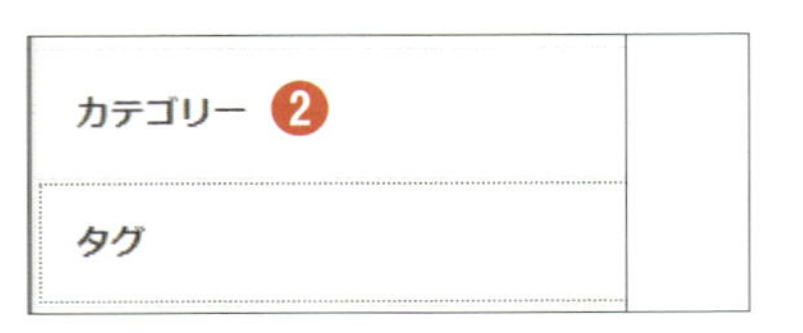

5 [タグ] の追加

❸[タグ]：
記事にタグを追加します。

「投稿」の記事の場合は「タグ」設定が表示されます(「固定ページ」の記事では原則として表示されません)。

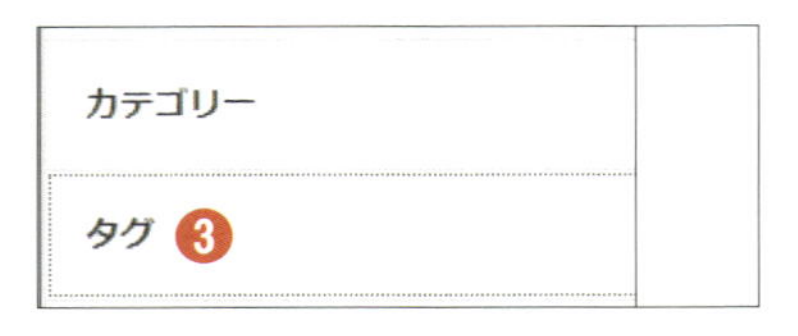

6 [アイキャッチ画像] の設定

❹[アイキャッチ画像]：
記事一覧のサムネイル画像・記事ページの冒頭に表示される画像を設定します。

ブロックで作成した記事の設定・保存・公開(続き)

7 [抜粋]の設定

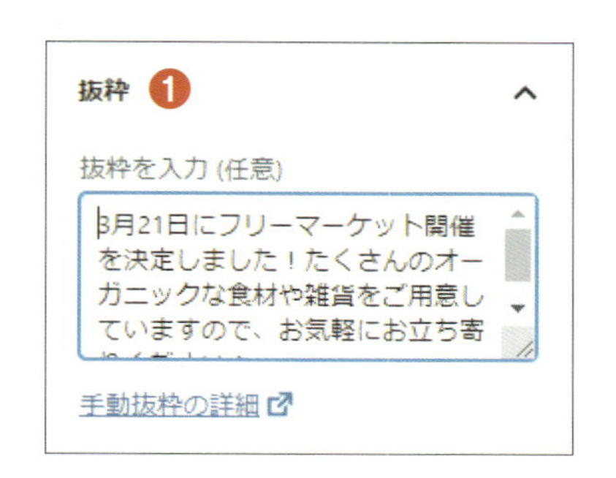

❶[抜粋]：
投稿一覧で記事の概要を表示するためなどに用いられます(使用するテーマにより異なります)。

「固定ページ」の記事では表示されません。

8 [ディスカッション]の設定

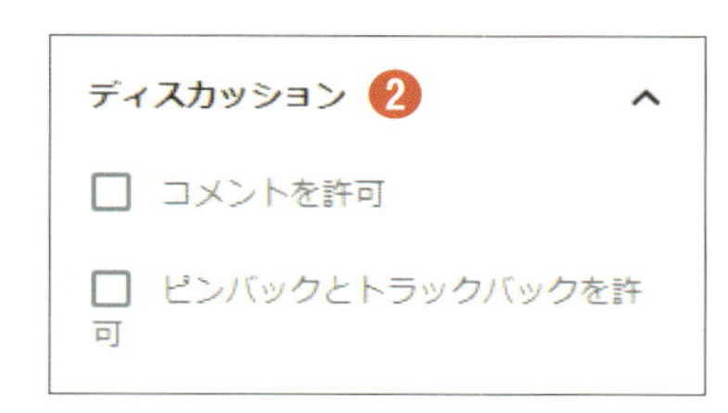

❷[ディスカッション]
[コメントを許可]：
訪問者がコメントすることを許可します。
[ピンバックとトラックバックを許可]：
記事の訪問者の保有するサイトと相互リンクを許可します。

「固定ページ」の記事では表示されません。

9 設定を確認して保存・公開する

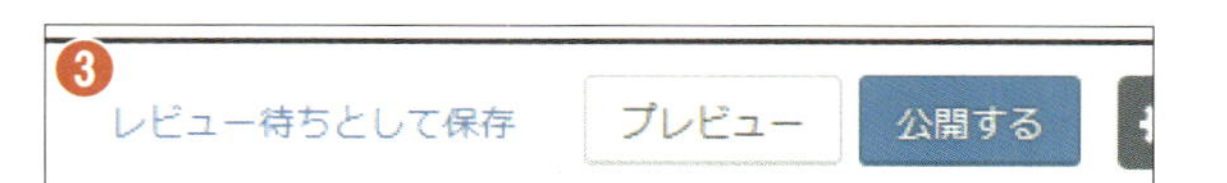

❸これらの設定を確認した後、レビューが必要なら[レビュー待ちとして保存]をクリックして保存、もしくは[公開する]をクリックして公開します。

And More ブロックの順番を入れ替える

ブロックの順番を入れ替えるには、ブロックの左側の[上へ移動][下へ移動]アイコンをクリックして上下に移動するか、その中間のアイコンをクリックしたまま移動したい位置までドラッグします。

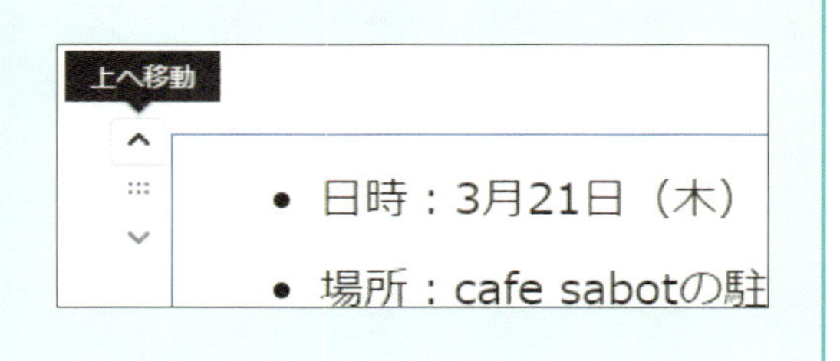

LEVEL 4
Lesson
02

ブロックエディターのブロック一覧

さまざまなブロックの便利な使い方

ブロックを使えば
難しいコードを
書かなくても
いいんですね

そうなんです
いろいろなブロックが
あるので使い方を
おぼえていきましょう

ブロックは目的別に多数用意されている

以下はWordPressインストール時に用意されているブロックです。これらに加えてテーマやプラグインによってはさらにブロックが追加されます。

ブロックの用途	用途ごとに用意されている各ブロック
一般ブロック	段落 ファイル 画像 音声 動画 見出し ギャラリー リスト 引用 カバー
フォーマット	ソースコード クラシック カスタム HTML 整形済み プルクオート 表 詩
レイアウト要素	ボタン カラム メディアと文章 続きを読む 改ページ 区切り スペーサー
ウィジェット	ショートコード アーカイブ カレンダー カテゴリー 最新のコメント 最新の記事 RSS 検索 タグクラウド
埋め込み	埋め込み YouTube Twitter Facebook Instagram WordPress SoundCloud Spotify Flickr Vimeo Animoto Cloudup CollegeHumor Crowdsignal Dailymotion Hulu Imgur Issuu Kickstarter Meetup.com Mixcloud ReverbNation Screencast Scribd Slideshare SmugMug Speaker Deck TED Tumblr VideoPress WordPress.tv Amazon Kindle

ひんぱんに使うブロックは
「よく使うもの」に
グループ分けされるのも便利ですね

さまざまなブロック

1 各ブロックボタンの詳細

ブロックはページを作成する機能に応じてさまざまな種類に分けられています。
ここからはよく使われるブロックの特長を紹介します。

[一般ブロック/段落]：
テキスト（本文）の入力に使います❶。
Enter キーを押すと新しい段落ブロックが生成されます。
同じ段落ブロック内で改行したい場合は Shift キーを押しながら Enter キーを押します。

操作中の画面

反映されたサイト画面

[一般ブロック/見出し]：
見出しを挿入します。
ブロックの上部メニューをクリックするとポップアップメニュー❶が表示されるので、見出しの大きさを選んで設定します❷。

見出しは、H1（見出し1）、H2（見出し2）、H3（見出し3）、H4（見出し4）……と重要度に従って若い数字ほど高く順位付けされています。
記事のタイトルは通常はH1に設定され、最も重要な大きな見出しになります。続いてH2、H3、H4と記事の構造に従って使い分けます。

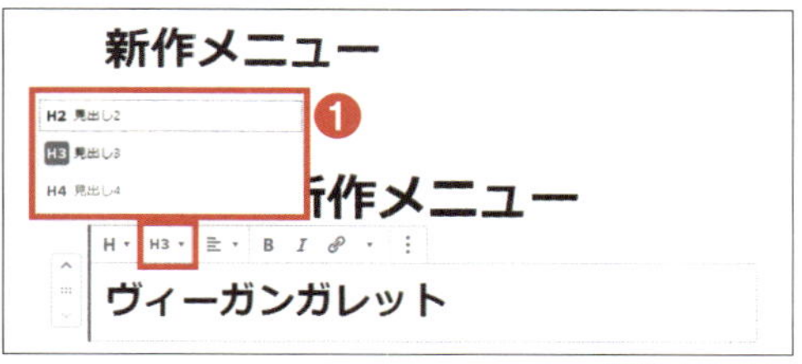

操作中の画面

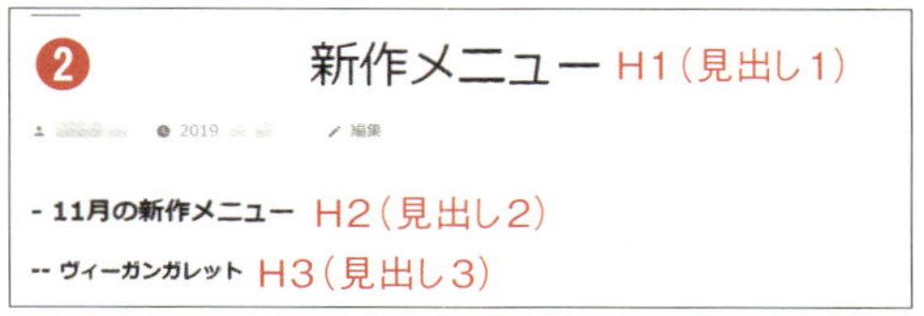

反映されたサイト画面

▸▸ さまざまなブロック（続き）

［一般ブロック/画像］：
写真やイラストなどの画像を挿入します。画像の挿入は、新規に追加する［アップロード］・追加済みの画像を選択する［メディアライブラリ］・ウェブサイトから引用する［URL から挿入］の方法があります❶。

画像ブロックの詳細な各設定は以下です。

❷［画像設定／Alt テキスト（代替テキスト）］：
画像が表示できなかったり、目の不自由な方のために、画像の内容をテキストで提供します。

❸［画像設定／画像サイズ］：
挿入サイズを選択します。プルダウンメニュー❹で４つのサイズから選択が可能です。

❺［画像設定／画像の寸法］：
表示サイズを数値の入力やパーセンテージで指定することもできます。

選択した画像の右と下に表示されるポイント❻をドラッグしてもサイズを変更できます。

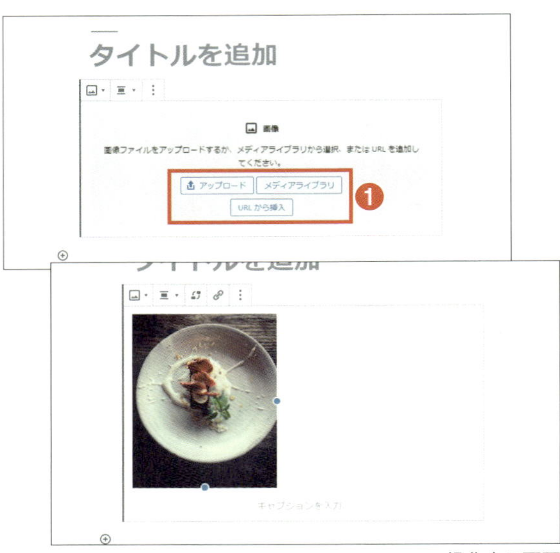

操作中の画面

反映されたサイト画面

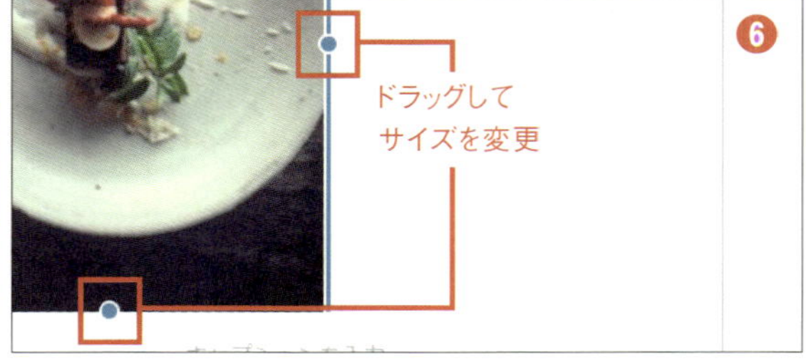

さまざまなブロック（続き）

[一般ブロック/リスト]：
箇条書きスタイルのブロックです❶。

操作中の画面

- カフェラテ　¥500
- ソイラテ　¥500
- エスプレッソ　¥300
- アイスマキネッタ　¥500

❶
反映されたサイト画面

[一般ブロック/ファイル]：
ファイルを訪問者にダウンロードしてもらう場合に使います。
ファイルの追加方法は、新規に追加する［アップロード］・追加済みのファイルを選択する［メディアライブラリ］の２つがあります❷。
ファイルの内容やダウンロードを促すためのテキストを添えることもできます❸。

ファイルブロックの各設定は以下です。

❹［ダウンロードボタンの設定］：
ダウンロードボタンの表示／非表示を選択できます。非表示にする場合は添えるテキストの内容が適正かどうかもチェックしましょう。

操作中の画面

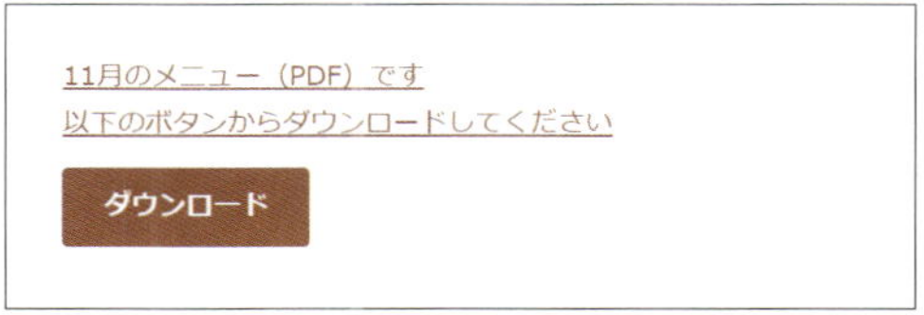

反映されたサイト画面

▸▸ さまざまなブロック（続き）

[一般ブロック/ギャラリー]：
複数画像のレイアウトに使います❶。
画像の追加方法は、新規に追加する［アップロード］・追加済みの画像を選択する［メディアライブラリ］の２つがあります。

ギャラリーブロックの各設定は以下です。

❷［ギャラリーの設定 / カラム］:
横１列に並ぶ画像の枚数を設定します。

❸［ギャラリーの設定 / 画像の切り抜き］:
縦位置・横位置などサイズが不均一な画像を整列するため同じサイズに切り抜きます。

❹［ギャラリーの設定 / リンク先］:
ギャラリーの画像をクリックしたときのリンク先を指定します。「メディアファイル」を選択すると画像を拡大表示させることができます。

ギャラリーとしてのキャプション（写真の説明文）❺や画像単体ごとのキャプション❻を入力することもできます。

操作中の画面

反映されたサイト画面

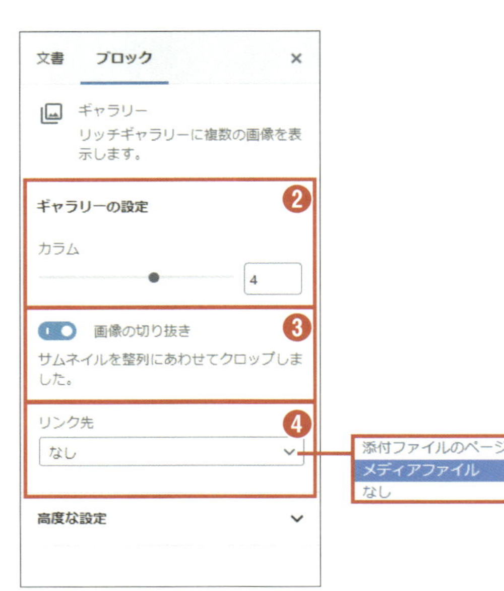

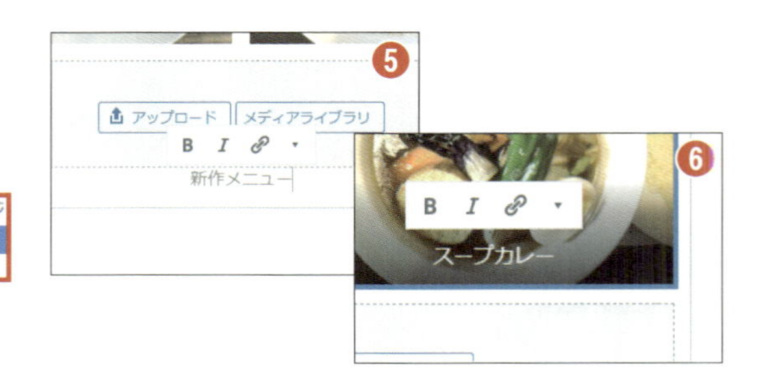

▸▸ さまざまなブロック(続き)

[一般ブロック/カバー]：
背景画像の上にテキストを重ねる(オーバーレイ)ことができます❶。
コンテンツのヘッダーなどに使用すると効果的です。テキストは通常の段落ブロックと同様に設定します。

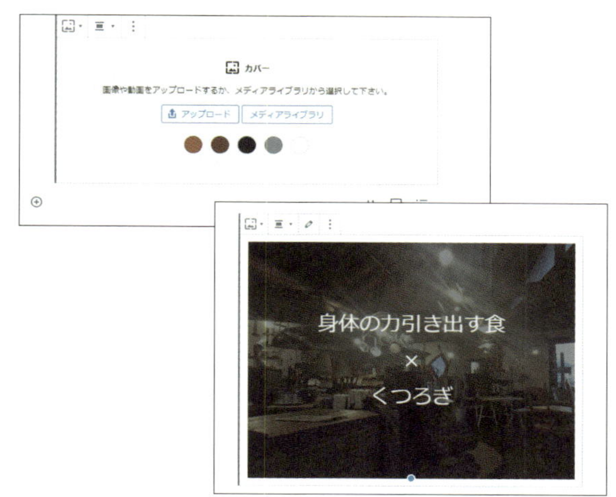

操作中の画面

反映されたサイト画面

カバーブロックの各設定は以下です。

❷[メディア設定 / 固定背景]：
オフ(初期設定)では画面をスクロールしても画像が定位置にとどまります。オンにするとページとともに画像がスクロールします。

❸[メディア設定 / 焦点ピッカー]
画像のどこを表示させるかをピッカー(青い丸)を移動して決めます。横と縦の位置をパーセンテージで指定することもできます。

❹[メディア設定 / サイズ]
画像の高さを数値で指定します。

❺[メディア設定 / オーバーレイ]：
背景画像に色を重ねることができます。
背景画像の透過率もここで設定します。

❻[段落ブロック / テキスト設定]
画像に重ねるテキストのサイズやドロップキャップのオン・オフを設定します。

❼[段落ブロック / 色設定]
テキストの色や背景色、段落ブロックの背景色を設定します。

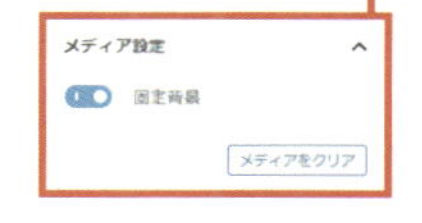

▸▸ さまざまなブロック（続き）

［一般ブロック/引用］：
ほかの出典から引用した文章であることを示します❶。

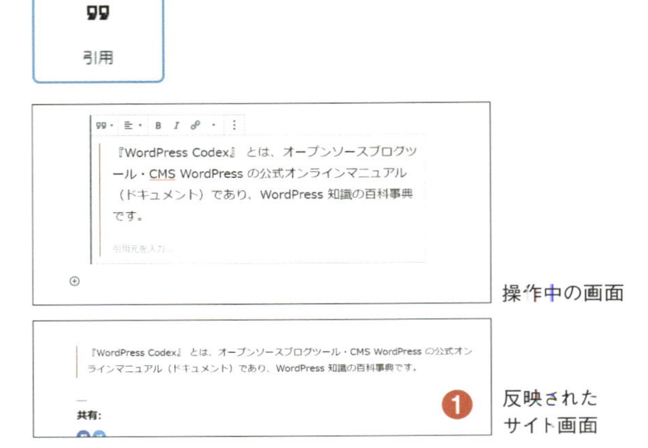

［フォーマット/整形済み］：
文字のフォントやサイズ、スペースなど、テキストを入力したとおりに表示します❷。

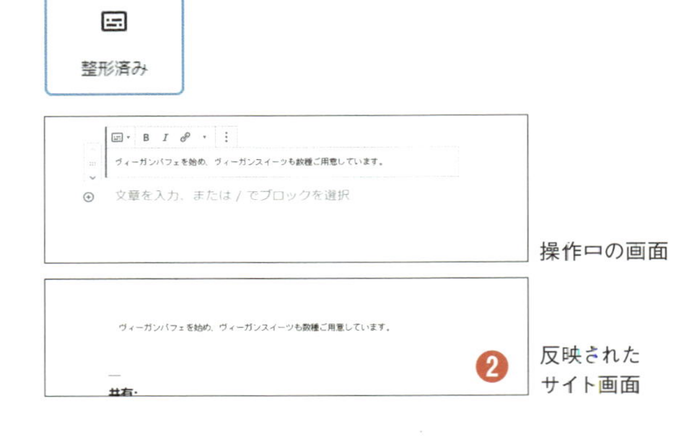

［フォーマット/ソースコード］：
HTMLやPHPなどのマークアップ文字列をそのまま表示します❸。

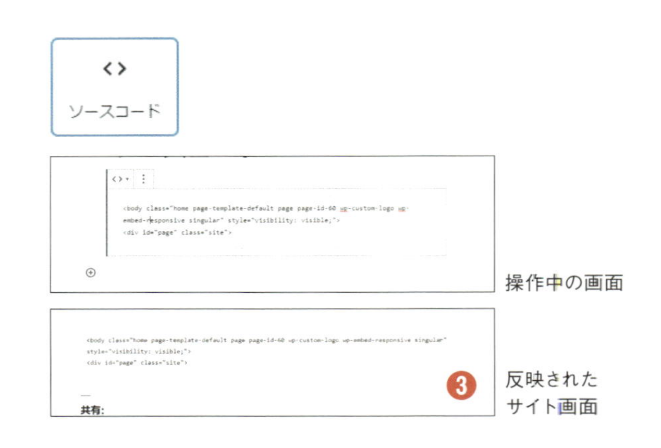

さまざまなブロック（続き）

[フォーマット/プルクオート]：
引用文を挿入します❶。引用と似ていますが、プルクオートは引用した文言をさらに目立たせたいときに使用します。

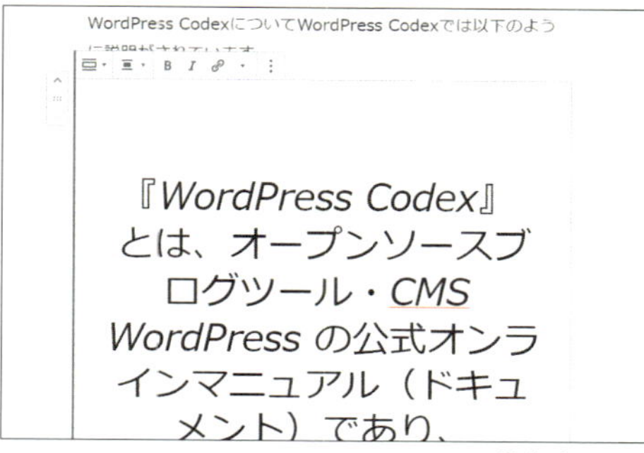

操作中の画面

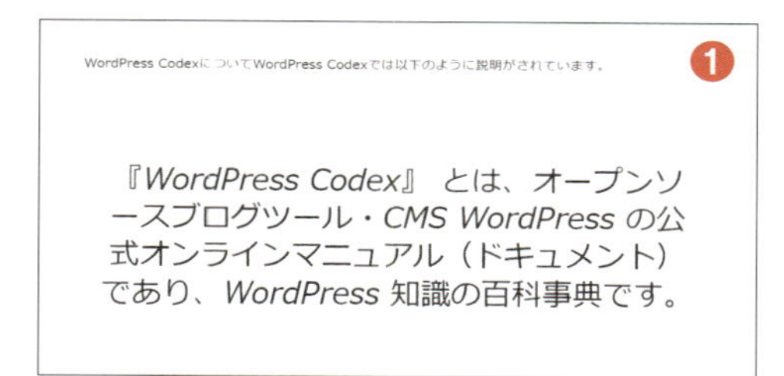

反映されたサイト画面

> プルクオートブロックの各設定は以下です。
>
> ❷[スタイル]
> 引用部分のスタイルを設定します。
> 「デフォルト」と「無地」が選べます。テーマによってはデフォルトにすると引用文の上下にライン（線）が表示されます。
> 「デフォルトスタイル」は、プルクオートブロックを使用する際のスタイルの初期設定をプルダウンメニュー❸で選択します。「未確認」はプルクオートを使用するごとにスタイルを設定します。
>
> ❹[色設定]
> 引用文の背景のメインカラーと文字色を設定します。

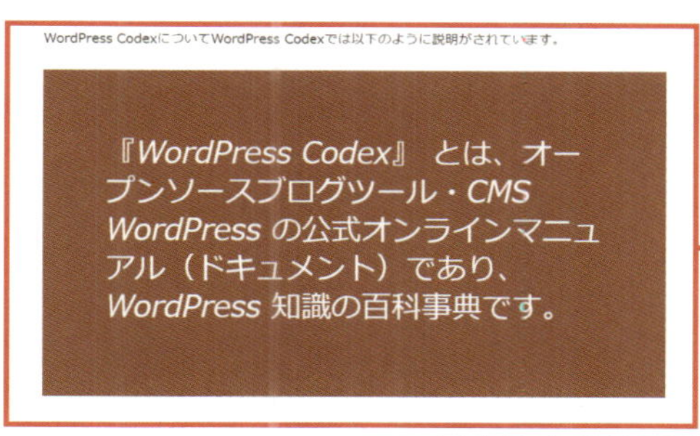

反映されたサイト画面

▸▸ さまざまなブロック（続き）

［フォーマット/表］：
表組みを作成します❶。

表ブロックの各設定は以下です。

❷［スタイル］
表組みのスタイルを設定します。
「デフォルト」❶と「ストライプ」❸が用意されています。「デフォルトスタイル」は、表ブロックを使用する際のスタイルの初期設定をプルダウンメニュー❹で選択します。「未確認」は表を作成するごとにスタイルを設定します。

❺［表の設定 / 固定幅のテーブルセル］
各列を同幅に設定することができます。

［表の設定 / ヘッダーセクション］
表組みにヘッダー列を追加します。

［表の設定 / フッターセクション］
表組みにフッター列を追加します。

❻［色設定］
表組み全体の背景色を設定します（スタイルの「ストライプ」は無効になります）。

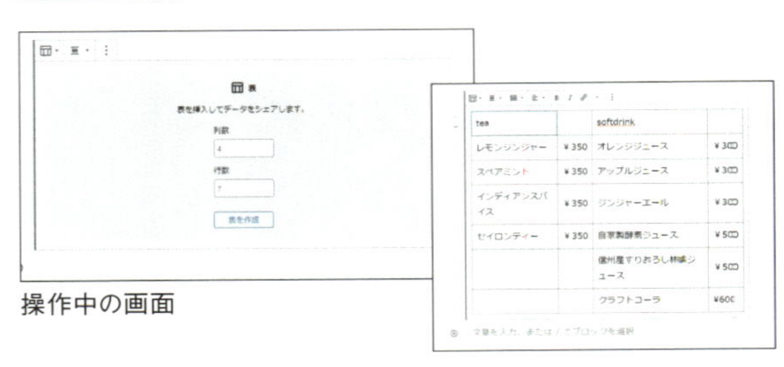

操作中の画面

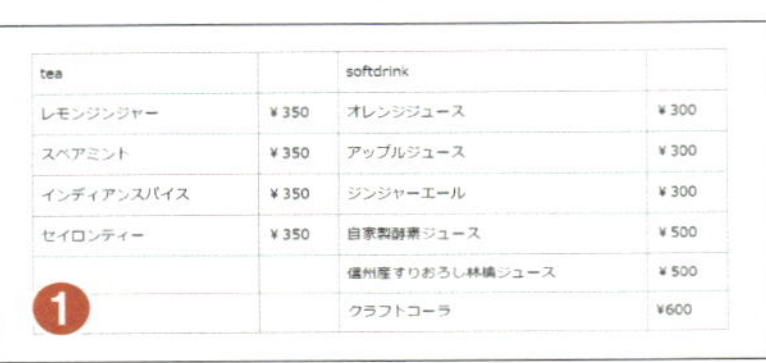

tea		softdrink	
レモンジンジャー	¥350	オレンジジュース	¥300
スペアミント	¥350	アップルジュース	¥300
インディアンスパイス	¥350	ジンジャーエール	¥300
セイロンティー	¥350	自家製酵素ジュース	¥500
		信州産すりおろし林檎ジュース	¥500
		クラフトコーラ	¥600

反映されたサイト画面

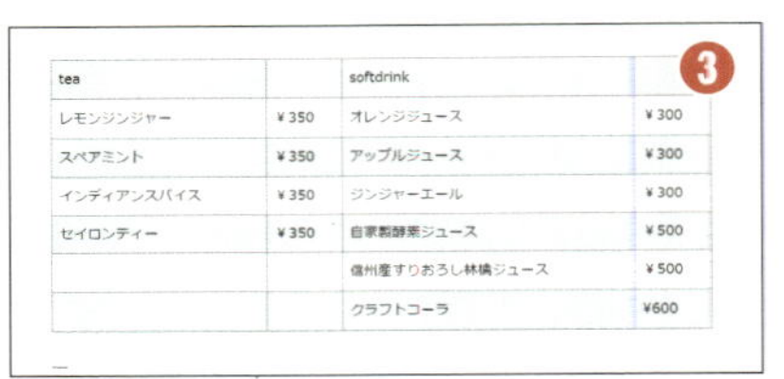

tea		softdrink	
レモンジンジャー	¥350	オレンジジュース	¥300
スペアミント	¥350	アップルジュース	¥300
インディアンスパイス	¥350	ジンジャーエール	¥300
セイロンティー	¥350	自家製酵素ジュース	¥500
		信州産すりおろし林檎ジュース	¥500
		クラフトコーラ	¥600

ストライプを設定

tea		softdrink	
レモンジンジャー	¥350	オレンジジュース	¥300
スペアミント	¥350	アップルジュース	¥300
インディアンスパイス	¥350	ジンジャーエール	¥300
セイロンティー	¥350	自家製酵素ジュース	¥500
		信州産すりおろし林檎ジュース	¥500
		クラフトコーラ	¥600

固定幅を設定

tea		softdrink	
レモンジンジャー	¥350	オレンジジュース	¥300
スペアミント	¥350	アップルジュース	¥300
インディアンスパイス	¥350	ジンジャーエール	¥300
セイロンティー	¥350	自家製酵素ジュース	¥500
		信州産すりおろし林檎ジュース	¥500
		クラフトコーラ	¥600

背景色を設定

さまざまなブロック（続き）

［レイアウト要素/カラム］：
段組みレイアウト❶に使用します。
それぞれのカラムには画像や段落などさまざまなブロックを適用することができます。

カラム

操作中の画面

反映されたサイト画面

> カラムブロックの各設定は以下です。
>
> ❷［カラム］
> カラム（段組み）の段数を設定します。「2カラム：均等割」「2カラム：1/3、2/3に分割」「2カラム：2/3、1/3に分割」「3カラム：均等割」「3カラム：中央を広く」の5種類からあらかじめ選ぶことができます。
>
> ❸［カラム設定］
> カラムブロック内の各カラムを1つずつ、スライダーバーや数値でパーセンテージを入力して横幅を設定します。
>
> ❹［垂直配置を変更］
> カラム内の要素の配置を設定します。「縦位置を上に」「縦位置を中央に」「縦位置を下に」の3つが用意されています。

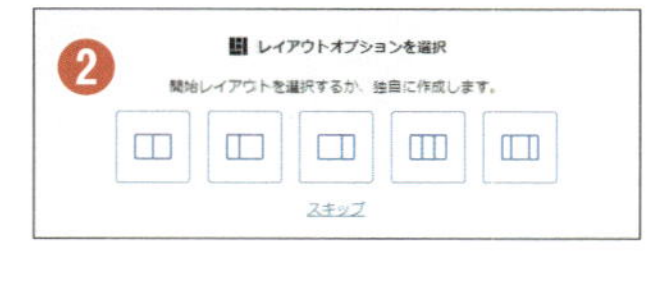

どのブロック内にも
いろいろな設定があるので
きめこまかな表現ができますよ

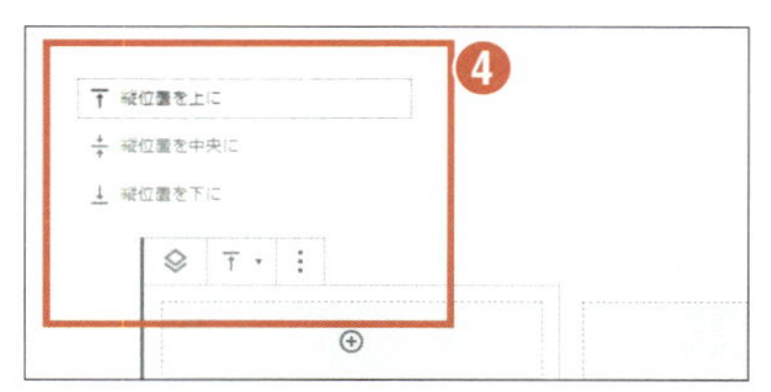

▸▸ さまざまなブロック（続き）

［レイアウト要素/メディアと文章］：
画像とその説明などを行う最も一般的なレイアウトです❶。

メディアと文章ブロックの各設定は以下です。ブロック設定メニューが表示されていない場合は画面右上の歯車ボタン⚙をクリックします。

❷［メディアと文章の設定／モバイルで重ねる］
スマホなど表示幅に応じて画像と文章を左右のレイアウトから上下に変更します。

❸［メディアと文章の設定／カラム全体を塗りつぶすように画像を切り抜く］
段落ブロックのサイズと揃うように画像サイズが調整されます。焦点ピッカーやパーセンテージの入力で表示したい画像の中心を決めます。

❹［メディアと文章の設定／Altテキスト］
画像が表示できなかったり目の不自由な方のために、画像の情報を提供します。

❺［色設定］
ブロック全体の背景色を設定します。

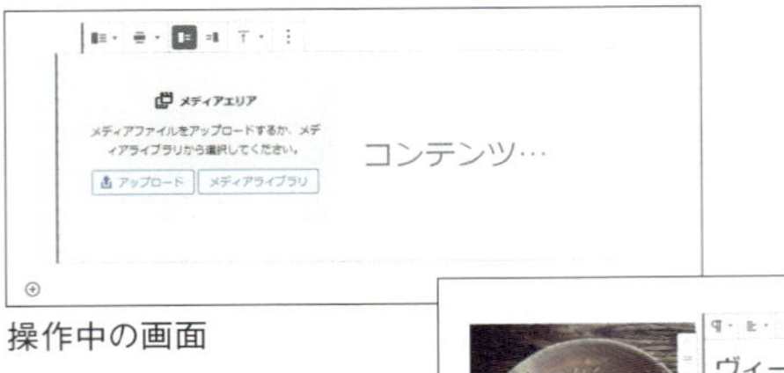

操作中の画面

反映されたサイト画面

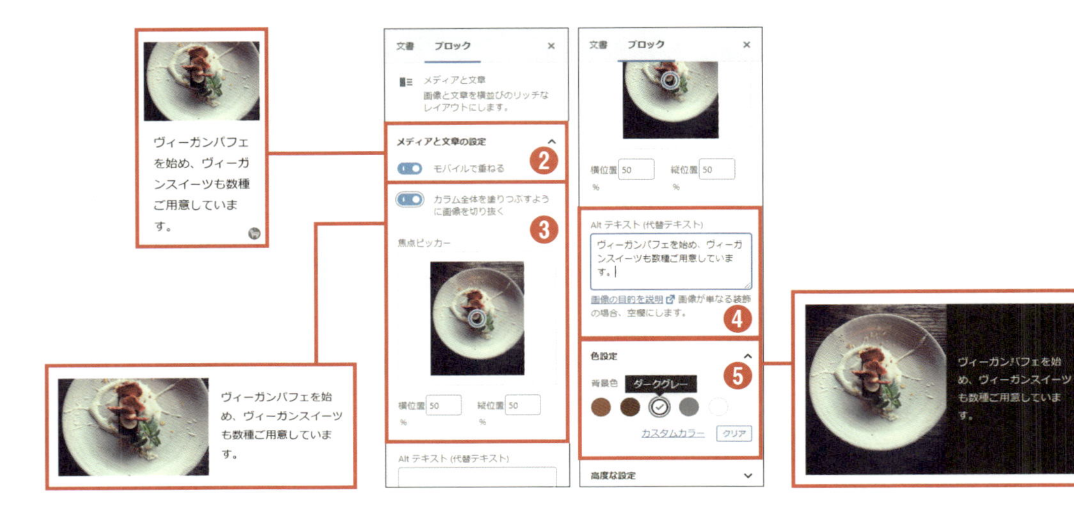

▸▸ さまざまなブロック（続き）

［レイアウト要素/ボタン］：
リンクボタンを作成します❶。

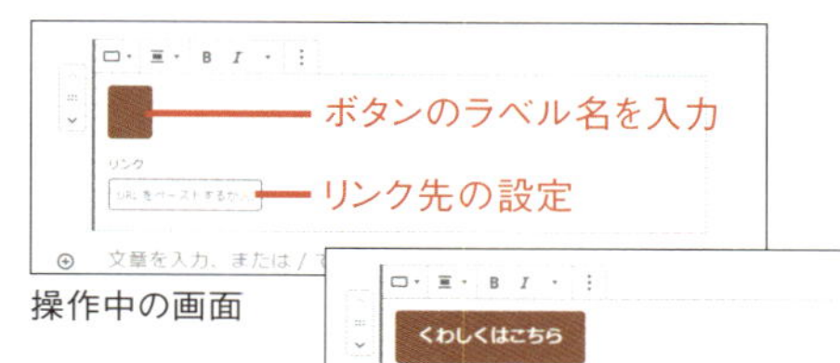

操作中の画面

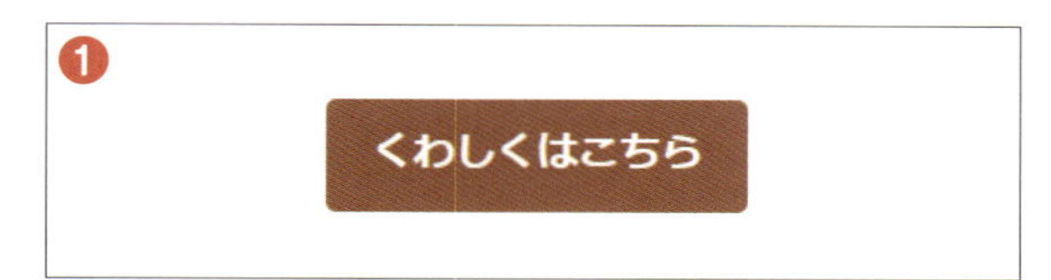

反映されたサイト画面（塗りつぶし）

ボタンブロックの各設定は以下です。

❷［スタイル］
ボタンのスタイルを設定します。「塗りつぶし」と「アウトライン」❸が用意されています。
「デフォルトスタイル」は、ボタンブロックを使用する際のスタイルの初期設定をプルダウンメニュー❹で選択します。

❺［色設定／背景色］
ボタンの背景色を設定します。

❻［色設定／文字色］
ボタンの輪郭と文字色を設定します。

❼［枠線設定］
ボタンの角丸の半径を設定します。

❽［リンク設定／新しいタブで開く］
オンにするとリンクをクリックした際にブラウザの新しいタブ画面で開くように設定します。

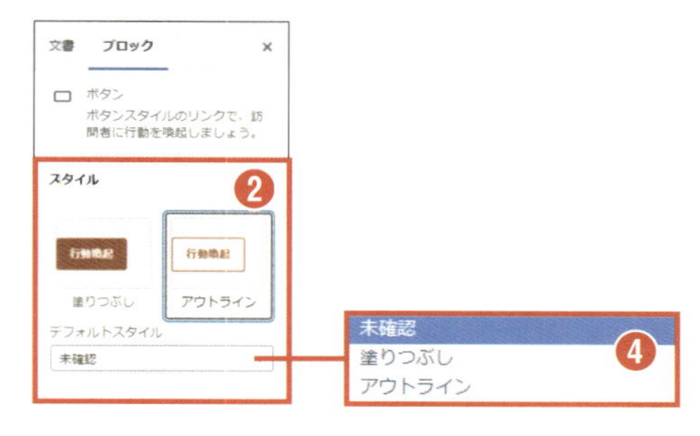

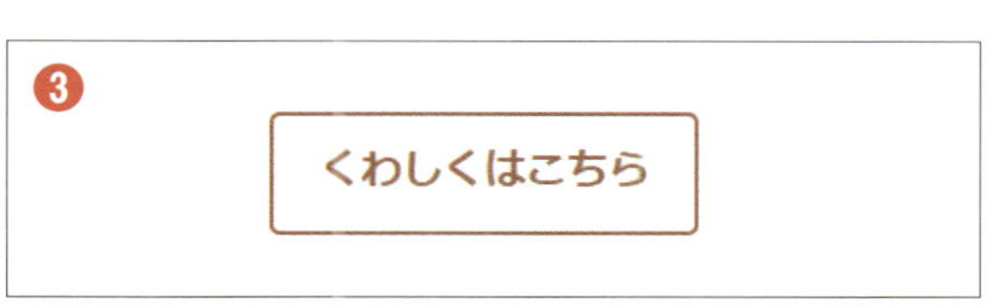

アウトライン

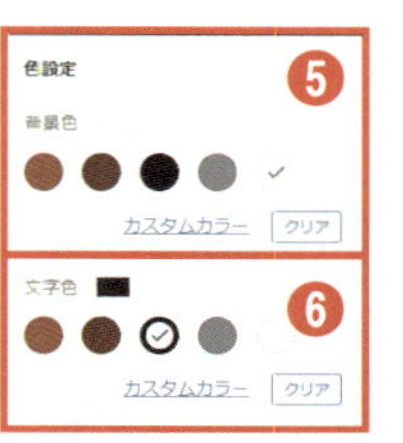

背景色・文字色を設定

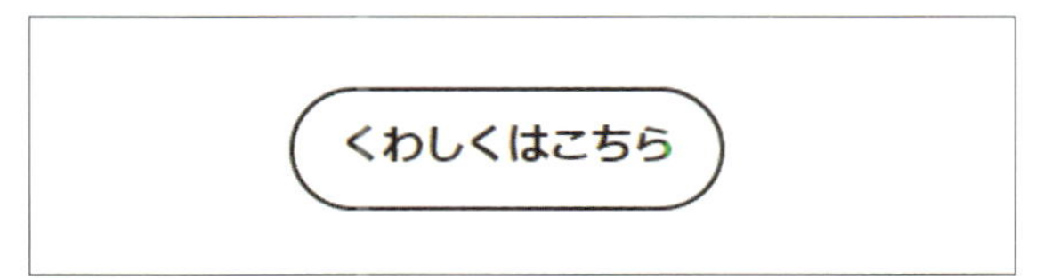

角丸半径を設定

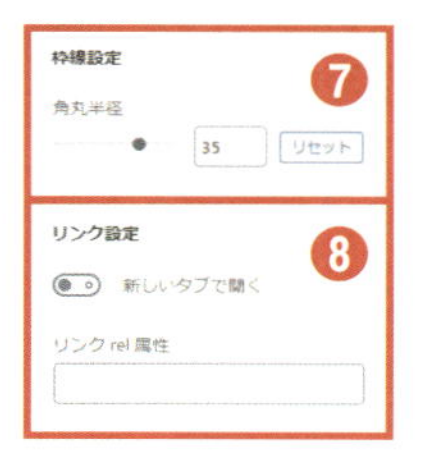

▸▸ さまざまなブロック（続き）

［レイアウト要素/スペーサー］：
ブロックとブロックの間にスペースを設けたい場合❶に使います。

スペーサーブロックの各設定は以下です。

❷［余白の設定］
スペーサーの高さを指定します。

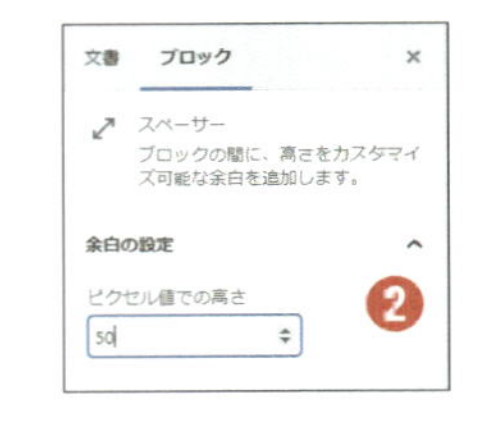

操作中の画面

反映されたサイト画面

スペーサーを入れない場合

［埋め込み/埋め込み］：
URLを指定して埋め込みます。
リンク先の記事がカード形式で表示❶されます。

埋め込み元のページにアイキャッチ画像があればこれも表示されます。これらはいずれも埋め込み元のサイトが外部に埋め込みを開放している場合のみに限られます。

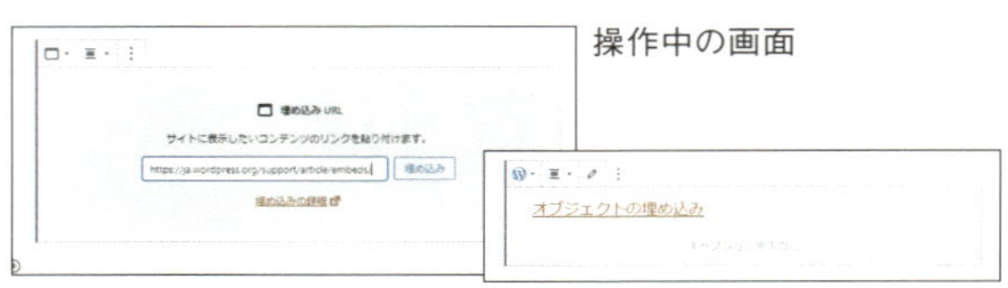

操作中の画面

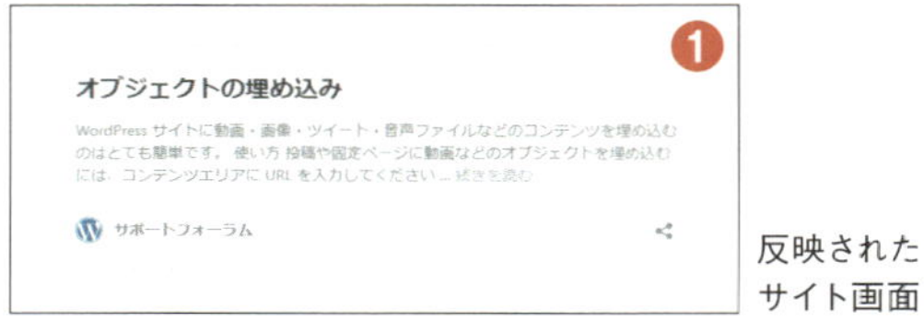

反映されたサイト画面

さまざまなブロック(続き)

[ウィジェット/最新の記事]:
最新の投稿一覧を表示します❶。

最新の記事ブロックの各設定は以下です。

❷[投稿コンテンツ設定/投稿コンテンツ]
最新記事の一覧リストに記事内容の表示を追加します。「Except」で抜粋、「Full Post」で記事が全文表示されます。Except選択時に表示される「抜粋の最大文字数」で抜粋する文字数を設定します。

❸[投稿メタ設定/投稿日を表示]
オンにすると記事の投稿日を表示します。

❹[並べ替えと絞り込み/並び順]
「投稿日時(新しい記事を優先)」「投稿日時(古い記事を優先)」「タイトル(逆順)」「タイトル」の4タイプで記事の並び順を指定します。
「タイトル」を選択すると①五十音(漢字・カタカナ・ひらがな)・②アルファベット・③数字の順番に記事が並びます(逆順はこの逆に並びます)。

❺[並べ替えと絞り込み/カテゴリー]
表示する記事のカテゴリーを指定します。
「すべて」を選択することもできます。

❻[並べ替えと絞り込み/項目数]
表示する記事の数を指定できます。

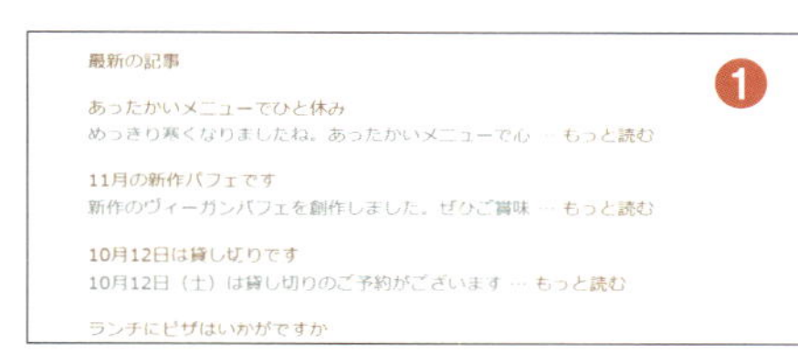

操作中の画面

反映されたサイト画面

Except設定時

Full Post・投稿日表示の設定

ブロックからも
ウィジェットが設定できるのね

LEVEL 4 ブロックエディター──Gutenberg(グーテンベルク)

▸▸ さまざまなブロック（続き）

［埋め込み/Facebook］：
Facebookの投稿を埋め込みます❶。

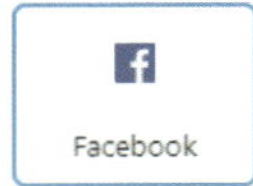

Facebookブロックの各設定は以下です。

❷［メディア設定］
オンにするとスマートフォンなどの小さなブラウザに最適な表示にリサイズします。

操作中の画面

反映された
サイト画面

［埋め込み/Instagram］：
Instagram投稿を埋め込みます❶。

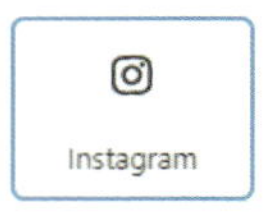

操作中の画面

反映された
サイト画面

▸▸ さまざまなブロック（続き）

[埋め込み/Twitter]：
Twitterのタイムラインを埋め込みます❶。

Twitterブロックの各設定は以下です。

❷[メディア設定]
オンにするとスマートフォンなどの小さなブラウザに最適な表示にリサイズします。

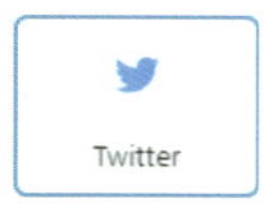

操作中の画面

反映されたサイト画面

[埋め込み/YouTube]：
YouTube動画を埋め込みます❶。

YouTubeブロックの各設定は以下です。

❷[メディア設定]
オンにするとスマートフォンなどの小さなブラウザに最適な表示にリサイズします。

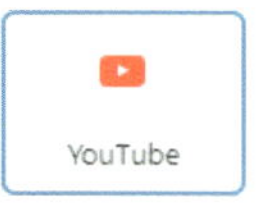

操作中の画面

反映されたサイト画面

ブロックを再利用する

1 よく使うブロックは再利用ブロックに追加

サイトを運営していると同じようなレイアウトのブロックを使いまわしたいことがあります。たとえば、イベント情報を投稿するなら、［日時］［場所］などのお決まりの情報のブロックを［再利用ブロックに追加］しておくと便利です。

再利用ブロックに追加

2 コンテンツメニューから［再利用ブロックに追加］を選択

ブロック上部のツールバーで、右端のボタン❶をクリックして表示されるコンテンツメニューから［再利用ブロックに追加］❷を選択します。

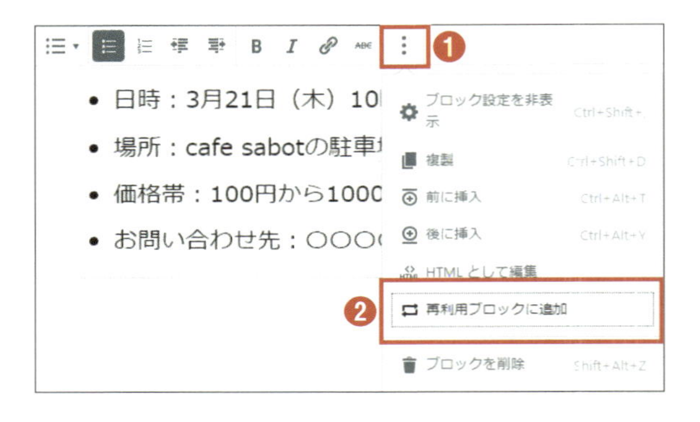

3 再利用ブロックに名前を付けて登録する

別の投稿で再利用できるように名前を付けて登録完了です。ここでは［イベント情報］という名前にしました❸。

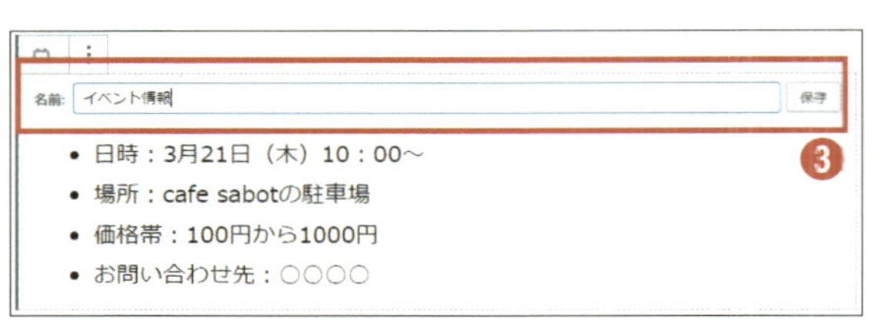

よく使うブロックが
簡単に再利用できるなんて
とっても便利ですね！

ブロックを再利用する（続き）

4 ［再利用可能］グループに登録したブロックが表示される

❶［ブロックの追加］をクリックすると、その最後にある［再利用可能］グループに登録した［イベント情報］ブロック❷が表示されます。

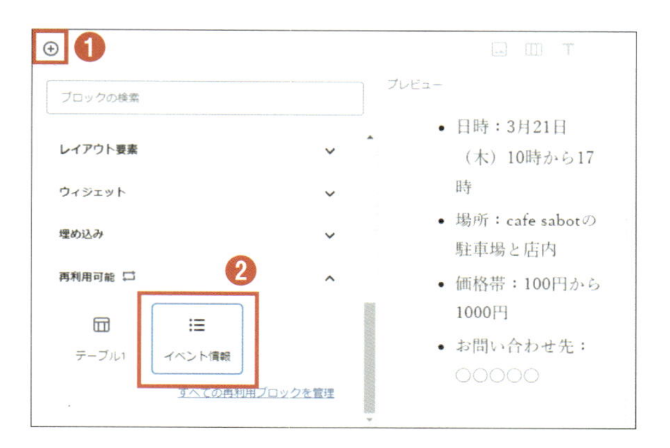

5 登録したブロックの内容を確認する

［イベント情報］ブロックのアイコンをマウスホバーすると、そのコンテンツの内容をプレビュー❸で確認できます。アイコンをクリックして挿入します。

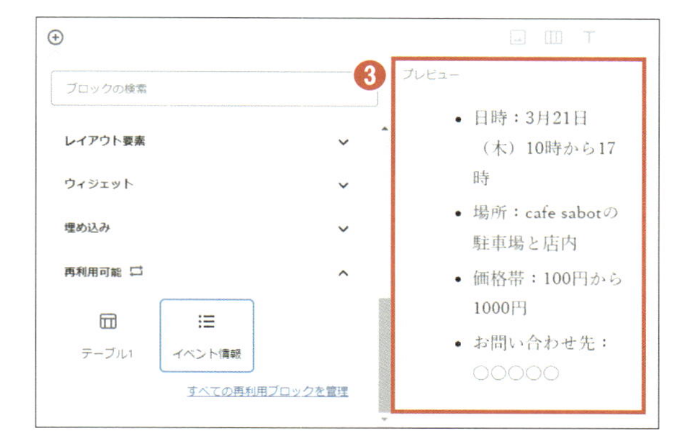

6 ［通常のブロックへ変換］して記事の編集作業をする

❹メニューボタン→❺［通常のブロックへ変換］をクリックしてから編集します。必要な個所を編集して完了です。

［再利用ブロック］のまま編集してコンテンツを変更すると、同じブロックを使っているすべての記事が同じように変更されます。
ほかのブロックを変更しない場合は必ず［通常のブロックへ変換］してから編集してください。

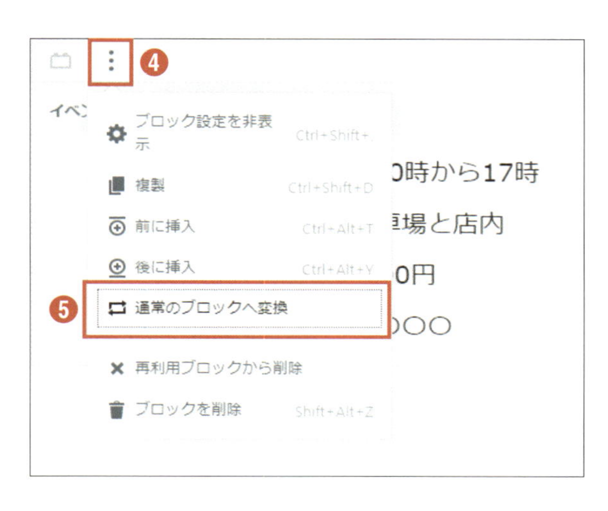

▸▸使わないブロックを非表示にする

1 ブロックマネージャーで使わないブロックを非表示に

あまり使わないブロックは「ブロックマネージャー」で非表示にすることが可能です。［投稿］→［新規追加］で画面右上のボタン❶をクリック→［ブロックマネージャー］❷を選択・表示します。

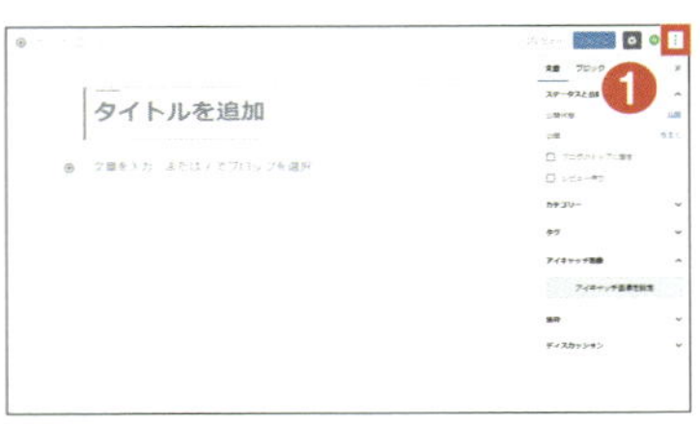

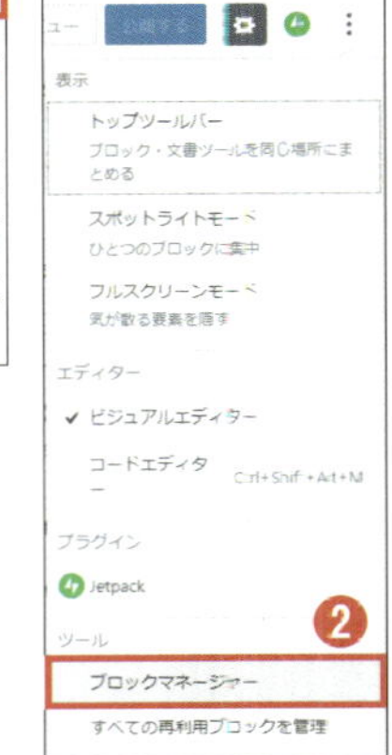

2 無効にするブロックのチェックを外す

非表示にしたいブロックのチェックマークを外して❸、ブロックマネージャーを閉じます❹。

無効になったブロックの数が表示されます❺。

3 ブロックメニューが整理される

必要なブロックだけが表示されたブロックメニューに変わります❻。

ブロックの無効・有効はブロックマネージャーでいつでも切り替えることができます。

ブロックはすべて使う必要はありません
使わないブロックを非表示にして
作業しやすい環境に整えるのもオススメです

LEVEL 5

WordPressを便利にする ウィジェットとプラグイン

LEVEL 5
Lesson
01

サイトの表現や機能性を高めるウィジェット

ウィジェットを活用して サイトの表現を広げる

ウィジェット？
プラグイン？
また新しい言葉が
出てきましたね？

どちらもサイトに
機能を追加するものです
それぞれの違いを
みていきましょう

▸▸ 部品を追加するウィジェットと機能を拡張するプラグイン

WordPress Codexではウィジェットとプラグインについて下のように説明されています。
ウィジェットは、WordPressによって組み込まれているコンテンツや機能などの部品のことです。代表的なウィジェットには「検索フィールド」「最近の投稿」「カレンダー」などがあり、テーマによって定められた領域に自由に配置できます。
これに対してプラグインはWordPressに備わっていない機能を追加するものです。「お問い合わせフォーム」はその代表例です。これらの拡張機能をサイト上に表示するためにウィジェットを追加するプラグインもあります。

ウィジェット

“テーマには、たいていサイドバーが少なくとも1、2個ついています。サイドバーは、あなたのブログ記事の左または右にある細長い列のことです。サイドバーの部品は［ウィジェット］と呼ばれ、ウィジェットを追加したり、削除したり、上や下へ移動させたりできます。”

「WordPress Codex」での「ウィジェット」の説明

プラグイン

“プラグインは、WordPressの機能を拡張するためのツールです。
WordPressのコアは柔軟性を保つため不必要なコードでふくれあがってしまわないように設計されています。ユーザーそれぞれが特定のニーズに合ったプラグインを利用してカスタム機能を取り入れられるように作られています。。”

「WordPress Codex」での「プラグイン」の説明

「ウィジェットは部品」
「プラグインで機能拡張」
ざっくりとした理解で
大丈夫ですよ

テーマによって異なるウィジェット領域

1 「Twenty Nineteen」の ウィジェット領域は１つ

ウィジェットを表示するエリアはテーマによって異なります。
本書で使用する「Twenty Nineteen」のウィジェット領域はフッター❶です。

［フッター］：
公開サイト全ページの下部（フッター）にウィジェットを組み込むことができます。

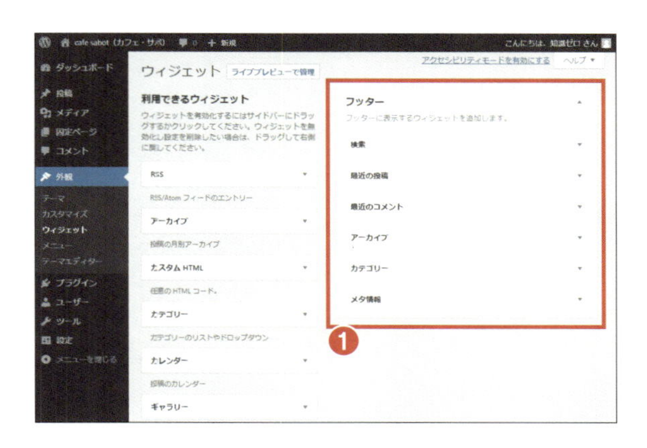

2 「Twenty Seventeen」の ウィジェット領域は３つ

別のテーマ「Twenty Seventeen」❷はウィジェット領域は３つです。

［ブログサイドバー］：
［投稿］アーカイブ（一覧）および［投稿］ページにのみ表示される領域。

［フッター 1］：
全ページの下部左側の領域。

［フッター 2］：
全ページの下部右側の領域。

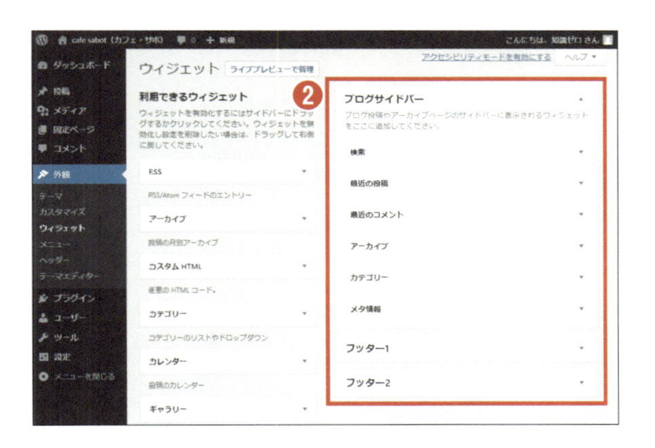

ブロックの１つとして［ウィジェット］領域の本文中への追加も可能です。［カテゴリー］や［最新の記事］などいくつかのウィジェットを記事本文内に組み込むことができます。

ウィジェットを追加・削除する

1 「Twenty Ninenteen」のウィジェットを追加・削除する

ここでは本書で使用しているテーマ「Twenty Nineteen」❶のウィジェットを追加・削除してみましょう。

2 [外観] → [ウィジェット] のページを開く

管理画面→[外観] →[ウィジェット] ❷のページを開きます。
左側・右側に利用できるウィジェット領域が表示されています❸。

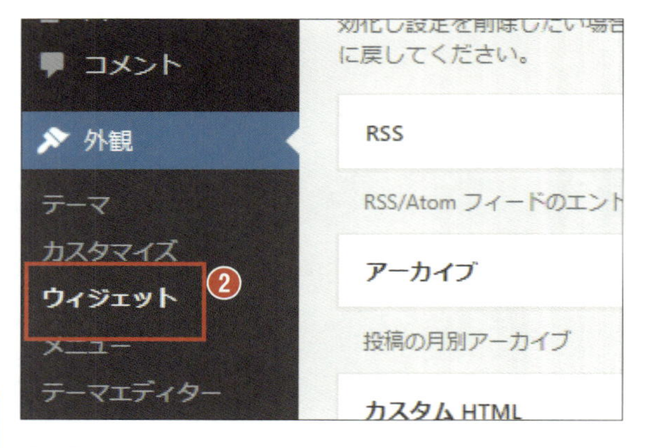

左の「利用できるウィジェット」の
部品リストから
使いたいウィジェットを選んで
右の「フッター」領域に
持っていくイメージです

ウィジェットを追加・削除する（続き）

3 右側の［フッター］領域のウィジェットを確認する

デフォルトの状態では、右側の［フッター］領域に［検索］［最近の投稿］［最近のコメント］［アーカイブ］［カテゴリー］［メタ情報］のウィジェットが組み込まれています❶。
ここでは、「住所」「営業時間」「お店の外観の写真」「新着情報」「検索フィールド」を設置していく計画にします。

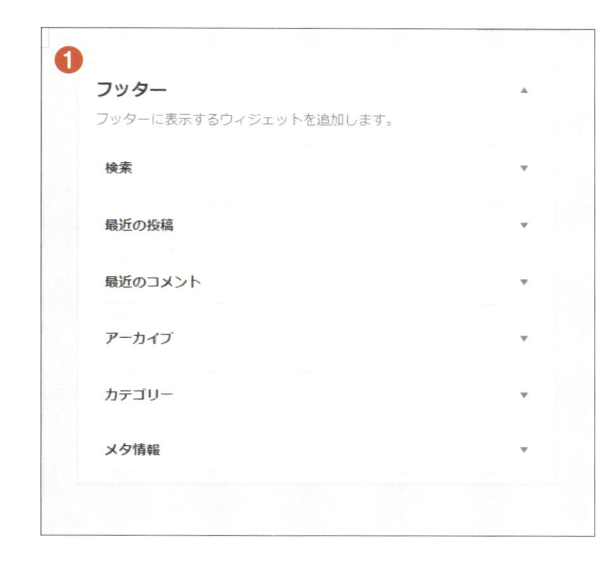

4 不要なウィジェットを削除する

まず不要なウィジェットを削除しましょう。［フッター］領域から［最近のコメント］［アーカイブ］［カテゴリー］［メタ情報］を削除します。
削除したいウィジェット（［最近のコメント］）をクリックすると、詳細画面が下に開くので［削除］❷をクリックします。［フッター］領域から削除されます。
同様の方法で不要なウィジェットを削除していきましょう❸。

このほかに左側の［利用できるウィジェット］領域に、使用しないウィジェットをドラッグすることでも削除（無効化）することが可能です。

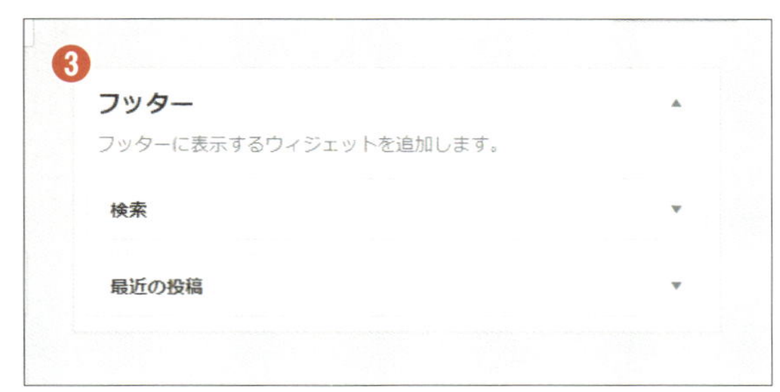

▸▸ウィジェットを追加・削除する（続き）

3 必要なウィジェットを追加する

今度は必要なウィジェットを追加します。左側の［利用できるウィジェット］の中にある［テキスト］ウィジェットをクリックして、［ウィジェットを追加］❶をクリックすると追加できます。

あるいは［テキスト］ウィジェットを右側の［フッター］領域にドラッグ❷することでもウィジェットを追加することができます。

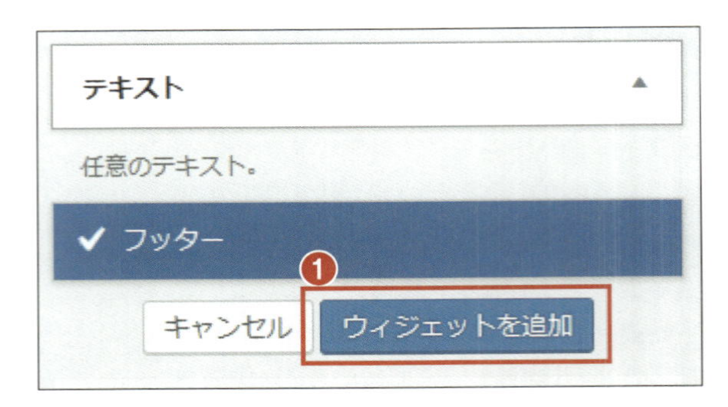

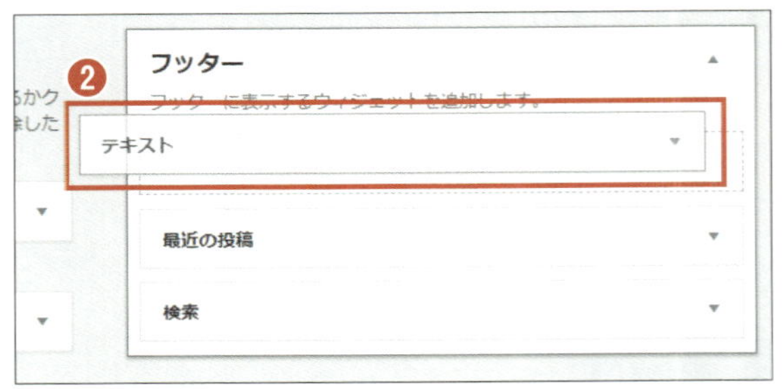

4 ［テキスト］ウィジェットに情報を入力する

❸追加された［テキスト］ウィジェットのテキストエリアに「住所」と「営業時間」を入力します。［保存］をクリックします。

テキストの改行の際に Enter キーを押すと、異なる段落となり行間にスペースができます。スペースが不要なら Shift ＋ Enter キーで改行すると同一の段落として改行できます。

ウィジェットを追加・削除する（続き）

5 ［画像］ウィジェットを追加する

❶同様の方法で［画像］のウィジェットを追加して、内容をまとめたら保存します。

6 ウィジェットの表示順を入れ替える

ウィジェットの表示する順番は変更することも可能です。ウィジェットをドラッグして表示順を入れ替えます❷。［テキスト］［画像］［最近の投稿］［検索］の順にしてウィジェットの設置完了です。

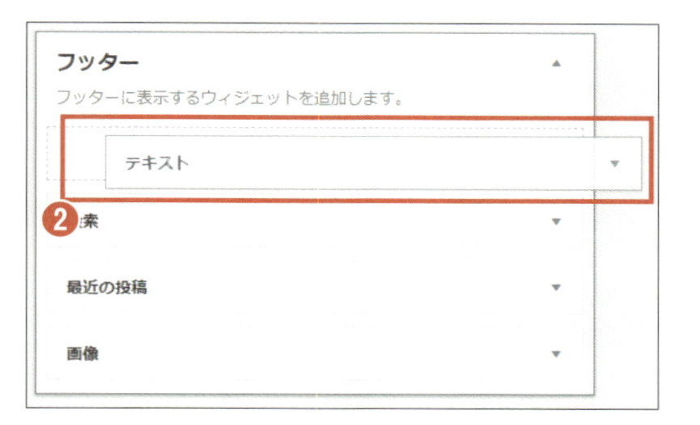

7 公開サイトで表示を確認する

公開サイトの下部（フッター）に、「住所」「営業時間」「お店の外観写真」「新着情報」「検索フィールド」が表示されました❸。

上部メニュー→［ライブプレビューで管理］をクリックすると、テーマカスタマイザーで表示状況を確認しながらウィジェットを配置できます。

▸▸ カスタムHTMLでGoogleマップを表示する

1 お店の地図をサイトに表示する

［カスタムHTML］ウィジェットを使うと、さらに工夫したサイトの表現が行えます。ここではGoogleマップを利用して、お店のアクセスマップを表示してみましょう。

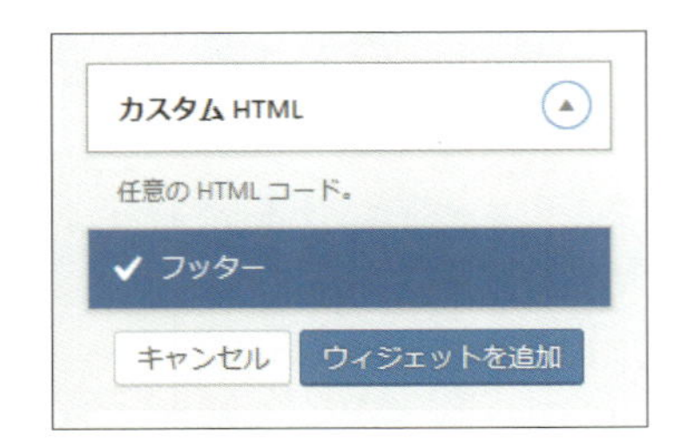

2 Google マップで目的の地図を表示する

❶いったんWordPressから離れて作業を行います。ブラウザーでGoogleマップのサイトを開いてお店の場所を表示します。

> Google マップ
> https://www.google.com/maps/

3 ［共有］→［地図を埋め込む］のタブを開く

❷［共有］をクリックして［地図を埋め込む］タブ❸を開きます。

4 ［HTMLをコピー］で埋め込みコードをコピーする

❹［小］サイズを選択して❺［HTMLをコピー］をクリックし、サイトに埋め込むためのコードをコピーします。

▸▸ カスタムHTMLでGoogleマップを表示する（続き）

5 ［カスタムHTML］に埋め込みコードをペーストする

ここからはWordPressの作業です。
管理画面→［利用できるウィジェット］→［カスタムHTML］を選択して、ウィジェット領域に追加します。
［カスタムHTML］の［内容］フィールドに、コピーした埋め込みコードを貼り付け（Ctrl＋V）して❶保存します。

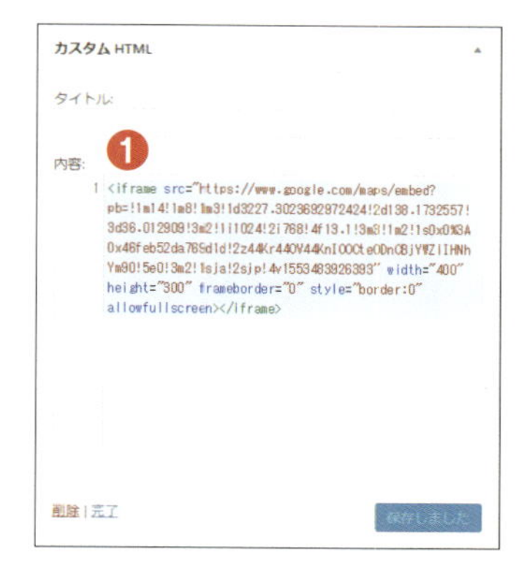

6 公開サイトで地図の表示を確認する

公開サイトにGoogleマップを利用したお店の地図が表示されました❷。

And More ウィジェットを活用するアイデア

ウィジェットはアイデア次第でいろいろ活用できます。たとえば次のようなものです。

カテゴリー：投稿のカテゴリーをリストやドロップダウンリストで表示します。
ギャラリー：写真をメインに表示します。スタッフの写真を掲載して親近感を出したり、日替わりランチなどの写真などを載せてもいいでしょう。
動画：お店の内観を動画で掲載すれば臨場感を伝えることができます。
カスタムHTML：Googleマップ以外にも、ほかのサイトで提供しているコンテンツの埋め込みコードを埋め込むことができます。
たとえばInstagramやFacebook、TwitterといったSNSのタイムラインやYouTubeの動画などが埋め込み可能です。
効果的な使い方をぜひ考えましょう。

LEVEL 5 Lesson 02

ウェブサイトをさらに高機能にするプラグイン

プラグインをインストールしてWordPressを強化する

ウィジェットは
なんとなくわかりましたが
プラグインは
どこがちがうんですか？

プラグインは
WordPressをさらに
高機能にしたい場合に
活用するといいですよ

▶▶ほしい機能はプラグインでほぼ用意されている

本書を執筆した2020年1月現在、公式に登録されているプラグインは約5万5,000個に達しています。世界中の開発者によって日々新しいプラグインが開発されメンテナンスされているのです。そのため「こんなことはできないかな？」と思った機能はだいたい見つかるでしょう。

▶▶日本語環境を強化するWP Multibyte Patchは必須

「WordPress　必須プラグイン」などとネットで検索するとさまざまな結果が表示されます。本当に必須なのは「WP Multibyte Patch」❶の1つだけです。

WP Multibyte Patchは、もともと英語圏で作られたWordPressを日本語環境で正しく動作させるための機能を網羅したプラグインです。マルチバイト文字（全角文字）の取扱いに関する不具合が累積して記録・修正・強化が行われています。

WP Multibyte Patchは
初期設定で導入されています
されていない場合は次ページの
「お問い合わせフォームを
プラグインで導入する」と同様に
公式ディレクトリから
インストールしましょう

お問い合わせフォームをプラグインで導入する

1 お問い合わせフォームに便利「Contact Form7」

お問い合わせフォームに便利なプラグイン「Contact Form7」❶を紹介します。Contact Form7はお問い合わせフォームを設置する代表的なプラグインです。Contact Form7を例に、プラグインのインストールや設定について紹介します。

2 「Contact Form 7」のプラグインを検索する

管理画面→[プラグイン]→[新規追加]のページを開きます❷。右上の[プラグインの検索]フィールドに「Contact Form 7」と入力❸して検索すると簡単に見つけることができます。

3 「Contact Form 7」を有効化する

[今すぐインストール]をクリック❹します。インストールが完了すると[有効化]ボタンが表示されるので、クリックしてプラグインを有効化します。

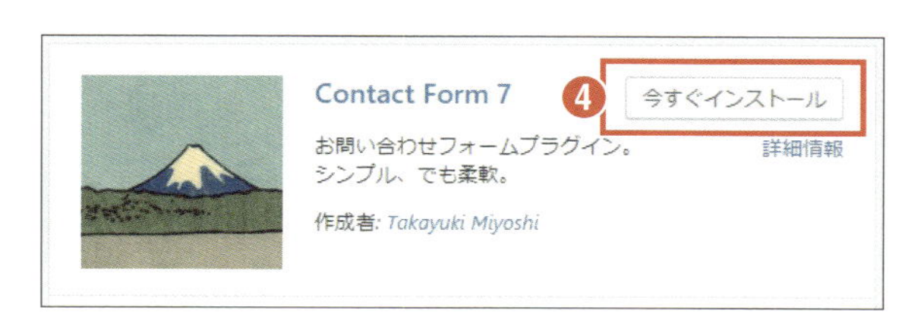

▸▸ お問い合わせフォームをプラグインで導入する（続き）

3 「Contact Form 7」が追加されたことを確認する

有効化が完了すると［プラグイン］→［インストール済みプラグイン］のページに画面が変わり、Contact Form 7が追加されたことが確認できます❶。

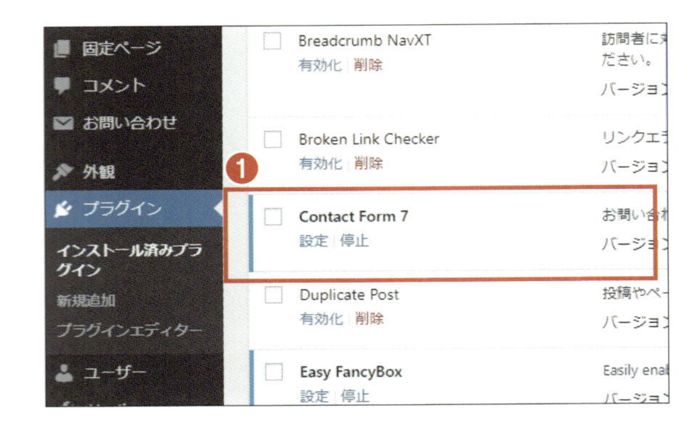

4 管理画面のメニュー表示に［お問い合わせ］が追加される

管理画面のメニューに新たに［お問い合わせ］メニューが追加されます❷。

プラグインをインストールして
有効化する方法は
どれでも同じなんですね！

お問い合わせフォームをプラグインで導入する（続き）

1 コンタクトフォームのページを開く

管理画面→［お問い合わせ］→［コンタクトフォーム］のページを開くと、1つめのフォーム❶がすでに作成されています。

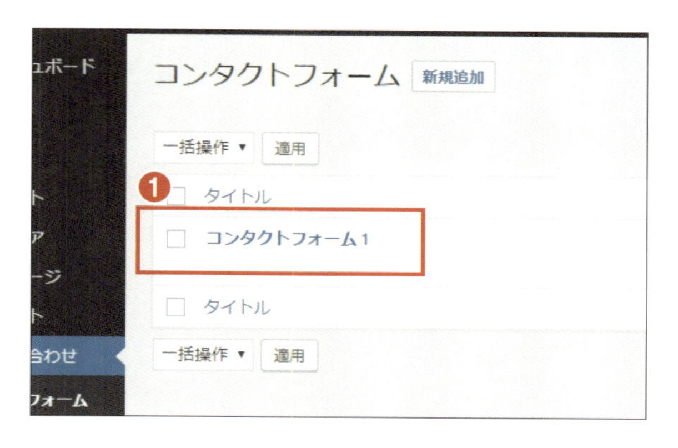

2 コンタクトフォームの編集画面を表示する

❷一覧から［コンタクトフォーム1］または［編集］をクリックして編集画面を表示します（どちらでもかまいません）。

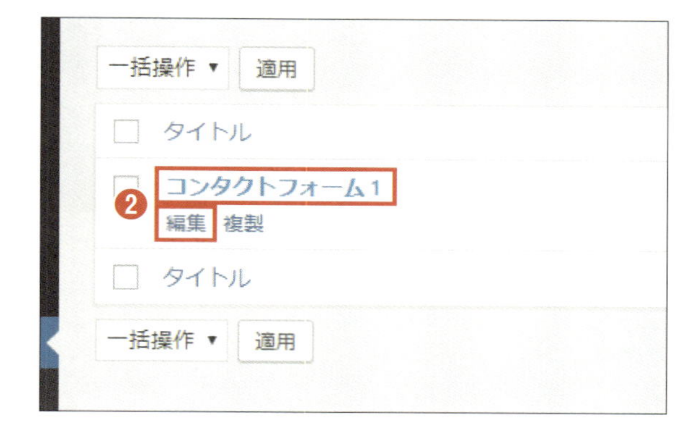

3 ［フォーム］タブの編集エリアを確認する

❸表示された［フォーム］タブの編集エリアに、［お名前］［メールアドレス］［題名］［メッセージ本文］［送信］のフォームに必要なコードがすでに記述されています。

Contact Form 7は日本人が開発した高機能なプラグインで、世界中で利用されています。くわしい使い方は、公式サイト［Contact Form 7／使い方］（https://contactform7.com/ja/docs/）を参照してください。

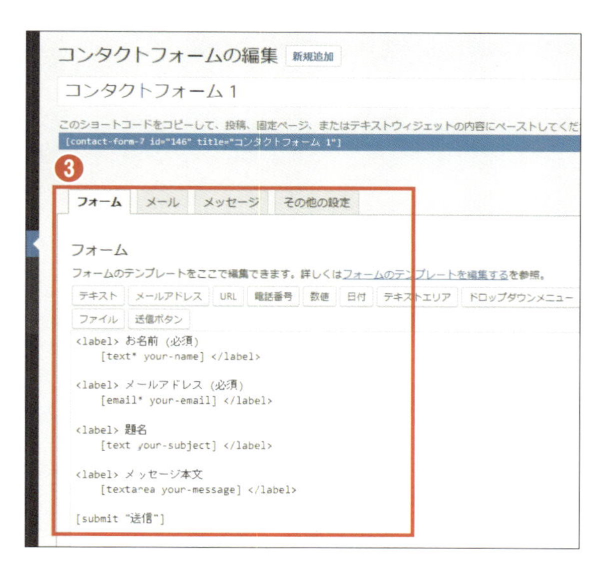

▸▸ お問い合わせフォームをプラグインで導入する（続き）

4 [メール] タブをクリックする

❶[メール] タブをクリックしてこのお問い合わせフォームから送られてくるメールの内容を編集することができます。

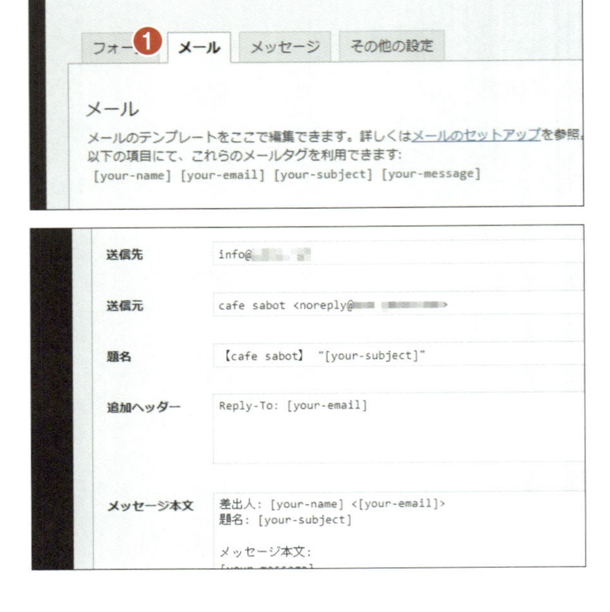

5 メールの受信設定をする

❷メールの送信先は初期設定の状態では、WordPressインストール時に登録したメールアドレスになっています。必要に応じてメールアドレスを指定してください。

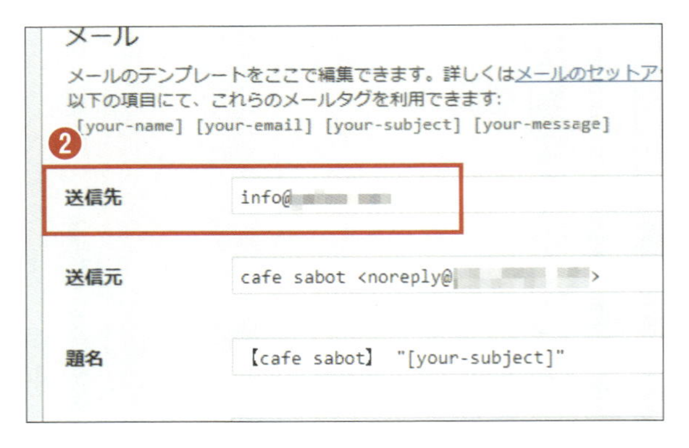

6 予備のメールの受信設定をする

[メール] タブの下のほうにある [メール (2) を使用] のチェックボックスをチェックすると❸、同時にほかのメールも送信することができます。この2つめのメールは自動返信メールによく使われます。

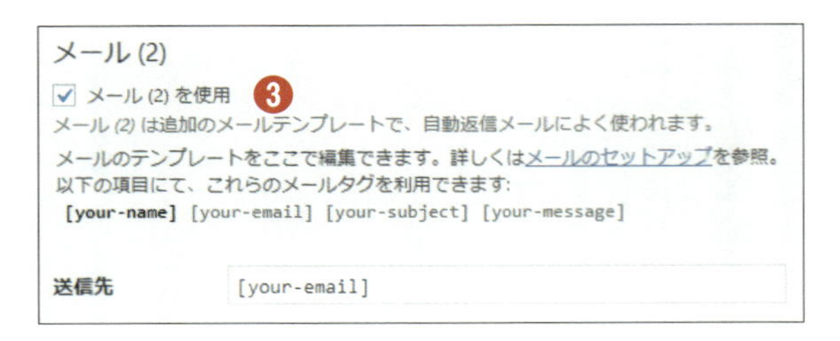

お問い合わせフォームをページに組み込む

1 コンタクトフォームのショートコードをコピーする

設定を確認したら管理画面→［お問い合わせ］→［コンタクトフォーム］の一覧ページに戻ります。一覧からショートコードを選択してコピー（Ctrl＋C）します❶。

［ショートコード］とは、たとえば複雑なプログラムを記事の中に読み込む短いコードのことです。難しいプログラムをすることなく、さまざまな機能をサイトに組み込むことができます。

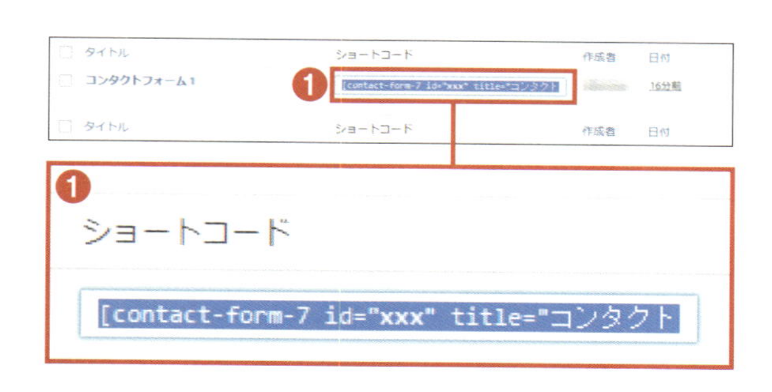

2 新規で「お問い合わせ」のページをつくる

❷次に管理画面→［固定ページ］→［新規追加］のページで、「お問い合わせ」というタイトルの新しいページを作成します。

3 ショートコードのブロックを追加する

［ブロックの追加］ボタンをクリックして、［ウィジェット］→［ショートコード］をクリック❸して［ショートコード］ブロックを追加します❹。

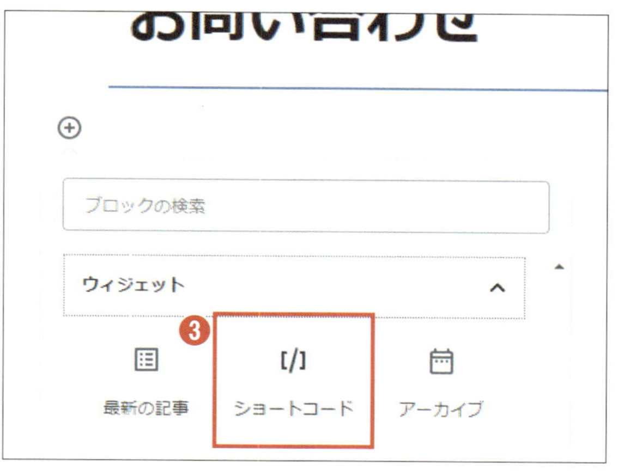

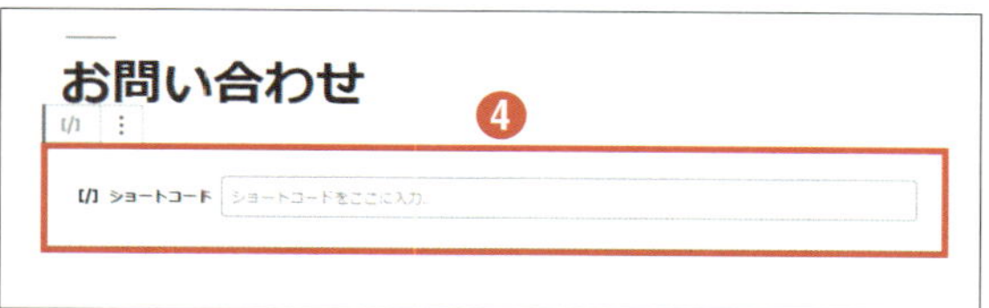

▸▸ お問い合わせフォームをページに組み込む（続き）

2 ショートコードを入力フィールドに貼り付ける

P159の❶でコピーしたコードを［ショートコードをここに入力］フィールド❶に貼り付け（Ctrl＋V）してページを公開します。

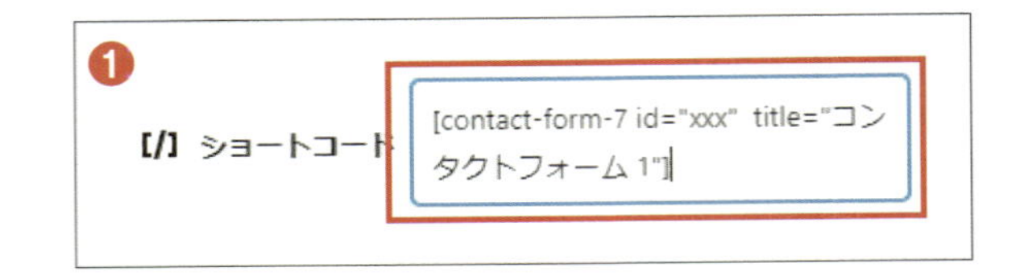

3 「お問い合わせ」のページを保存する

ショートコードの設定が完了したら［公開する］をクリック❷して保存します。
はじめて公開するページの場合、右図のように「公開してもよいですか？」と確認画面が表示されます❸。問題がなければ［公開］をクリックしてください。

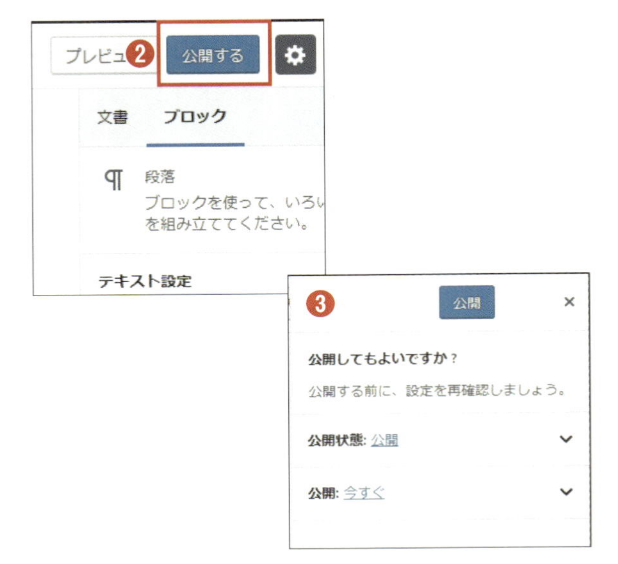

3 お問い合わせフォームが設置されたことを確認する

公開中のサイトにお問い合わせフォームが設置されました❹。

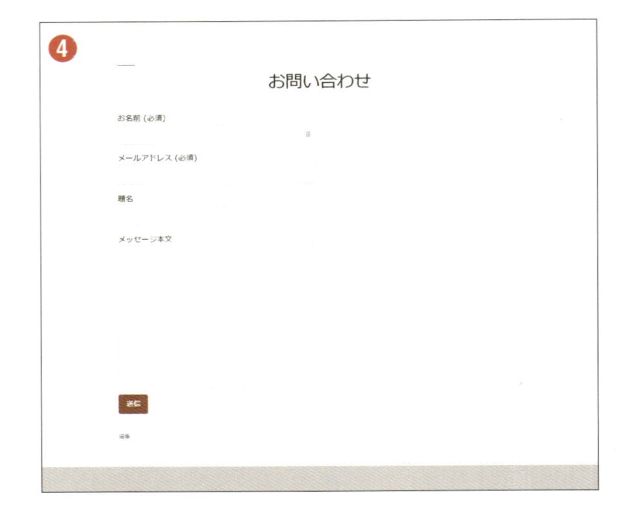

▸▸ お問い合わせフォームをページに組み込む（続き）

4 ページ全体を整える

そのほかのコンテンツやアイキャッチ画像を設定していきます。
❶のようなページに仕上がるようにいろいろ調整してみてください。

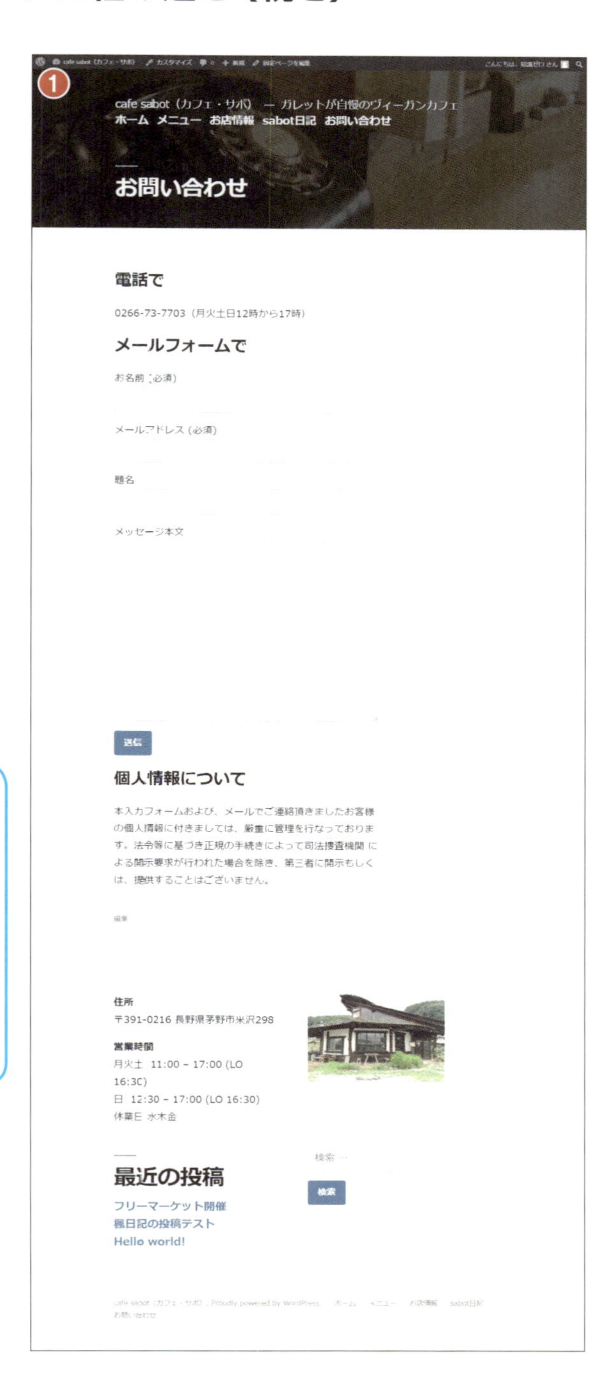

設定や使い方は
プラグインごとに異なります
使用する際は公式ディレクトリの
説明をよく読んでください
使い方を解説しているサイトが
ネット上に多数あるので
それらも参考にしてみましょう

LEVEL 5
Lesson 03

おすすめのプラグインを紹介

WordPressをさらに便利にするさまざまなプラグイン

お問い合わせが
たくさんくるといいな〜
ほかにも入れておく
プラグインはありますか？

ひとまずプラグインの
インストールもできました
次は私がおすすめする
プラグインを紹介します

▶▶ プラグインでWordPressに新たな機能を追加

WordPress本体はとてもシンプルな設計です。ウェブサイトの特定のニーズはテーマやプラグインを利用して拡張できるようになっています。
世界のどこかのサイトで必要とされるプラグインが世界中の開発者によって日々作成されており、その豊富なプラグインのラインアップはまさにWordPressの魅力といえるでしょう。

【機能系プラグイン】
お問い合わせフォーム・イベントカレンダーを掲載したい

【編集系プラグイン】
既存の投稿を複製して使い回したり、カテゴリの並び順を制御したい

【SEO系プラグイン】
記事ごとにタイトルやキーワードを個別に設定したい

【表示系プラグイン】
メディアをポップアップさせたりスライドさせたりしたい

【セキュリティ系プラグイン】
安全にサイトを運営したい

【SNS系プラグイン】
シェアボタンを設置したりインスタグラム・Facebookなどのフィードを掲載したい

プラグインは玉石混交です
インストールするときは
本当に必要かどうか
よくチェックしてから
実行してくださいね

▸▸ コンテンツを充実させるおすすめプラグイン

1 コンテンツ関連の おすすめプラグイン

WordPressの機能を強化するさまざまなおすすめのプラグインを紹介します。
プラグインには、画像やコンテンツの見せ方・表示に関連するもの、サイトを最適化するもの、セキュリティやバックアップ関連などさまざまなタイプがあります。
まずコンテンツ関連のプラグインからおすすめのものを紹介しましょう。

❶「Easy FancyBox」：
リンク先の画像などのメディアをふわっと浮かび上がるように表示させるためのプラグインです。

❶

❷「MetaSlider」：
画像が自動的に切り替わっていくスライドショーを簡単に設置できます。

❷

▸▸コンテンツを充実させるおすすめプラグイン（続き）

❶「XO Event Calendar」：
カレンダーを表示します。営業日やイベントを登録してお知らせするのに便利です。

❶

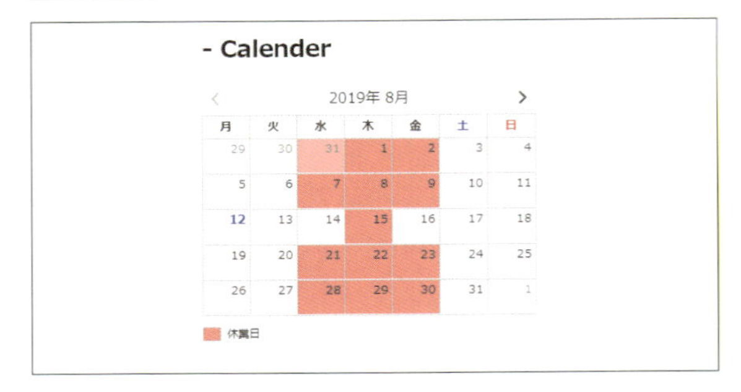

❷「Contact form 7」：
Lesson02でも紹介したプラグインです。お問い合わせフォームを設置します。

❷

お問い合わせ

お名前（必須）

メールアドレス（必須）

題名

メッセージ本文

❸「Breadcrumb NavXT」：
ページの位置を示す「パンくず」を表示するプラグインです。

❸

▶▶記事作成に役立つおすすめプラグイン

❶「AddQuicktag」：
HTMLタグをボタン入力できる「クイックタグ」を追加します。

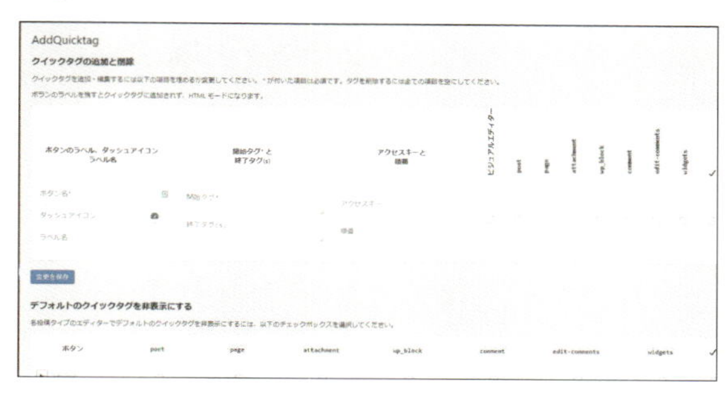

❷「Duplicate Post」：
既存の記事を複製する機能が追加されるプラグインです。似た構造の記事を作成する時に便利です。

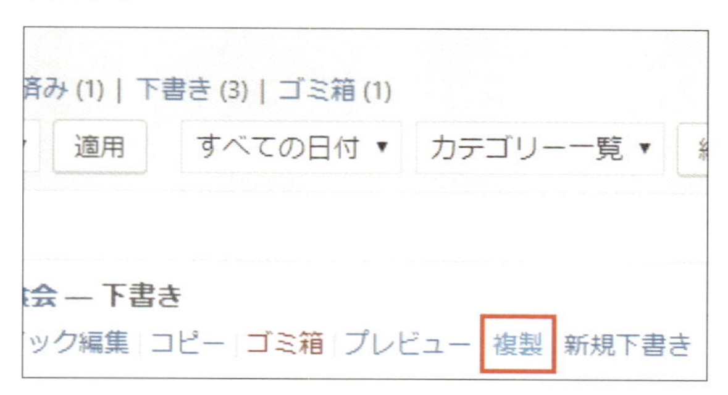

❸「Public Post Preview」：
公開する前にプレビューURLを知らせることで他者に記事を見せて確認してもらうことができます。ユーザー登録してログインしていなくても参照できます。

▶▶ サイト最適化のためのおすすめプラグイン

2 サイトの最適化・統合関連のおすすめプラグイン

次にサイトの最適化を行うもの・ サイトを統合的に管理するのに便利なプラグインを紹介します。

❶「Google XML Sitemap」：
検索エンジン（Google）がサイトの各ページを見つけるためのファイルを自動で生成します。

❶

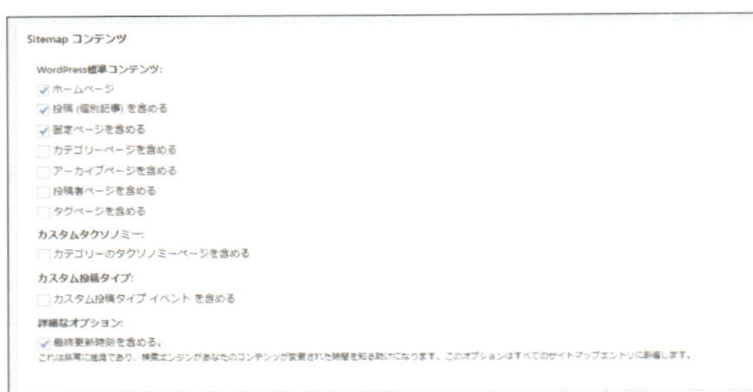

❷「Lazy Load」：
表示されている領域にある画像だけを読み込みます。サイトの表示速度の最適化に役立ちます。

サイト最適化のためのおすすめプラグイン（続き）

❸「Broken Link Checker」：
コンテンツ内のリンク切れ・消失した画像をチェックして通知します。

❸

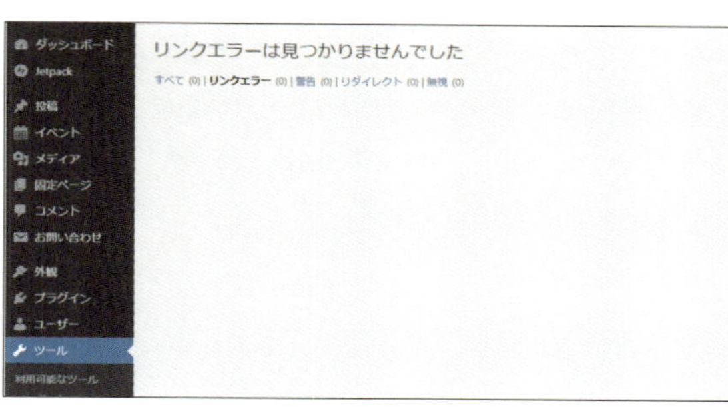

❹「EWWW Image Optimizer」：
画像を最適化して表示するページの読み込み速度を速くします。

❹

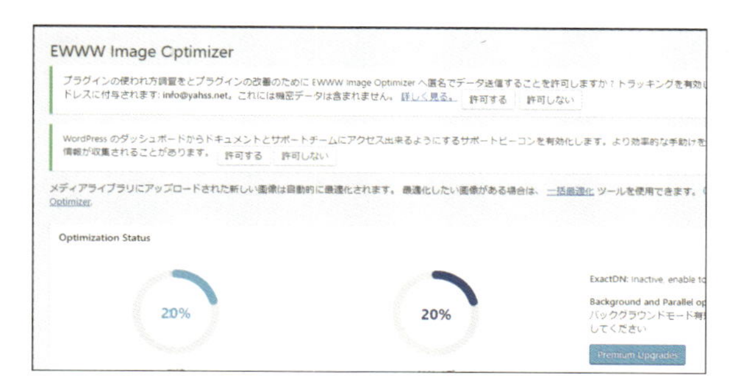

❺「Optimize Database after Deleting Revisions」：
知らない間にどんどん増えていくことがある記事の編集履歴「リビジョン」などを整理してくれるプラグインです。

❺

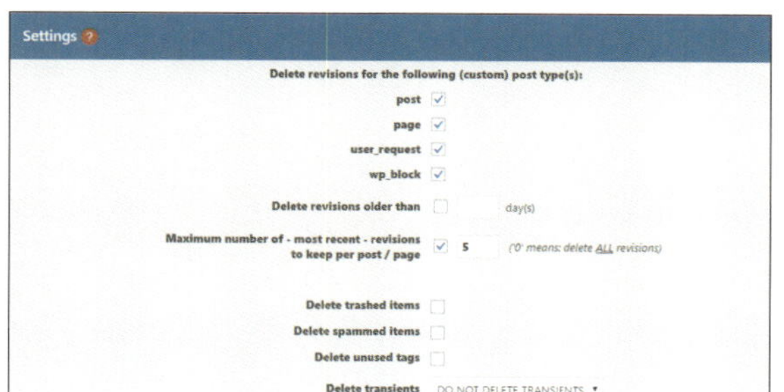

▸▸ サイトを守るためのおすすめプラグイン

3 バックアップ・セキュリティ関連おすすめプラグイン

サイトを運営するうえで、データの保存や悪意のある攻撃から守ることはとても大切です。最後に、データのバックアップ機能の追加や、セキュリティ対策を強化するためのプラグインを紹介します。

❶「BackWPup」：
サイトデータの完全自動バックアップを行います。

❶

BackWPup › ジョブ: 新規ジョブ
一般 | スケジュール | DB バックアップ | ファイル | プラグイン
ジョブ名
このジョブの名前　新規ジョブ
ジョブタスク
このジョブは…
☑ データベースのバックアップ
☑ ファイルのバックアップ
☐ WordPress の XML エクスポート
☑ インストール済みプラグイン一覧
☐ データベーステーブルをチェック

❷「Akismet Anti-Spam」：
サイト訪問者が記入したコメントをチェックして、迷惑なコンテンツからサイトを守ります。

コメント
すべて (0) | 自分 (0) | 承認待ち (0) | 承認済み (0) | スパム (0) | ゴミ箱 (0)
すべてのコメントタイプ　絞り込み検索　スパムチェック
☐ 作成者　コメント
コメントはありません。
☐ 作成者　コメント
スパムチェック

サイトを守るためのおすすめプラグイン（続き）

❸「SiteGuard WP Plugin」：
管理ページ・ログインへの攻撃からサイトを守るプラグインです。

❸

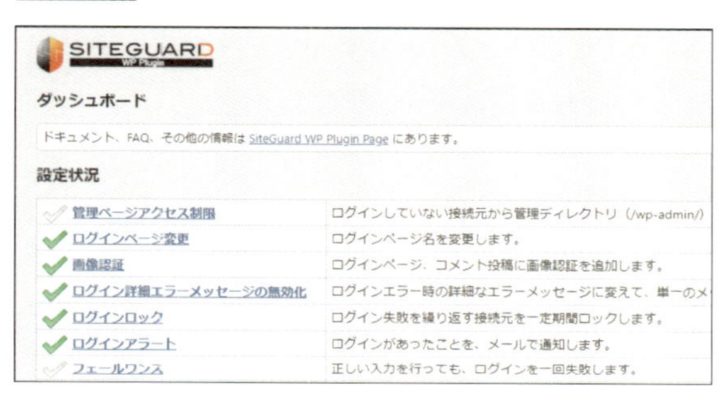

❹「Wordfence Security」：
WordPressのセキュリティ性を高めてサイトを保護します。

❹

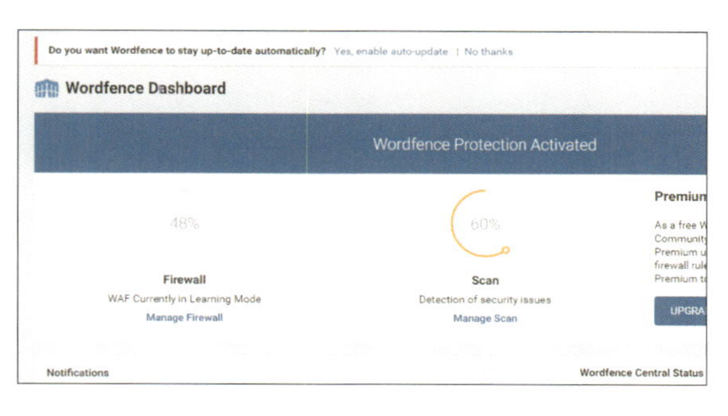

❺「All-in-One WP Migration」：
サイトの引越しに役立つバックアップのためのプラグインです。

❺

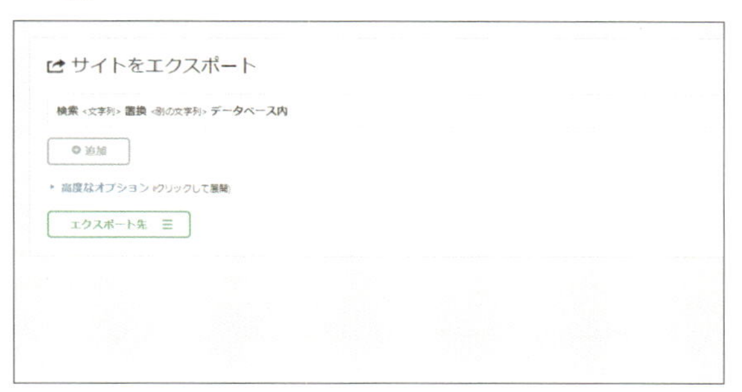

▸▸ 統合系プラグイン

❶「Jetpack by WordPress.com」：
統計情報・関連投稿・ソーシャル共有・バックアップ・セキュリティなどの機能を提供する定番のプラグインです。

❶

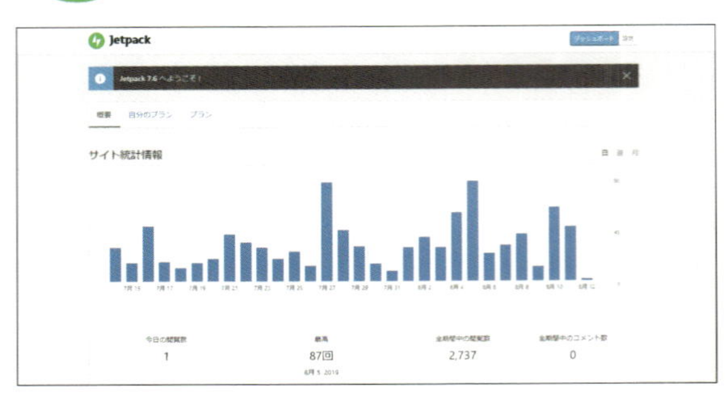

And More　プラグインを選ぶ際のチェックポイント

便利だからといってプラグインをなんでもかんでも導入するのはNGです。プラグインの過剰な導入によってはサイトが重くなったり不安定になったりすることがあるので注意しましょう。本当に必要なものだけを有効化するように心がけてください。
プラグインを選定する際のチェックポイントを右に記しました。下図のようにプラグインの画面でチェックしてください。

〈プラグイン選びのチェックポイント〉

- ☑ **公式ディレクトリに用意されている**
  （管理画面→［プラグイン］→［新規追加］で検索ができるもの）
- ☑ **ユーザーが多い**
  （［有効インストール数］が多いもの）
- ☑ **評価が高い**
  （★の数が多いもの）
- ☑ **定期的にメンテナンスされている**
  （［最終更新］が新しいもの）

LEVEL 6

コミュニケーションする WordPress活用術

LEVEL 6
Lesson 01

ソーシャルメディアとの連携

FacebookやTwitterと連携してアクセスを増やす

SNSとウェブサイトを相互に行き来してもらえる仕組みがあったらいいな……

とても大事なことです！SNSとウェブサイトを連携して情報を広めて訪問者を増やしましょう

▸▸ 情報の拡散にSNSを活用する

ウェブサイトは情報を一方的に発信するだけでは不十分です。FacebookやTwitterなどのSNS（ソーシャル・ネットワーキング・サービス）と連携することで、Webサイトへの入口・流入を増やしたり、有用な情報の拡散を促したりすることができます。

下の図に示すとおり、実店舗とサイトを中心にして自分のSNSとお客様のSNSやブログなどが相互に結びついていくイメージです。

ここでは仕掛けをサイトに設けるためのいくつかの方法を紹介していきましょう。

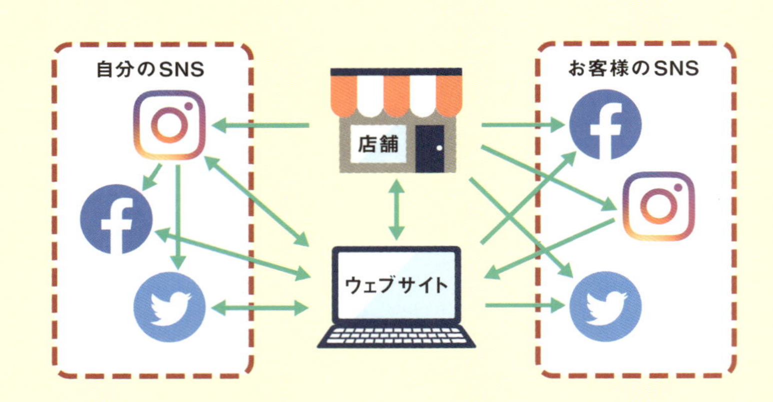

この結びつきが強固になればなるほど実店舗へご来店いただくことが確実に見込めるようになっていきます

▸▸ Facebookへのリンクアイコンを設置する

1 自分の運営するSNSへの連携を計画する

自分が運営しているFacebookやTwitter、Instagramなどの SNSサイトへのリンクアイコンを設置します。
はじめにFacebookアイコンの設置をしましょう。右の図は参考までにパソコンで表示したFacebookのログイン画面です。

2 [カスタマイズ] 画面を開いてメニューをクリックする

WordPressの管理画面→[外観] →[カスタマイズ] ❶を開き、メニュー❷をクリックします。

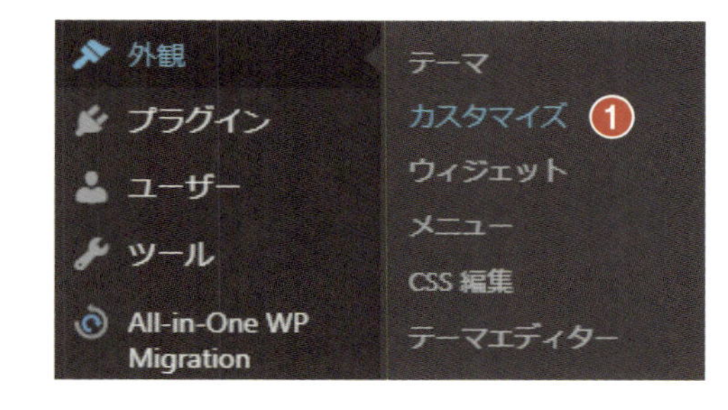

▸▸ Facebookへのリンクアイコンを設置する（続き）

3 メニューを新規に作成する

次に表示される画面で［メニューを新規作成］❶をクリックして、［新規メニュー］画面を開きます。

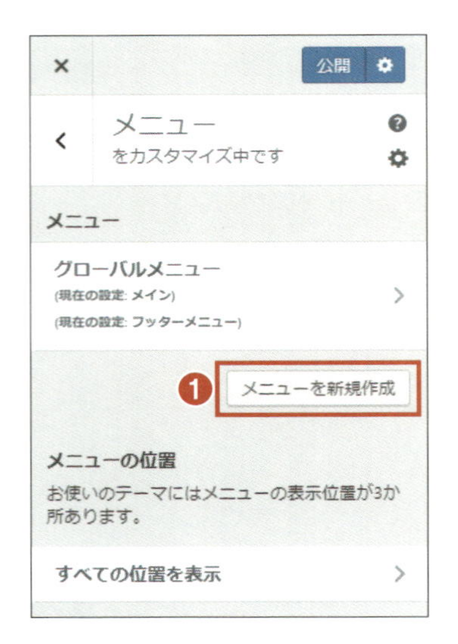

4 メニュー名と位置を設定する

次の画面で新規メニューの名称とサイトに表示する位置を決めます。

❷［メニュー名］：
「ソーシャルメディア」と入力します。

❸［メニューの位置］：
［ソーシャルリンクメニュー］にチェックを入れます。

❹［次へ］をクリックします。

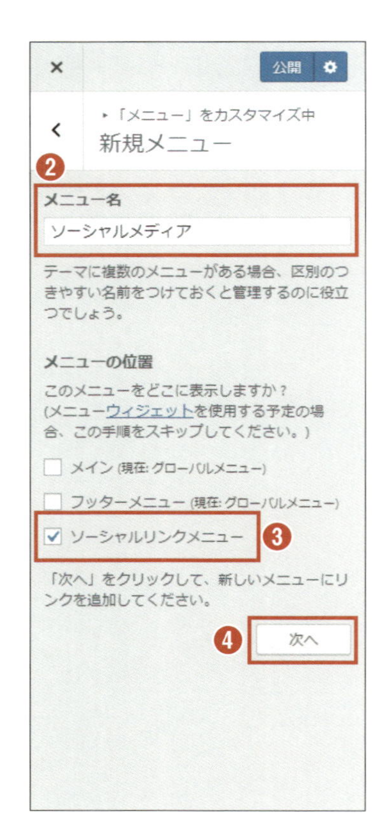

▸▸ Facebookへのリンクアイコンを設置する（続き）

5 カスタムリンクを選択する

［ソーシャルリンクメニュー］を編集します。［項目を追加］❶をクリックすると追加できるメニューの種類が右側に表示されます。そのなかから［カスタムリンク］❷を選択します。

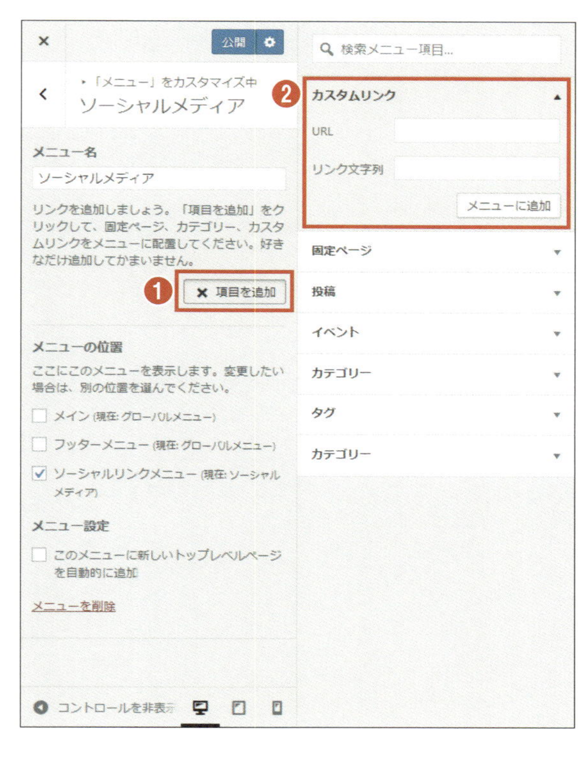

6 URLとリンク文字列を入力する

［カスタムリンク］の項目❸で、次の設定と操作をしてください。

［URL］：
リンクをさせる自分のFacebookのURLを入力します。

［リンクの文字列］：
「Facebook」と入力します。

LEVEL 6 コミュニケーションするWordPress活用術

▸▸ Facebookへのリンクアイコンを設置する（続き）

7 ［メニューに追加］を クリックして設定が完了

入力ができたら［メニューに追加］をクリック❶すると［カスタムリンク］の追加が完了します。

8 カスタムリンクの項目設定を 確認する

カスタムリンクの項目設定が完了すると、❷のような画面が表示されます。
このとき［リンクを新しいタブで開く］❸にチェックを入れると、サイトの閲覧中、アイコンをクリックした際に新しいタブ画面でFacebookのサイトが開きます。

▸▸ Facebookへのリンクアイコンを設置する（続き）

9 Facebookへのリンクを公開する

設定が完了したことを確認して、最後に上部の［公開］❶をクリックするとサイトに反映されます❷。

同様の方法で、TwitterやInstagramなどのリンクも追加しましょう。

サイトをただ開設するだけでなく
SNSとの双方向に情報を広げることが
大事なんですね！

LEVEL 6
Lesson 02

Jetpack by WordPress.comの導入

双方向にコミュニケーションする仕組みをつくる

まだ一方通行な感じ？
訪問者の方の反応も
わかるようになれば
いいんだけどな……

そうですね
情報発信するだけでなく
訪問者がアクションする
仕組みを設けましょう

▸▸ たびたび訪問したくなるサイトを構築

サイト訪問者に情報をしっかりと届けて、なんらかの反応(アクション)を起こさせる仕組みづくりが必要です。
実際の店舗でも、最新商品や季節に応じた商品が入れ替わることで、お客様が何度も足を運んでくれます。再び来店してもらうためにはチラシを配布するなど、より密なコミュニケーションを構築する必要があります。来店した人にとって「おすすめのお店」になれば、ほかの人にも知らせたいと思うことは自然で、さらに多くの反応を生むことができるでしょう。
ウェブサイトもそれと同じです。リアルの店舗で行う努力をウェブサイトでも同じように行うことで、より密な双方向のコミュニケーションを生み出していくことができます。

双方向コミュニケーションの
仕組みづくりに役立つ
統合系プラグインJetpackを
このレッスンでは紹介します

訪問者との距離を近づけるJetpack

1 統合系プラグイン Jetpack

双方向コミュニケーションを行う仕組みを構築するために有用なのが、「Jetpack by WordPress.com」(以下、Jetpack)です。Jetpackはさまざまな機能が統合されたプラグインで、訪問者とのコミュニケーションにも利用することができます。本章ではJetpackのインストールから運用方法を説明します。訪問者との距離をグッと縮めることを目指しましょう!

2 Jetpackは公式プラグイン

Jetpack❶は、WordPressの開発・管理を行っているAutomattic社が公式に提供している高機能なプラグインです。サイトの統計情報を管理したり、ソーシャルメディアとの共有を簡単に行えたり、さまざまな機能を組み込むことができます。

レンタルブログ型WordPressで提供されている管理機能を、インストール型WordPressでも使えるようにしたプラグインがJetpackです。Jetpackを使用するには、WordPress.comのアカウントと連携させる必要があります。

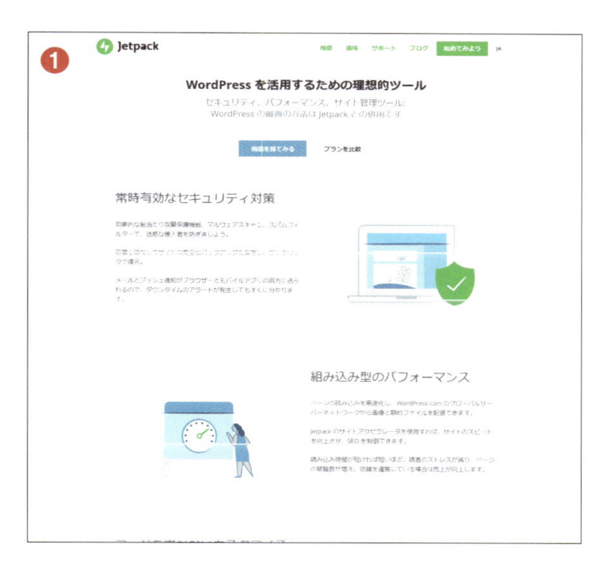

本書で解説しているWordPressは「インストール型」です
自分で用意したサーバに導入できるため
知識は必要ですが比較的自由な運営が行えます
これに対して「レンタルブログ型」のWordPressでは
アメーバブログやLivedoorブログのように
提供されているサービスの範囲内でサイトを運営します

LEVEL 6 コミュニケーションするWordPress活用術

▸▸ Jetpackのインストールと有効化

1 Jetpackを プラグインで検索する

管理画面→［プラグイン］→［新規追加］のページで、「Jetpack」と入力して検索すると、すぐに「Jetpack by WordPress.com」を見つけることができます❶。

2 Jetpackをインストールして有効化する

LEVEL 5のLesson 02の手順と同じようにして、Jetpackをインストール・有効化したら、［Jetpackを設定］ボタン❷をクリックしてください。

3 WordPress.comの ログインページに切り替わる

Jetpackを連携させるためにWordPress.comにログインするか、アカウントを新規作成するかのどちらかを選びます。

ここではアカウントを作成して連携する手順を説明します。「アカウントを新規作成」❸をクリックしてください。

すでにWordPress.comにログインしているなら、自動的にJetpackとWordPress.comの連携が完了しています。その場合は183P（「サイト統計情報」でアクセス状況をチェック）にお進みください。

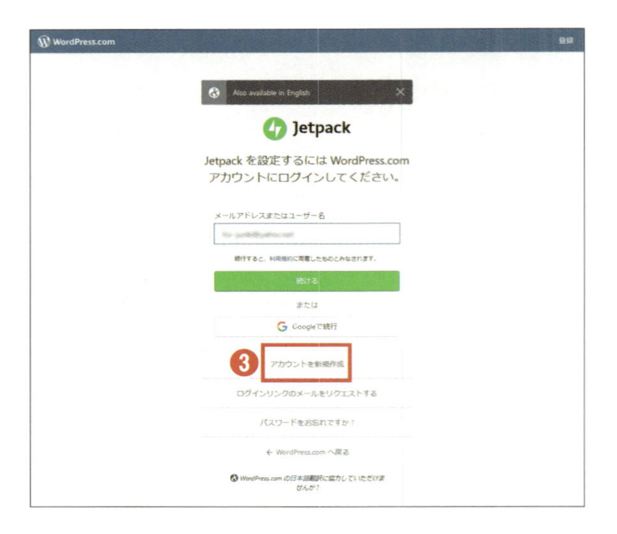

▸▸ 自分のサイトとWordPress.comを連携させる

1 WordPress.comのアカウントを作成する

［Jepackを設定するアカウントを作成する］の画面❶が表示されたら、自分のサイトを連携させるためにWordPress.comのアカウントを作成します。
「メールアドレス」「ユーザー名」「パスワード」の必要事項を入力します❷。
次に［Create your account］❸をクリックしてアカウントを作成します。

Googleアカウントを使用する場合は［Googleで続行］❹をクリックしてください。

2 作成されたアカウントでJetpackを連携

作成されたWordPress.comのアカウントでJetpackとの連携を完了します❺。

▸▸ 自分のサイトとWordPress.comを連携させる（続き）

1 Jetpackの無料プランを選ぶ

「Jetpackプランを見る」の画面❶が表示されたら、有料プランの下にある［無料プランでスタート］❷をクリックします。「Jetpack無料プランへようこそ」の画面が表示されるので［続ける］❸をクリックしてください。

2 WordPress.comで基本設定

基本となるセキュリティ機能の設定をこの画面❹で行うことができます。セキュリティ強化に役立つこれらの機能を設定しておくことをおすすめします。

設定が完了したら、［WP管理画面に戻る］❺をクリックして自分のサイトの管理画面に戻ります。

> これでJetpackのさまざまな機能を使う準備が整いました。管理画面の［Jetpack/設定］のページで使用できる機能を確認して設定することができます。

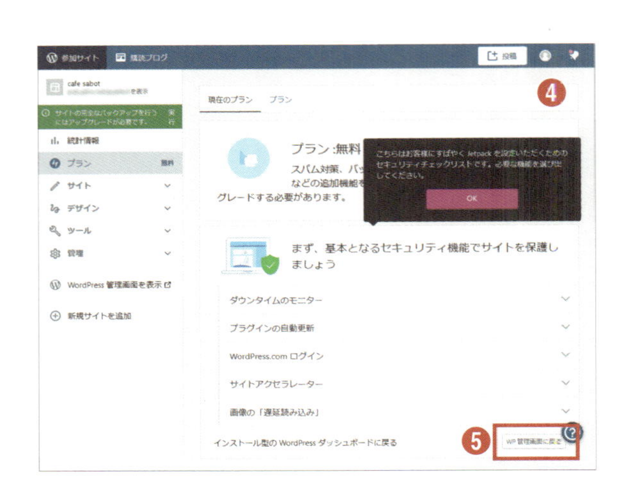

▸▸「サイト統計情報」でアクセス状況をチェック

1 Jetpackの［サイト統計情報］の機能

ここでは、サイト訪問者とのコミュニケーションを視点に、Jetpackの便利な機能を紹介します。

［Jetpack］→［サイト統計情報］はJetpackを有効にして数日経つと、サイトのアクセス状況が確認できるようになる機能です。［サイト統計情報］の各機能を紹介しましょう。

［詳しい統計情報を表示］❶（もしくは［Jetpack］→［サイト統計情報］）をクリックして「サイト統計情報」ページに移動してください。

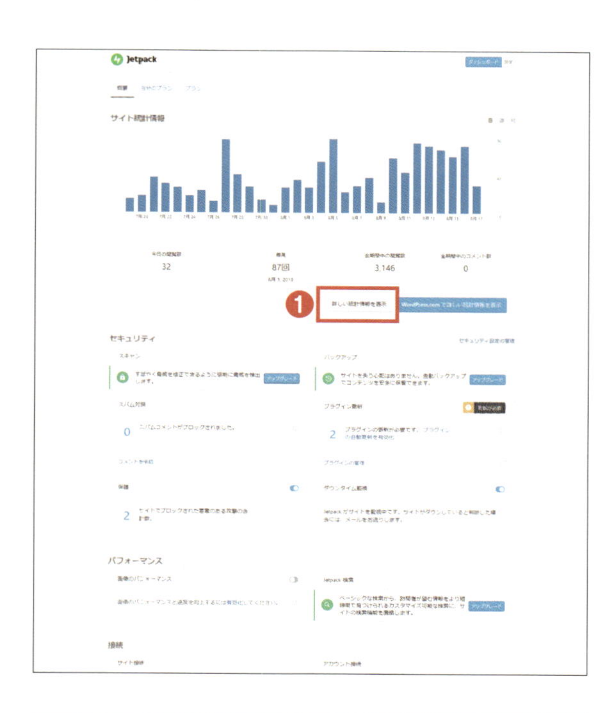

❷［トラフィック］：
サイトがどれぐらい表示されたのかアクセス状況をグラフと数値で確認できます。

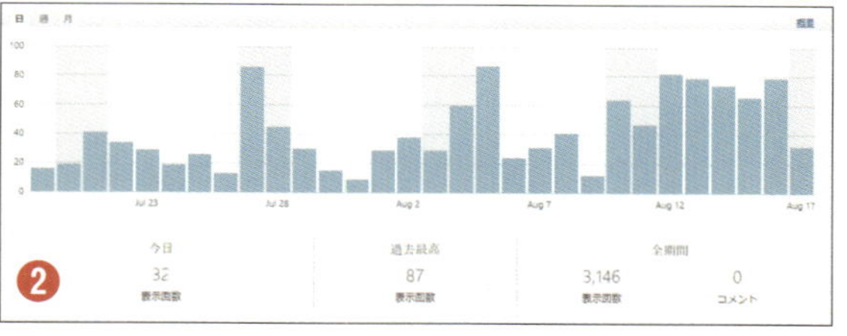

たとえば、アクセスが多かった日があれば、祝日やイベントを開催したなどの実店舗との関わりや、日記やキャンペーンを掲載したなどサイト運営上の効果を分析するのに役立ちます。アクセスが少ない日が雨だったなら、「雨の日特典」を設けるなどの対策をすればサイト訪問者も実店舗訪問者も増やせるかもしれません。

❸［リファラ］：
訪問者がどのような方法でこのサイトに行きついたか流入元を分析できます。

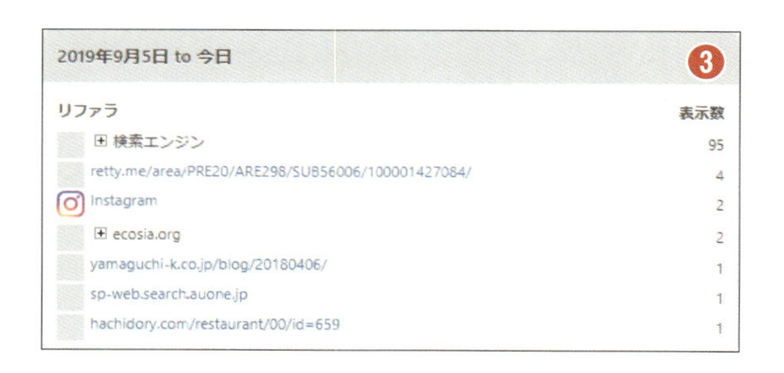

お店を紹介してくださっているブログからの流入や、Facebookなど SNSとの連携の効果を確認することができます。

▸▸「サイト統計情報」でアクセス状況をチェック（続き）

❶[人気の投稿とページ]：
どのページがよくアクセスされているのか分析することができます。

見てほしい投稿なのにそれほどアクセスされていないなら、コンテンツを工夫できる余地があるかもしれません。

❷[検索キーワード]：
サイト閲覧者がどのようなキーワードでサイトに行きついたかを分析することができます。

見出しや記事にどのようなキーワードを埋め込むと効果的かを検討することができます。

❸[クリック数]：
サイト内にあるリンクがクリックされた数値を分析することができます。

サイト訪問者がどのようなアクションを起こしたかを示しており、InstagramなどのSNSとの連携の効果を確認できます。

サイトトラフィックの分析は
サイト運営の基本です
より高度な分析が可能な
Googleアナリティクスや
サーチコンソールについても
ぜひ勉強してみてください

Jetpackでサイトマップを設定する

1 Jetpackでサイトマップを作成する

サイトマップは、Googleなどの検索エンジンがサイト構造を分析しやすくするための仕組みです。管理画面→[Jetpack]→[設定]→[トラフィック]タブを開きます。

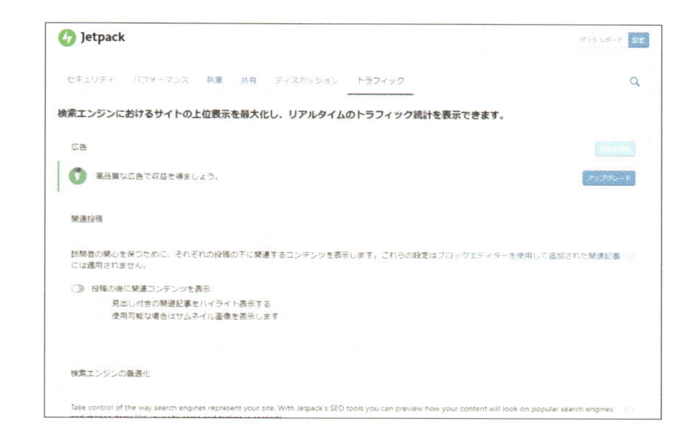

2 サイトマップを生成する

「サイトマップ」の「XMLサイトマップを生成」❶を有効にします。
❷のメッセージが表示されているなら次のステップが示す「検索エンジンでの表示」設定を必ず確認してください。

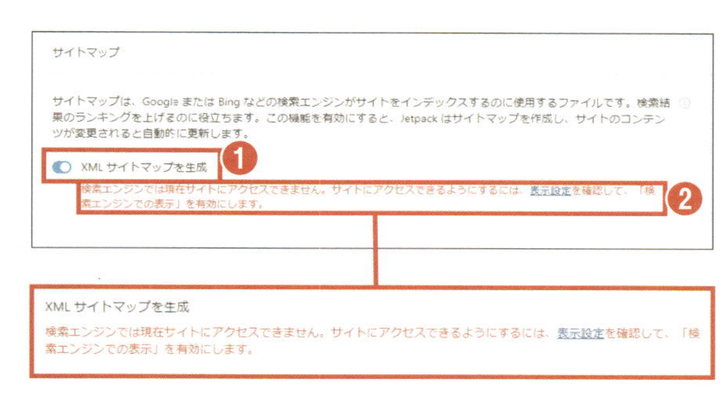

3 検索エンジンがサイト登録する設定をする

❷で示されているとおりサイトマップを有効にするには、管理画面→[設定]→[表示設定]→[検索エンジンがサイトをインデックスしないようにする]❸のチェックを外してください。

RSS/Atom フィードで表示する最新の投稿数　10　項目
RSS/Atom フィードでの各投稿の表示　全文を表示　抜粋のみを表示
❸
検索エンジンでの表示　検索エンジンがサイトをインデックスしないようにする
無限スクロール動作　このオプションを「クリック & スクロール」バージョンに変更しまし リック & スクロール」を使う仕様になっているためです。

❷は開発中やテスト中のために、Googleなどの検索エンジンでまだ検索されたくない場合にチェックを入れます。
この[サイトマップ]の下に[サイト認証]の機能がありますが、この機能を設定するためにはさらに高度な知識が必要です。サイトをより高度に運営するためにステップアップしたい場合はぜひチャレンジしてみてください。

▸▸ Jetpackパブリサイズで記事をSNSにシェアする

1 投稿記事をSNSで共有するJetpackパブリサイズ

Webサイトで新しい記事を投稿したらアクセスを増やすためにSNSで告知を行います。このとき各SNSでひとつずつ投稿していては大変な手間がかかります。
そのときに便利なのが「Jetpackパブリサイズ」❶です。パブリサイズは、サイトの記事の新規投稿を自動的に自分のFacebookなどでシェア❷する仕組みです。ここではJetpackパブリサイズの設定を行いましょう。

2 Jetpackパブリサイズを設定する

管理画面→[Jetpack] →[設定] のページで [共有] タブを開きます。
[パブリサイズの接続] →[投稿をソーシャルネットワークに自動共有]❸がオンになっていることを確認して、[ソーシャルメディアアカウントを接続する] ❹のリンク文字列をクリックします。

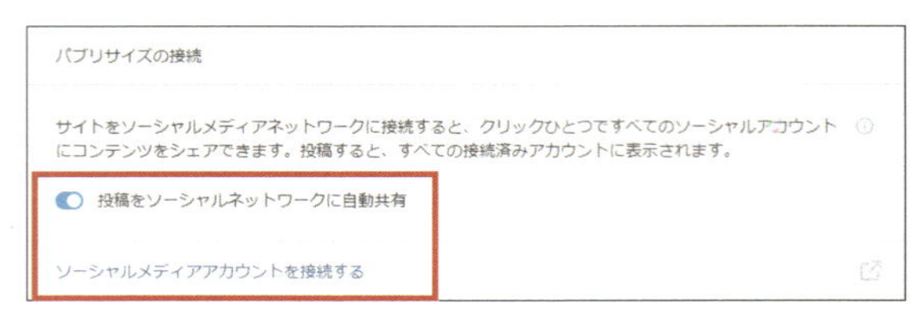

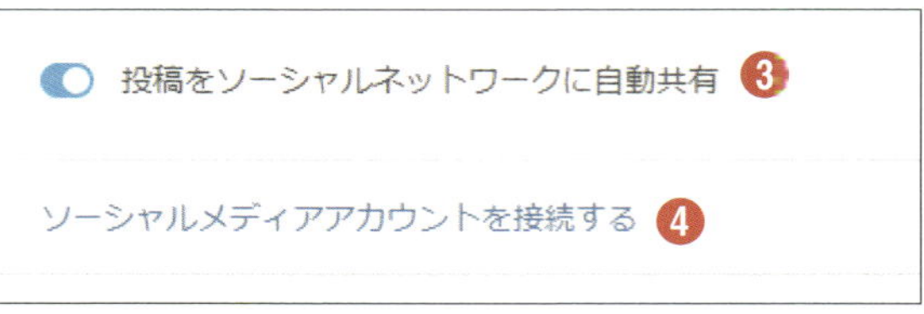

▸▸ JetpackパブリサイズでSNSにシェアする（続き）

3 ［共有］→［連携］タブが表示される

Jetpackと連携したWordPress.comの管理画面→［共有］ページの［連携］タブ❶が表示されます。

4 Facebookを連携する

［投稿をパブリサイズする］❷の一覧に接続可能なSNSがリスト表示されているので、連動してシェアしたいSNS（今回はFacebookをシェアします）を選択して、連携❸を設定します。

5 記事を投稿するとFacebookでシェアされる

サイトで新規記事を作成して公開❹すると、同時に連携したSNSで公開した記事を自動的にシェアすることができます。Facebookに投稿をシェアする場合は、❺のフィールドでFacebookに掲載される際の文面を別に編集（カスタマイズ）することも可能です。

SNSにサイトの記事をシェアするには
記事のURLをSNSの投稿に
直接貼り付ける方法もあります

▸▸ 投稿記事にSNSのシェアボタンをつける

1 訪問者のSNSでも記事をシェアしてもらう

記事の共有は自分のSNSだけに限りません。サイトを訪問してくれた人自身のSNSでもシェアされ❶、宣伝をしてもらう効果も期待できます。そのための共有ボタンも設置しましょう。

2 ［共有ボタンを設定する］をクリックする

管理画面→［Jetpack］→［設定］のページ→［共有］タブを開きます。
［共有ボタン］→［投稿とページに共有ボタンを追加］❷がオンになっていることを確認して、［共有ボタンを設定する］❸をクリックします。

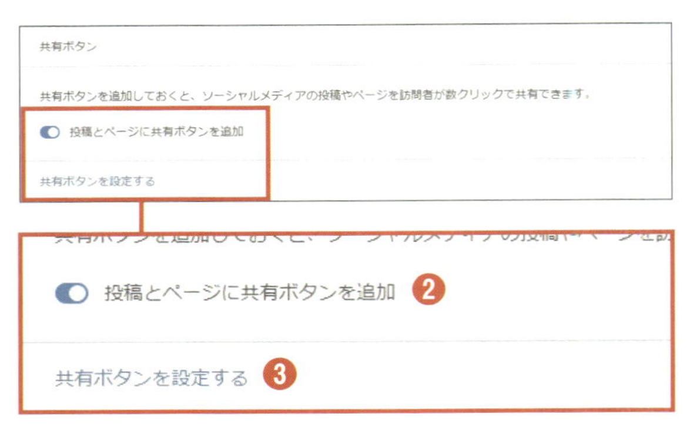

3 共有してもらうためのボタンを設置する

Jetpackと連携したWordPress.comで、管理画面→［共有］ページ→［共有ボタン］タブ❹が表示されます。

▸▸投稿記事にSNSのシェアボタンをつける（続き）

4 共有してもらうためのボタンを設置する

［共有ボタンを編集］❶をクリックすると、表示可能な共有ボタンの一覧❷が表示されるので、希望するボタンを選択します。

5 共有ボタンの設定を保存する

［変更を保存］❸をクリックすると設定が保存されます。

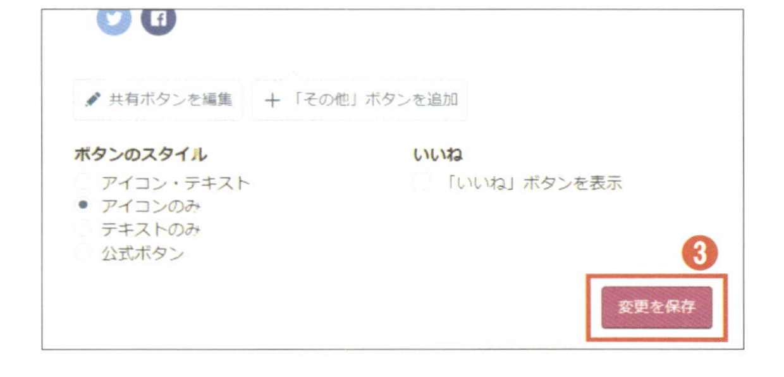

6 サイトの投稿記事にシェアボタンが表示される

サイトの投稿記事を開くと、その記事の末尾にシェアボタン❹が表示されているのを確認することができます。

LEVEL 6 コミュニケーションするWordPress活用術

LEVEL 6
Lesson
03

XO Event CalendarとInstagram Galleryの導入

カレンダーと写真ギャラリーでサイトをにぎやかに

SNSとも連携できたし
情報が広がりますね！
もっと楽しんでもらえる
方法はあるのかな？

新鮮な情報を届ける
工夫はいろいろあります
さらに便利にする
アイデアを紹介します

▶▶ 双方向コミュニケーション力を高める仕組み

SNSと連携したら、サイトを訪問してくださった方がより見やすく楽しめるための工夫をしてみましょう。ウェブサイトを楽しんで閲覧してくれれば訪問者が何らかの反応やアクションを起こしてくれることが期待できます。実店舗と同様、ウェブサイトも活動的に運営していくことで、訪問者とウェブサイト運営者のコミュニケーションが生まれます。その反応やアクションをきちんとキャッチする仕組みづくりも大切です。

このレッスンでは、カレンダー系プラグイン「XO Event Calendar」とInstagramの写真をギャラリー表示できるプラグイン「WP Social Feed Gallery」を紹介します。

お店のスケジュールをカレンダー表示することで情報発信力を強化し、写真ギャラリーで見た目にも楽しいサイトにすることができれば、訪問者の反応を引き出しコミュニケーションをさらに確立することができるでしょう。

お店側のアクション	お店とお客様を結ぶ仕組み・プラグイン	お客様の反応・アクション
みんながどのようにアクセスしているのか知りたい	アクセス解析 「Jetpack/統計情報」	こんなふうにアクセスしているよ
なんでも聞いてね	お問い合わせフォーム 「Contact Form 7」	10人で女子会やりたいんだけど
今日は通常営業です! こんなイベントありますよ!	営業日・イベント情報 「XO Event Calendar」	今日お店開いてるかな? 友だちと行ってみようかな?
このイベント、たくさんの方に来ていただいて大好評でした!	SNSへの同時投稿 「Jetpack/パブリサイズ」	（お店のSNSで見て）また行ってみたいな
ハッシュタグ #cafesabotのみんなのInstagram！	Instagramギャラリー 「WP Social Feed Gallery」	インスタ映えした写真が撮れた!

カレンダープラグインを導入する

1 XO Event Calendarのインストール

プラグイン「XO Event Calendar」をインストールします。インストール方法はLEVEL5のLesson02の手順と同様です。管理画面→[プラグイン]→[新規インストール]のページで「XO Event Calendar」を検索してインストールします。
[今すぐインストール]❶ボタンをクリックして[有効化]すると準備完了です。

「作成者:Xakuro System」と表示されているリンク❷をクリックすると、このプラグインの作成者のページが表示されます。作成者ページには使い方の詳細が掲載されている場合が多いので参考にしてください。プラグインについてより多くの情報を得ることができます。

2 お店の定休日を設定する

カレンダーを設定していきましょう。
管理画面に追加された[イベント]→[休日設定]❸をクリックします。
[休日設定]の画面❹に切り替わります。

▸▸ XO Event Calendarに定休日の表示設定をする

1 ［編集する休日を選択］を選択する

［編集する休日を選択］のリストは

[all]（定休日）
[am]（午前休）
[pm]（午後休）

の３つが初期の状態で設定されています。ここでは［all］→［選択］❶をクリックしてください（）。

> 休日の新しい分類を作成するには［休日を作成］のリンク❷をクリックします。

2 ［週定期］で定休日（曜日）を設定する

定休日が曜日で決まっているなら［週定期］❸の曜日をチェックします。ここでは「土曜」と「日曜」にチェックを入れました。

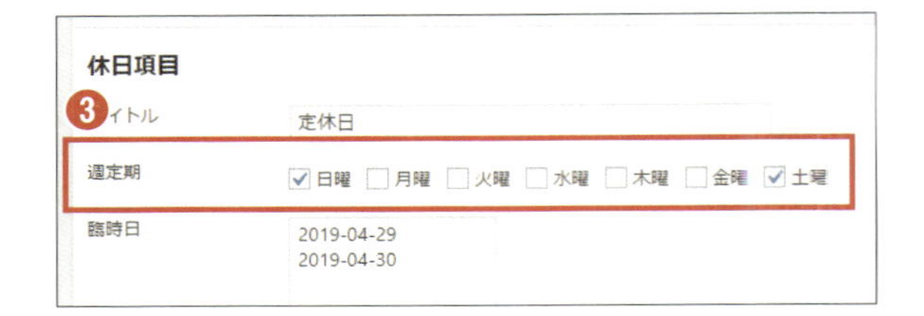

3 ［臨時日］で臨時休業日を設定する

臨時休業する場合は、［臨時日］のテキストエリアに該当する日付を入力します❹。「2019-04-29」の形式で、臨時休業日の1日ごとに1行ずつ入力してください。

▸▸ XO Event Calendarに定休日の表示設定をする（続き）

4 臨時営業する場合は［取消日］で休日を取り消す

本来は定休日でも臨時で営業する場合があります。
そのようなときは［取消日］❺のテキストエリアに❹と同様の方法で入力します。

5 ［色を選択］で休日表示の色を設定する

カレンダーで休日が視認できるように色を設定することもできます❻。

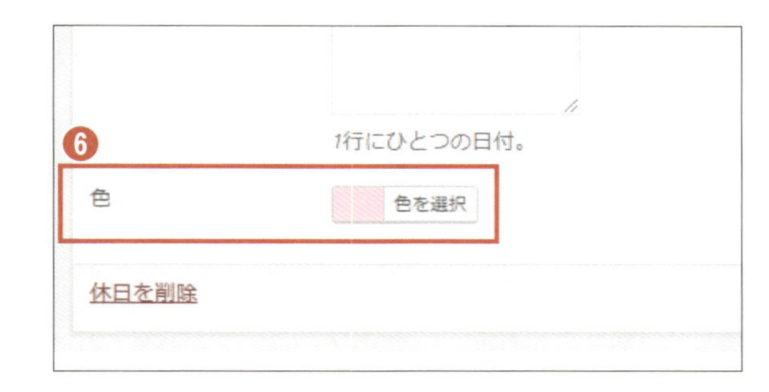

7 ［休日を保存］で設定を保存する

以上の入力・設定が完了したら［休日を保存］❼で設定を保存します。

ここまでは簡単にできました
このあとサイトに
イベントカレンダーを表示する
設定をしていくんですね

▸▸サイトにXO Event Calendarを表示する

1 XO Event Calendarをウイジェットで追加する

前ページで設定したカレンダーをウィジェットを使って表示させる方法を紹介しましょう。
管理画面→[外観]→[ウィジェット]のページで[利用できるウィジェット]の一覧に追加されている[イベントカレンダー(XO Event Calendar)]❶を見つけて[ウィジェットを追加]をクリックします。

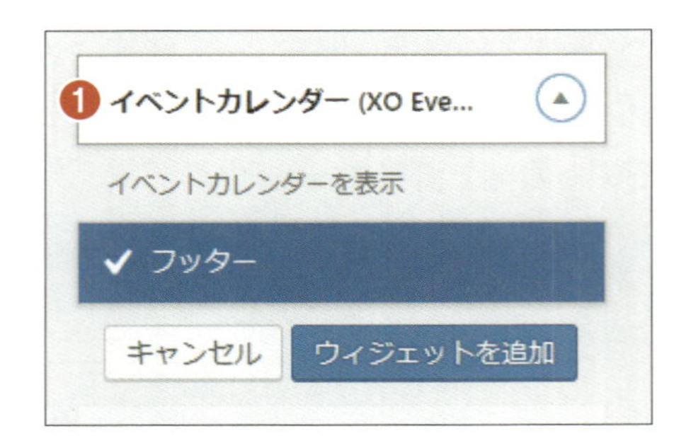

2 [フッター]欄にウイジェットが追加される

[ウィジェット]ページの右側にある[フッター]欄に[イベントカレンダー(XO Event Calendar)]❷が追加されます。

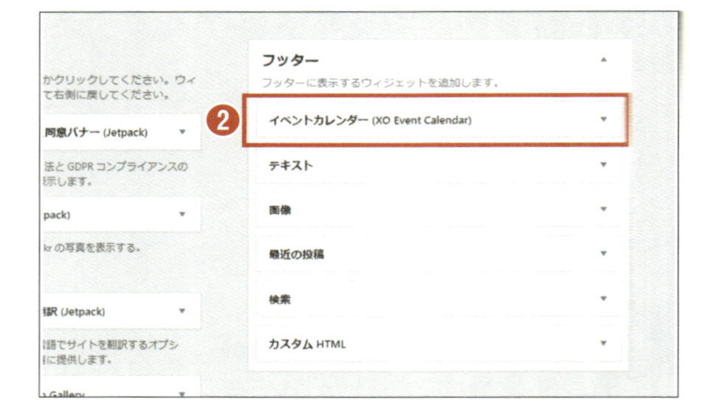

3 ウイジェット名をクリックして設定画面を表示

フッターに追加された[イベントカレンダー(XO Event Calendar)]をクリックして❸右図のように設定画面を表示します。

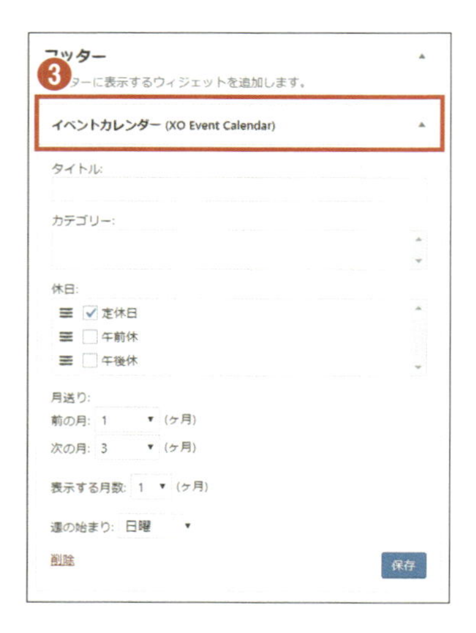

サイトにXO Event Calendarを表示する（続き）

4 XO Event Calendarの設定画面の詳細

イベントカレンダー（XO Event Calendar）の詳細は以下のようになっています。

❶［休日］：
表示する休日の種類を選択します。今回設定するのは［all］だけなので、［定休日］のチェックボックスのみチェックします。

❷［月送り］：
表示する月を設定します。［前の月］［次の月］で過去・未来の表示月数を設定します。たとえば3カ月先までの休日を設定するなら［月送り］→［次の月］を［3(ケ月)］にします。［表示する月数］でカレンダーに表示する月数を設定します。

［タイトル］と［カテゴリー］は空欄のままでもかまいません。

休日: ❶
☑ 定休日
☐ 午前休
☐ 午後休

月送り: ❷
前の月: 1 (ヶ月)
次の月: 3 (ヶ月)

表示する月数: 1 (ヶ月)

週の始まり: 日曜

削除　❸ 保存

4 XO Event Calendarの設定画面の詳細

表示設定が完了したら［保存］❸で設定を保存します。
XO Event Calendarで設定したイベントカレンダーがサイトに表示されました❹。

❹ 2019年 4月 ＞

日	月	火	水	木	金	土
31	1	2	3	4	5	6
7	8	9	10	11	12	13
14	15	16	17	18	19	20
21	22	23	24	25	26	27
28	29	30	1	2	3	4

定休日

▸▸ ショートコードでイベントカレンダーを設置する（中級向け）

1 記事の間にオブジェクトを埋め込めるショートコード

ショートコードは、固定ページや投稿記事の本文のなかに、特定のプログラムコードやオブジェクトを埋め込みたい場合に使うものです。

❶はWordPress Codexのショートコードの解説ページです。WordPressに慣れてきたらショートコードを使って効率的にサイトを構築することもできます。

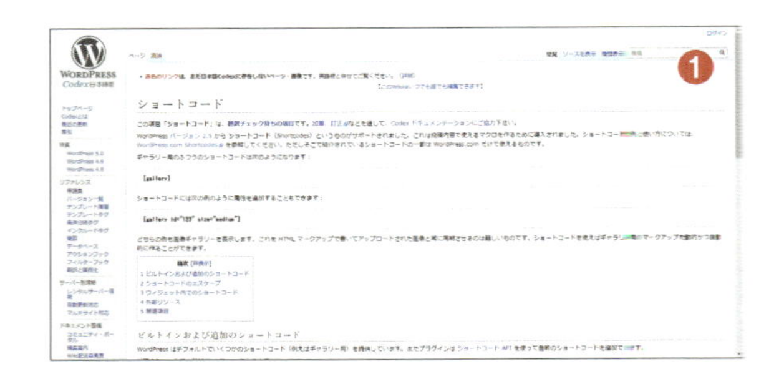

2 記事の間にオブジェクトを埋め込めるショートコード

ここで紹介したイベントカレンダーは、ウィジェットエリア（ここではフッター）に簡単に埋め込めるようになっていますが、記事本文にも埋め込めるようにショートコードが提供されています。

ブロックエディターの「ショートコード」ブロック❷を使って、サイト内にイベントカレンダーを表示させてみましょう。

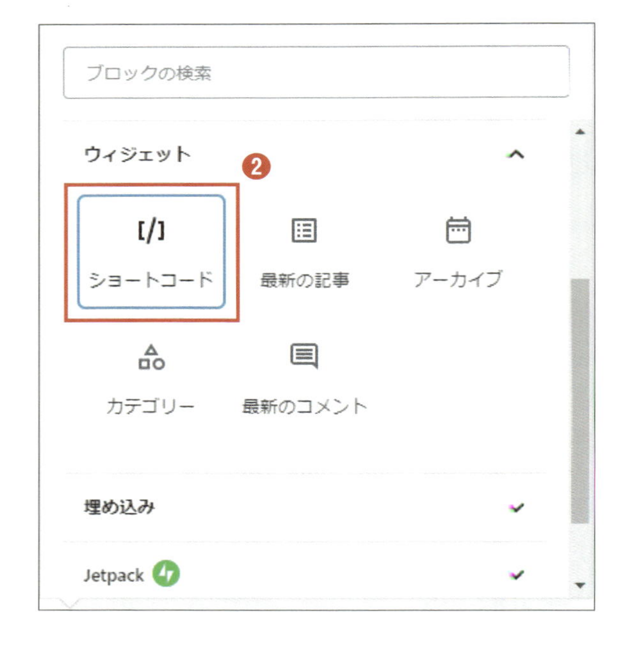

ショートコードって
お問い合わせフォームの設置でも
使ったわよね？

▸▸ ショートコードでイベントカレンダーを設置する（中級向け）（続き）

3 ショートコードを入力してカレンダーを設置する

管理画面→［固定ページ］→「フロントページ」に設定したページ❶を開きます。画像は「カラム」ブロックを使って3分割しています（既存・新規にかかわらずどのページにも埋め込めます）。

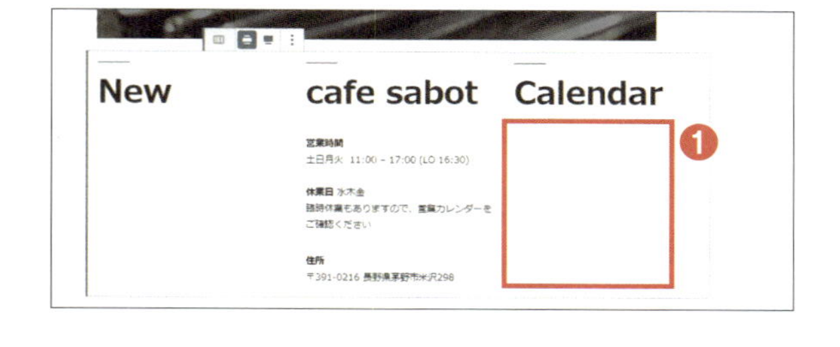

4 ショートコードを入力してカレンダーを設置する

［ブロックを追加］ボタンをクリックして［ウィジェット］タブ→［ショートコード］❷を選択します。

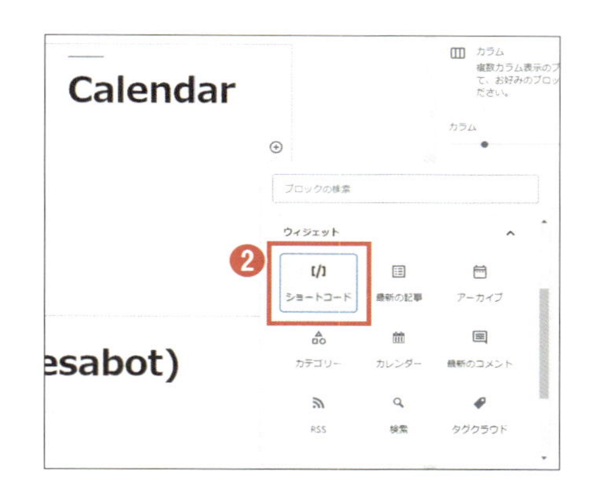

5 ショートコードを入力してカレンダーを設置する

❸［ショートコードをここに入力］フィールドに次のように半角文字で正確に入力してください。全角では正しく機能しません。

```
[xo_event_calendar holidays="all" previous="1" next="3" start_of_week="0"]
```

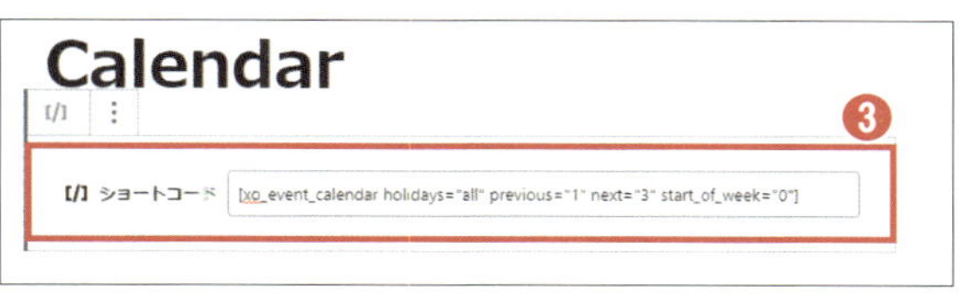

公開サイトで問題なくカレンダーが表示できていれば成功です❹。

プラグイン「XO Event Calendar」の場合は、プラグイン作者のページでショートコードの設定について詳細な情報を得ることができます。イベント情報の追加についてもぜひ挑戦してみてください。

▸▸ Instagramの写真を取り込んでギャラリー表示

1 Instagramの投稿写真を取り込んでサイトをにぎやかに

リアル店舗を訪れたお客様がInstagramに写真を投稿してくれることがあります。投稿された写真をギャラリーとしてサイトに取り込む❶ことができればサイトがにぎやかになり、訪問者とのひとつのコミュニケーションの形になります。Instagramと連携できるプラグインは数多くありますが、本書では「WP Social Feed Gallery」を紹介します。

2 WP Social Feed Galleryをインストールする

管理画面→[プラグイン]→[新規追加]のページで「WP Social Feed Gallery」を検索してインストールします。LEVEL5のLesson02の手順で、[今すぐインストール]❷→[有効化]すると準備完了です。

3 [Instagram Gallery]が管理画面メニューに追加される

管理画面に[Instagram Gallery]❸が追加されるのでクリックします。

「Instagram Gallery」は「WP Social Feed Gallery」の前身プラグインの名称です。
設定ページはプラグインによって異なります。インストールしたプラグインに設定ページがある場合は、[インストール済みプラグイン]の一覧で、それぞれのプラグインのための[設定]や[Settings]などのリンクをクリックすると、設定ページを開くことができます。

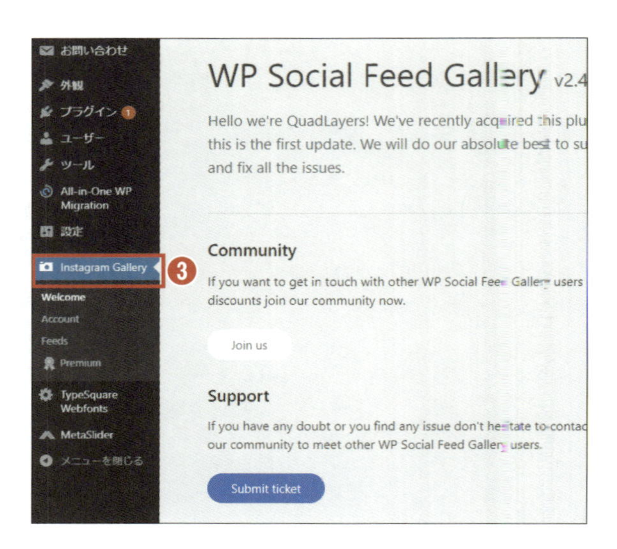

▸▸ Instagramの写真を取り込んでギャラリー表示(続き)

4 WP Social Feed Galleryの[Feeds] タブを表示する

[WP Social Feed Gallery] の画面で [Feeds] のタブ❶をクリックします。

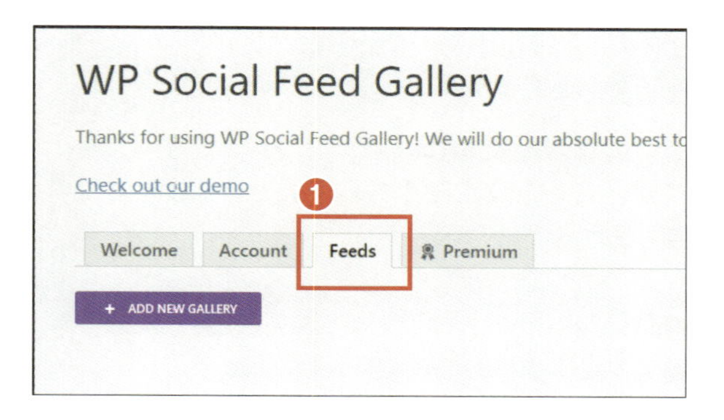

WP Social Feed Galleryの設定メニューにある[Account] (アカウント接続)は、自分のInstagramページからギャラリーを生成する場合に使用します。ここではハッシュタグ(#)で集めた写真でギャラリーを生成するのでアカウント設定は不要です。

5 [+ ADD NEW GALLERY] をクリックする

新しく追加するギャラリーの設定画面を表示するために [+ ADD NEW GALLERY] ❷をクリックします。

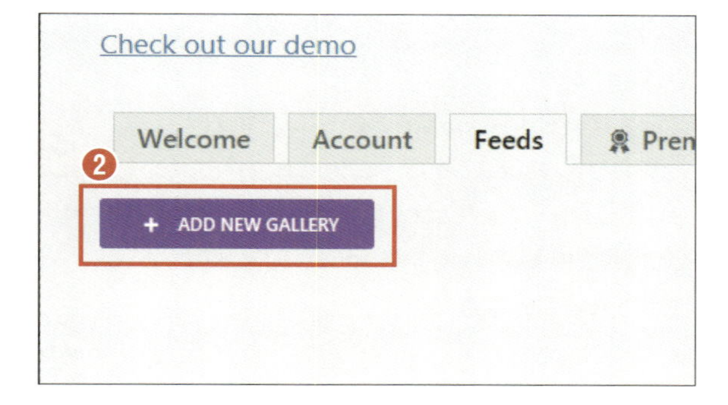

6 新規ギャラリーの詳細設定画面が表示される

[+ ADD NEW GALLERY] をクリックすると右図の設定画面❸が表示されます。次ページで詳細を説明していきましょう。

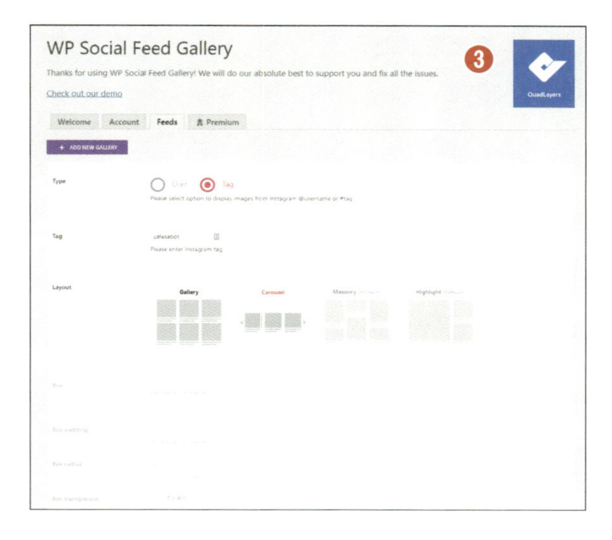

LEVEL 6 コミュニケーションするWordPress活用術

▸▸ Instagramの写真を取り込んでギャラリー表示(続き)

7 [Type]を[Tag]に設定する

[+ ADD NEW GALLERY]をクリックして表示された設定画面を以下のとおり設定します。

❶[Type]:
ハッシュタグ(#)でギャラリーを生成するので、[Tag]を選択します。

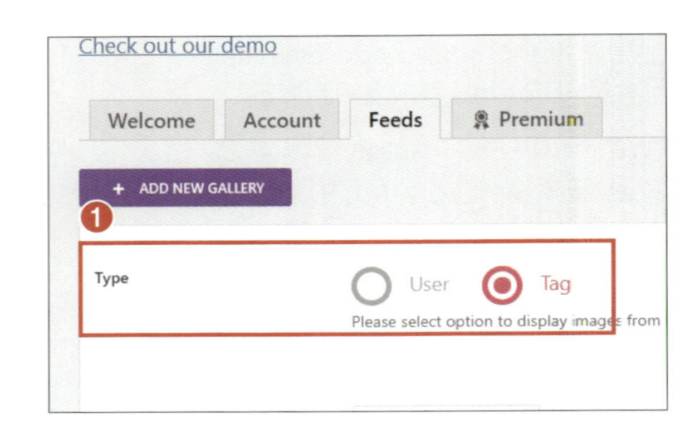

8 [Tag]に表示させたいハッシュタグ名を入力する

❷[Tag]:
表示させたいInstagramのハッシュタグ(#)を入力します。ここでは「cafesabot」と入力しました。「#cafesabot」のハッシュタグをつけて投稿されたInstagramの写真が表示されることになります。

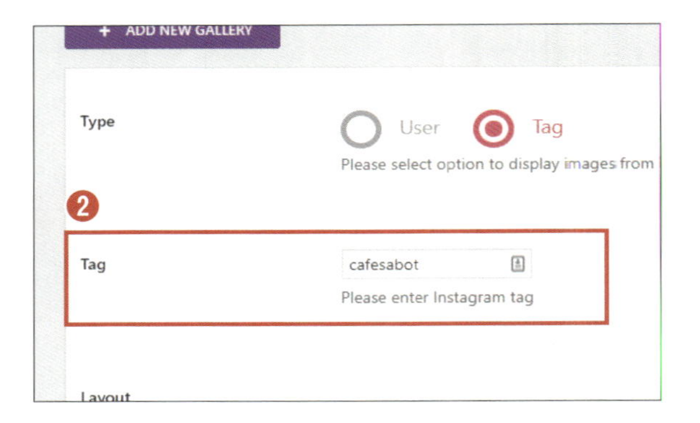

9 [Layout]でギャラリーの表示形式を選ぶ

❸[Layout]:
ページいっぱいにギャラリーを掲載したいのでタイル状に表示できる「Gallery」を選択します。ちなみに「Carousel」は写真が横方向にスライド表示される設定です。トップページにほかのコンテンツと一緒に掲載するならCarouselでもいいでしょう。「Limit」(一度に表示する枚数の上限):20、「Columns」(一列に表示する枚数):4と設定したら❹設定画面の下にある[UPDATE]❺をクリックして保存します。

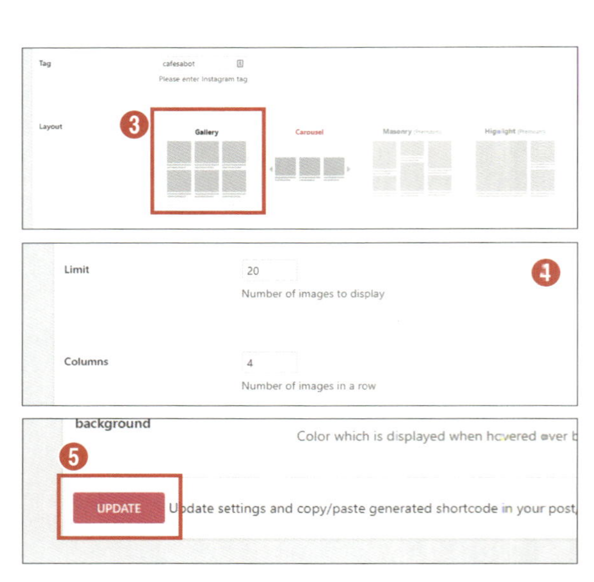

Instagramの写真を取り込んでギャラリー表示(続き)

10 新規追加したギャラリーの設定内容がリスト表示される

作成したギャラリーの設定内容の一覧が[Feeds]画面の上部にリストで表示されます❶。

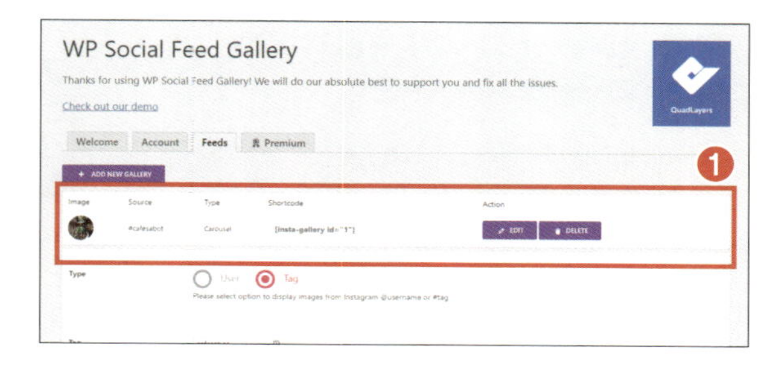

11 生成されたギャラリーのショートコードをコピーする

一覧のなかに、設定すると自動で生成される[Shortcode](ショートコード)が表示されています。この[insta-gallery id="1"]❷のショートコードをコピーしてください。ちなみにid番号はギャラリーごとに個別に付与されます。

❷ Shortcode

[insta-gallery id="1"]

12 ギャラリーを表示させたいページの編集画面に移動する

ギャラリーを表示させたい固定ページなどの編集ページを開きます。
ここでは「みんなのInstagram」という固定ページ❸を新規追加しました。

❸ みんなのInstagram

13 [ショートコード]を選択してコピーをペーストする

[ブロックを追加]ボタンをクリック→[ウィジェット]タブ→[ショートコード]❹を選択します。

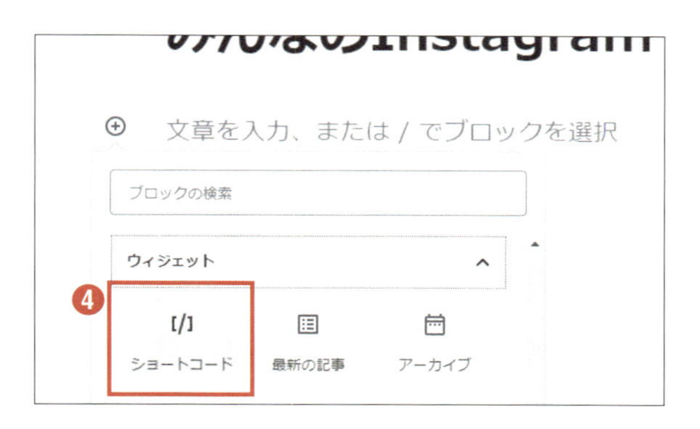

▸▸ Instagramの写真を取り込んでギャラリー表示(続き)

14 [ショートコード]を選択してコードをペーストする

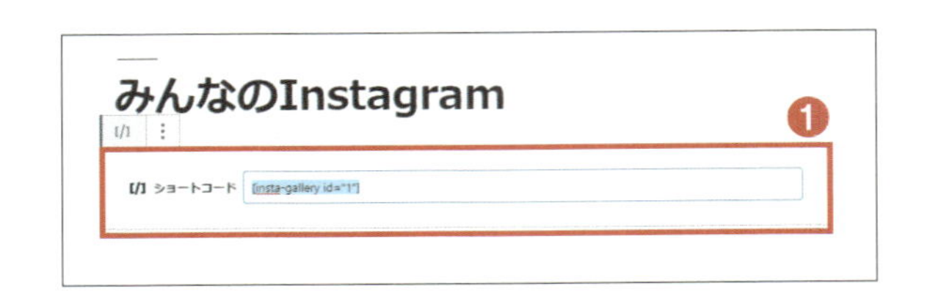

[ショートコードをここに入力]フィールドに先ほどのショートコード[insta-gallery id="1"]を貼り付けます❶。
設定が完了したら[公開]をクリックして保存・公開しましょう。

15 サイトにギャラリーが表示されたか確認する

サイトにInstagramからの写真がカルーセル(横方向に移動)表示できていれば、ギャラリーの設定が成功です❷。

訪問者とのコミュニケーションが目に見える
ウェブサイトにすることでよりアクティブな
サイト制作・運営を行うことができます
WordPressの強みは世界中に
ユーザーと開発者がいることです
自分が「こんな使い方ができないかな?」と
考えることは世界中の誰かが実現しています
それらを探して見つけて実現できるのも
WordPressの楽しみのひとつです

LEVEL 7

安全にウェブサイトを運営するには

LEVEL 7 Lesson 01

ウェブサイトの安全な運営を心がける

サイトのセキュリティ対策とバックアップ体制の強化

サイトがだいたい
できあがりました！
これからどんどん
運用していきますよ～！

その前にまだ完全とは
いえません！
外部からの攻撃やデータ
破損に備えましょう

▸▸ 悪意のある攻撃や万一のデータ破損に備える

せっかく制作したウェブサイトのデータがなんらかの原因で壊れてしまうことがあります。
また悪意のある攻撃者からウェブサイトを守るためにも、「安全にウェブサイトを運営する」ことはとても大切です。
WordPressは世界で最も使用されているシステムのひとつです。WordPressを活用しているユーザーはとても多いため、それだけ悪意のある攻撃者のターゲットになりやすいのも事実です。またデータが壊れてしまう事態にも備える必要があります。
そこで、外部からの攻撃から守ること、なんらかの問題が生じたときに正常な状態に戻せること、この２つの備えはとても重要です。
最初に必ずやっておきたいセキュリティとバックアップの対策を紹介します。

不安になる必要はありません！
基本的なことを知っておくことがまず防御の重要な一歩です

▸▸ 類推しにくいアカウントとパスワードを設定する

1 システムへの不正なログインを防ぐ意識を持つ

「ブルートフォースアタック」と呼ばれる攻撃方法があります。これは、パスワードを総当たり攻撃してシステムに不正にログインしようとするものです。

これに備えて、WordPressにログインするためのアカウントとパスワードを類推しにくいものにしておくことはとても重要です。アカウント名(ユーザー名)に「admin」など安易な文字列を使うのは避けましょう。

ユーザー名またはメールアドレス

パスワード

ログイン状態を保存する　ログイン

自分の名前や誕生日とか
「12345678」のような
安直なパスワードは
絶対にNGですよ！

2 システムへの不正なログインを防ぐ意識を持つ

WordPressではパスワードを設定する際に、その強力度が[非常に脆弱][普通][強力]かを判定してくれます。より強力なパスワードを設定するようにおすすめします。

中級〜上級者向けにはそのほかに以下の2つの対策もあります。

・ログインページのパスワード制限
・wp-adminへのアクセスをIPアドレスで制限する

いずれも「.htaccess」ファイルの編集が必要ですがここでは紹介するにとどめます。

ようこそ

WordPress の有名な5分間インストールプロセスへようこそ！以下に情報を記入するだけで、世界一拡張性が高くパワフルなパーソナル・パブリッシング・プラットフォームを使い始めることができます。

必要情報

次の情報を入力してください。ご心配なく、これらの情報は後からいつでも変更できます。

サイトのタイトル

ユーザー名
ユーザー名には、半角英数字、スペース、下線、ハイフン、ピリオド、アットマーク (@) のみが使用できます。

パスワード　隠す
強力
重要: ログイン時にこのパスワードが必要になります。安全な場所に保管してください。

メールアドレス
次に進む前にメールアドレスをもう一度確認してください。

検索エンジンでの表示　検索エンジンがサイトをインデックスしないようにする
このリクエストを尊重するかどうかは検索エンジンの設定によります。

WordPress をインストール

> サーバによってはWordPress用のセキュリティ対策を提供しています。たとえば海外のIPアドレスからのログインや、ログイン試行回数を制限することができる場合があります。

▶▶ 定期的にバックアップをする

1 万が一のデータ破損に備えてバックアップを習慣づける

万が一データが破損したり、WordPressが壊れてしまった際に、いつでも正常だった時点の状態に戻せるようにするための定期的なバックアップはとても大切です。
そのためには書きためた記事などのコンテンツ、使用しているテーマやプラグイン、それらのすべての設定をバックアップしておく必要があります。
これらのバックアップに便利な2つのプラグインを紹介しましょう。

バックアップについては
WordPress Codexにもくわしく
解説があるので参照してください。

https://wpdocs.osdn.jp/WordPress_のバックアップ

And More 困ったときにはまずWordPress Codexで調べる

"WordPressの公式オンラインマニュアル（ドキュメント）であり、WordPress知識の百科事典です。"
WordPress Codexには上記のように説明されています。
WordPress Codexはウィキペディアのように、不特定多数のユーザーが共同でコンテンツを運用しています。世界中のWordPressにくわしい人々によって有用な情報が蓄積・整理され共有されているのです。
WordPressの用語の意味・仕様・仕組みを知りたいと思ったり、操作や手順などに迷ったときには、まずこのWordPress Codexで調べてください。

▸▸ バックアップにおすすめのプラグイン

1 バックアップに特化したプラグイン「UpdraftPlus」

面倒なバックアップはプラグインを使うととても簡単に行うことができます。代表的なプラグインが「UpdraftPlus」です。

UpdraftPlusでできること・できないことは次のとおりです。

○ 手動でも自動でも簡単にバックアップ
○ 自動で定期バックアップ
○ 簡単に復元
○ DropboxやGoogleドライブなどの外部ストレージが利用できる

× 自動バックアップの時間指定ができない
× バックアップファイルが知らないうちに溜まってしまい定期的な整理が必要

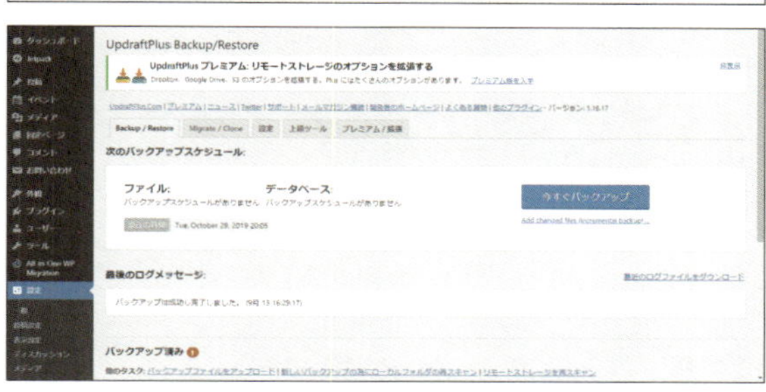

2 サイト引越しにも適した「All-in-One WP Migration」

「All-in-One WP Migration」は、サイトの移行に適したプラグインで、とにかく操作が簡単なのが最大の特徴です。

All-in-One WP Migrationでできること・できないことは次のとおりです。

○ とにかくバックアップが簡単
○ とにかく復元が簡単
○ 明示的にバックアップするのでファイルが勝手に溜まっていかない

× 自動定期バックアップ機能がない
× 復元するためのサイズ制限がある（無料プラグイン使用で最大512MB）

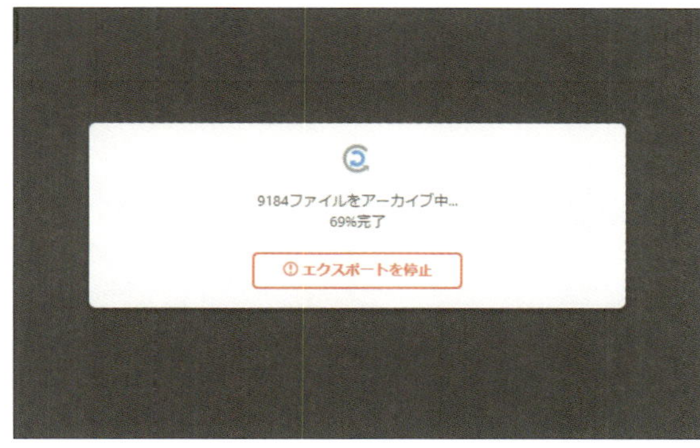

▶▶ バックアップ方法の例

1 All-in-One WP Migrationでバックアップする

「All-in-One WP Migration」を使ってバックアップする方法を紹介します。管理画面のメニュー→[All-in-One WP Migration]→[バックアップ] ❶を選択します。

All-in-One WP Migrationのインストール方法はP151と同様です。
All-in-One WP Migrationの「バックアップ」と「エクスポート」はほぼ同じ機能です。

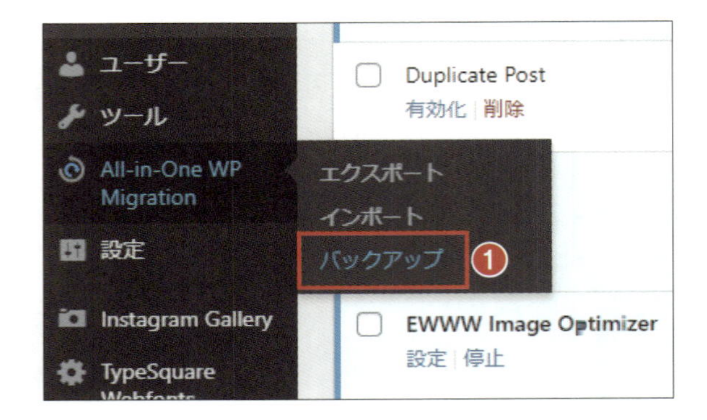

2 [バックアップを作成] をクリック

[バックアップを作成] ❷をクリックするとバックアップデータのエクスポート作業が始まります❸。完了すると❹の画面が表示されるので、❺をクリックしてバックアップデータをダウンロードします。ダウンロードしたバックアップデータは安全な場所に保管しておきましょう。

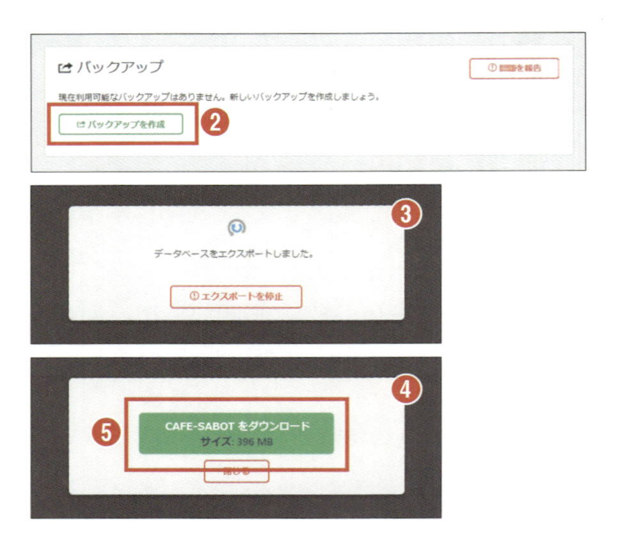

バックアップも復旧も
思ったよりとっても簡単ね！

バックアップデータからの復旧方法の例

1 All-in-One WP Migrationでバックアップをインポートする

バックアップデータをWordPressに取り込むには、管理画面のメニュー→[All-in-One WP Migration]→[インポート] ❶を選択します。5MBを超える場合はプラグイン「All-in-One WP Migration File Extension」を追加する必要があります。

All-in-One WP Migration File Extensionは以下の手順でインストールします。❷「ファイルアップロードサイズを上げる方法」をクリックした先のページの❸「4. Use plugin」をクリックして「Basic」をダウンロード→WordPress管理画面→[プラグイン]→[新規追加]→❹[プラグインのアップロード]→❺で❸のダウンロードしたファイルを選択→[今すぐインストール]をクリック→有効化します。

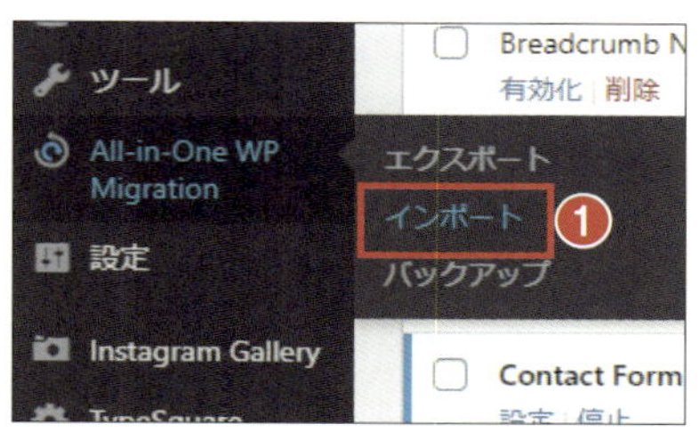

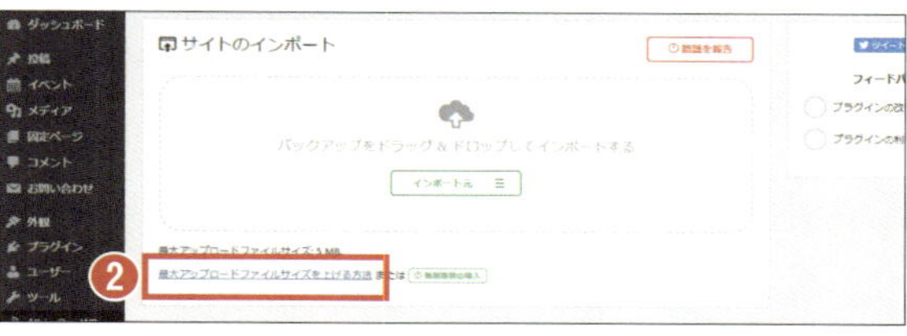

2 [サイトのインポート] 画面にバックアップをドラッグ

管理画面のメニュー→[All-in-One WP Migration]→[インポート] の画面でバックアップデータのファイルをドラッグ&ドロップ❻するとインポートが始まります❼。

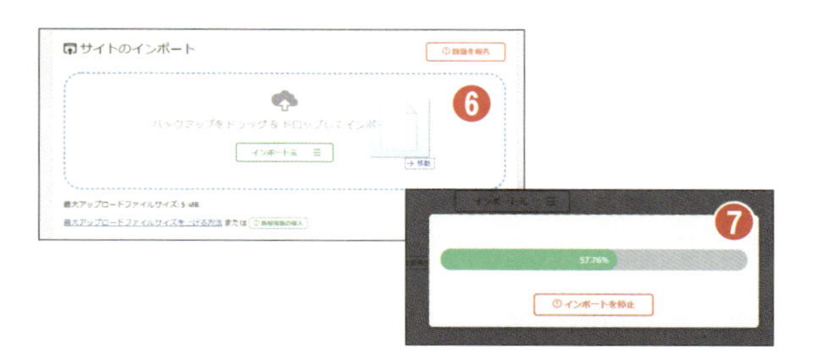

3 サイトのインポートが完了

インポートが完了したら❽[開始] をクリックします。「サイトをインポートしました」と表示されたら[完了] ❾をクリックすると取り込みが完了です。

インポート後のWordPressはログアウトしている状態なので、再度ログインします。

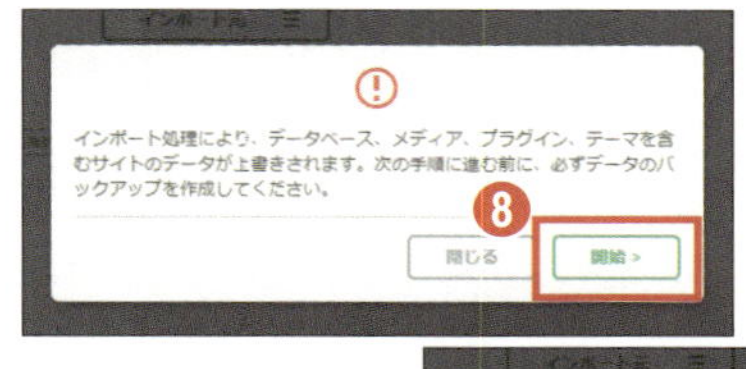

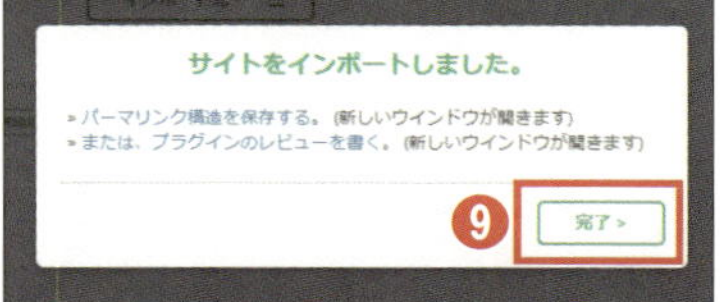

▸▸ WordPressを最新バージョンに更新する

1 セキュリティホール対策された最新版の状態を保つ

悪意のある攻撃者は、WordPress本体や使用しているテーマやプラグインの弱い個所（セキュリティホール）を見つけ出して絶えず攻撃しようとしています。
開発者はそれらの脆弱なところを強化するために最新のバージョンを提供しています。WordPress本体・テーマ・プラグインを最新の状態に保つことはとても重要です。アップデートがあるか定期的に確認しましょう。

2 WordPressに更新があるか管理バーで確認する

WordPressやプラグインなどに更新があるかどうかの確認は次のように行います。
サイトを開くと管理バー（上部の黒い帯）に、更新の必要な個数が表示❶されています。これをクリックすると管理画面→［ダッシュボード］→［更新］のページを開くことができます。

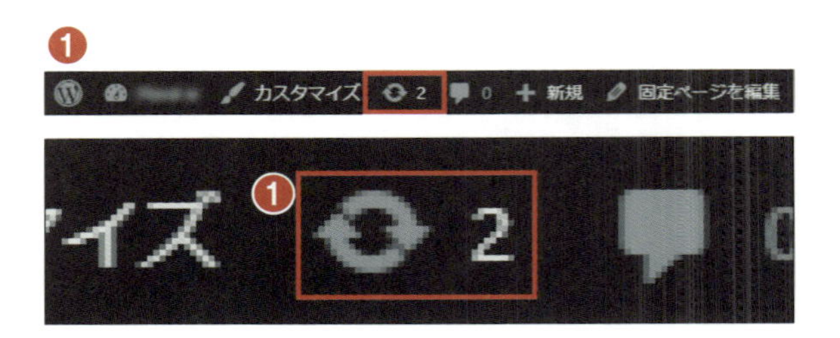

And More 数字が示すメジャーリリースとマイナーリリース

5.2.3

メジャーリリース　マイナーリリース

本書執筆時のWordPressの最新バージョンは「5.2.3」ですが、この数字が大きいほどより新しいバージョンです。小数点で区切られた最初の2つの数字（ここでは「5.2」）がメジャーリリースで、新しい機能が追加されるなど大きな変更が加えられたことを意味します。対して3つめの数字（「3」）はマイナーリリースであることを示しており、バグやセキュリティ対策などのためで、ほとんどの場合は何も考えずにアップデートしても大丈夫です。そのためマイナーリリースの場合は自動更新するように初期設定されています。

WordPressを最新バージョンに更新する（続き）

3 メジャーアップデートの前に必ずバックアップ

WordPressのメジャーリリースの場合は❷の画面が表示されます。
WordPress本体❸、プラグイン❹やテーマなどそれぞれの更新をしてください。
必ずバックアップを実行❺してから更新するようにしましょう。

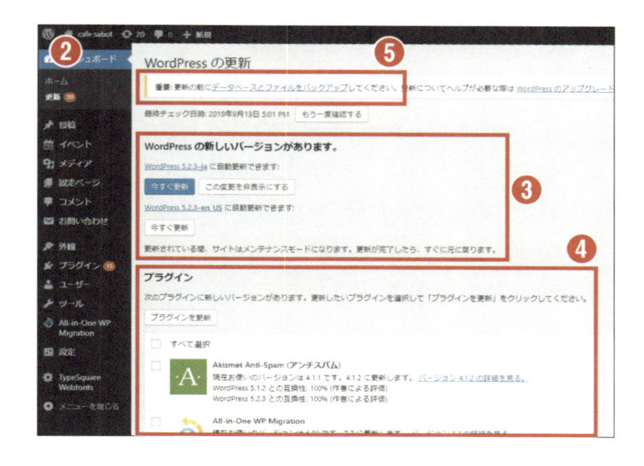

WordPress本体を更新する前には必ずデータベースとファイルをバックアップしてください。WordPressのアップデートによって、テーマやプラグインに関連する機能が正常に動作しなくなるリスクがあります。正常に動作していたときの状態にいつでも戻せるように備えておく必要があります。

4 すべての更新を実行していく

それぞれの更新を行って、❻のように「最新バージョンのWordPressをお使いです」「～はすべて最新版です」の画面になれば更新の完了です。

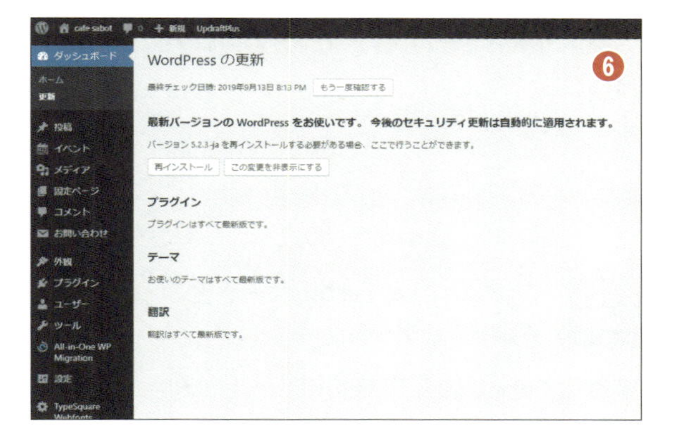

更新が完了するまで
時間がかかる場合がありますが
大事なことなので
面倒がらずにこまめに
更新するようにしましょう

▸▸ 攻撃から守るプラグインをインストールする

攻撃から守るプラグイン「Wordfence Security」

世界中の悪意ある攻撃者から自分だけの力でウェブサイトを守るのは不可能です。そこで攻撃から守る代表的なプラグイン「Wordfence Security – Firewall & Malware Scan」❶を紹介します。

Wordfence Securityのインストール

管理画面→[プラグイン]→[新規インストール]のページで「Wordfence Security」を検索します。
[今すぐインストール]❷をクリックしたのち[有効化]しましょう。

Wordfence Security – Firewall & Malware Scan
今すぐインストール
あなたのWebサイトを、ファイアウォール、ウイルススキャン、IPブロック、ライブトラフィック、ログインの安全性の確保、等の機能を含んだ、最も包括的な WordPress のセキュリティプラグインで、安全にしましょう。

Wordfence Securityのインストール

有効化すると、通知連絡用にメールアドレスの登録が求められます。受信可能なメールアドレスを登録してください❸。

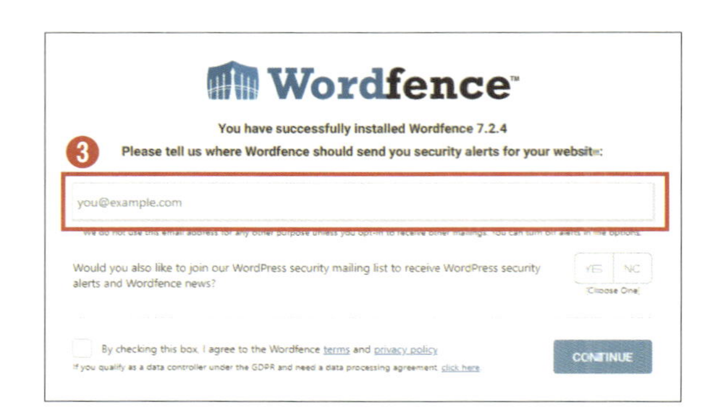

攻撃から守るプラグインをインストールする（続き）

4 Wordfence Securityのインストール

入力が完了して必要な個所を確認できたら［CONTINUE］（次へ）❶をクリックします。

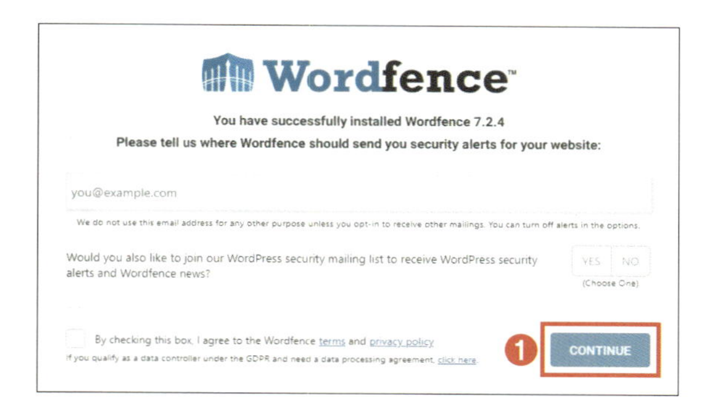

3 Wordfence Securityの無料版を利用する

続いて有料版のためのライセンスキーの入力もしくは「PREMIUM」（有料版）へのアップグレードが促されますが、ここでは右下の［No Thanks］❷をクリックして無料版を利用することにします。
これで使い始めることができます。

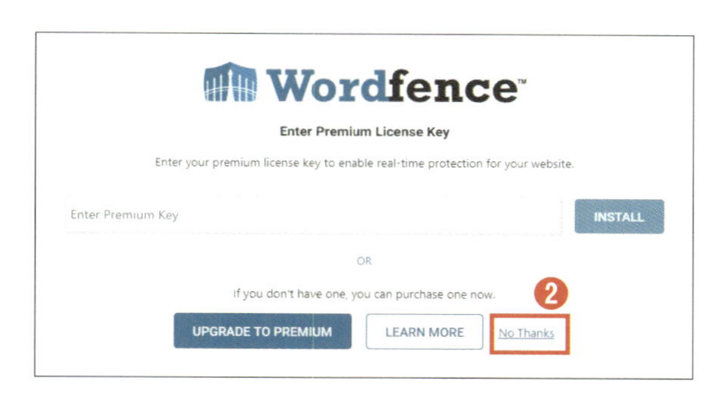

And More　安全なWordPressサイトの６つの基本

本書のいたるところでセキュリティについて述べてきましたが、安全なWordPressサイト運営のために最低限必要な対策をここでまとめてみます。

①類推しにくいアカウント名とパスワードを使用する
②公式ディレクトリ（管理画面から検索して入手できる）のテーマやプラグインを使う
③ユーザー数が多く頻繁に更新されているテーマやプラグインを使う
④WordPress本体・テーマ・プラグインを最新バージョンに保つ
⑤定期的にバックアップを実行して正常な状態にいつでも戻せるようにしておく
⑥セキュリティプラグインを導入してウェブサイトの状況を適切に監視する

公式ディレクトリに登録されていない有料のテーマやプラグインの中にも安全対策がしっかりとした秀逸なものがたくさんあります。必要に応じて検討してください。

▸▸ Wordfence Securityでセキュリティを強化する

Wordfence Securityの設定

インストールが完了したら、「Wordfence Security」の設定を行います。

管理画面に追加された［Wordfence］のメニュー❶をクリックして［Wordfence］→［Dashboard］のページを開きます。

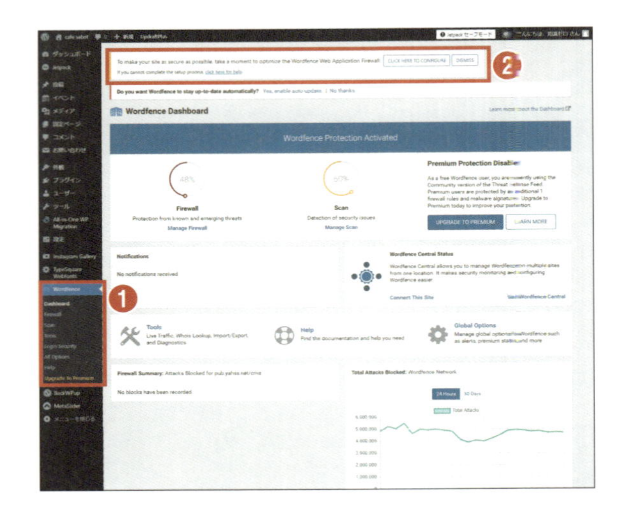

2 Wordfence Securityの設定

ページの最上部に「ファイアーウォールを最適化しますか?」とたずねるメッセージ❷が英文で表示されるので、［CLICK HERE TO CONFIGURE］（設定するためにここをクリック）❸をクリックします。

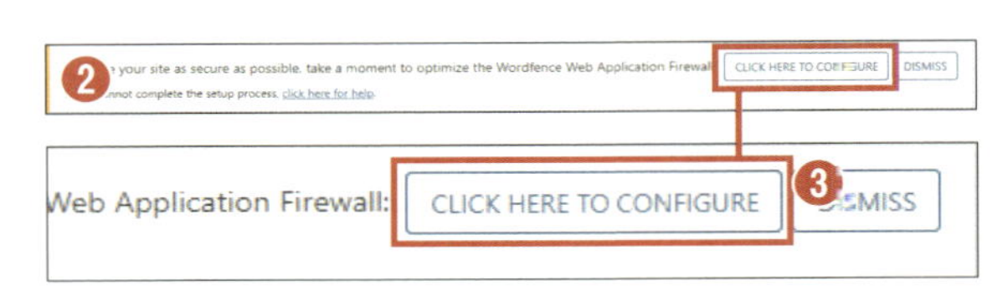

ファイアーウォールって
なんですか？

外部からの攻撃・不正なアクセスから
コンピュータやネットワークを
守るためのソフトやハードのことです
そのまま「防火壁」という意味ですね

▸▸ Wordfence Securityでセキュリティを強化する（続き）

3 ファイアーウォールを最適化する

次にファイアーウォールを最適化するために「.htaccess」ファイルを書き換える必要があります。
[DOWNLOAD .HTACCESS] ❶をクリックしてファイルをバックアップ（ローカル環境へダウンロード）しておきます。

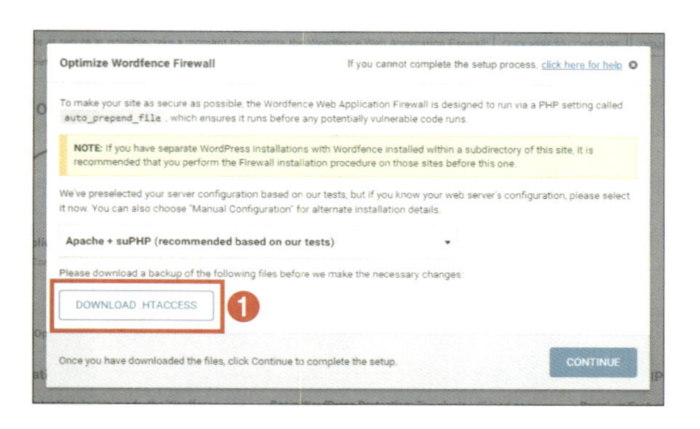

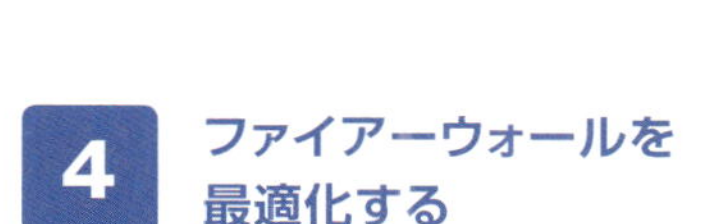

4 ファイアーウォールを最適化する

バックアップ（ローカル環境へダウンロード）が完了したら[CONTINUE] ❷をクリックします。

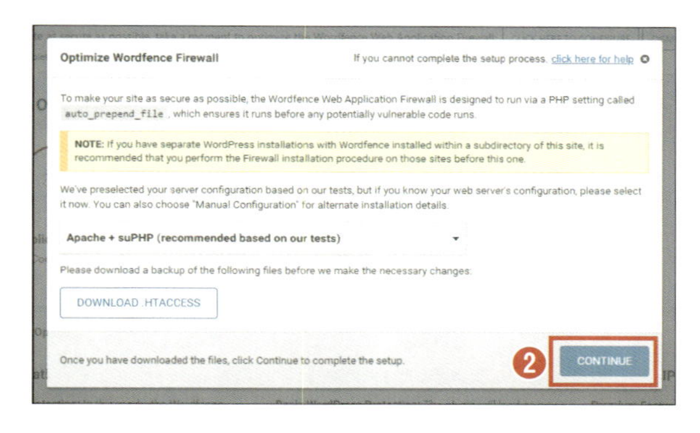

5 ファイアーウォールを最適化する

[Installation Successfull] ❸とポップアップ表示されたら[CLOSE]（閉じる）をクリック❹してファイアーウォールの最適化は完了です。

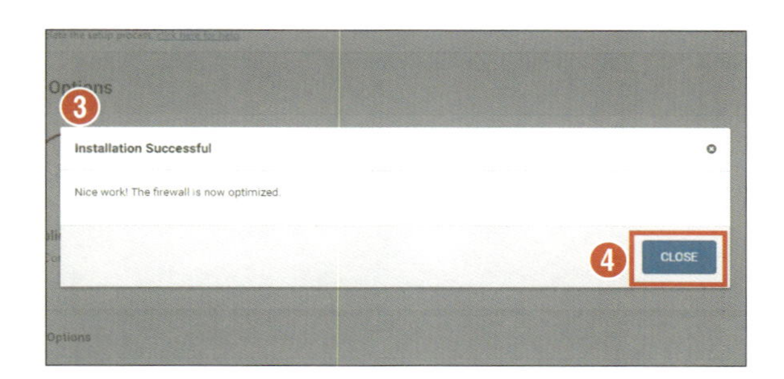

原則として初期設定のままで問題ありませんが、セキュリティのためにはどのような設定が可能なのか、ひととおりご覧になることをおすすめします。

▸▸ Wordfence Securityの監視結果を定期的にチェック

1 監視結果を知らせてくれる Wordfence Security

Wordfence Securityを導入したからといって絶対安全になったわけではありません。Wordfence Securityは監視した結果、確認の必要があるかどうかを知らせてくれます❶。監視結果を自分自身で定期的にチェックするようにしましょう。

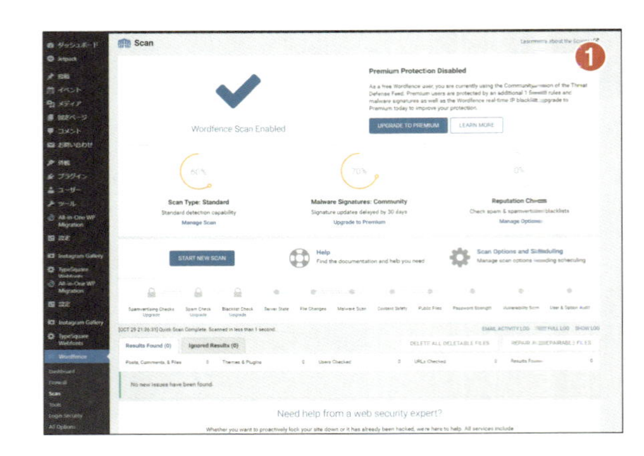

2 Wordfence Securityの監視状況を確認する

[Wordfence/Dashboard] を開くと監視状況を確認することができます。[Notification]にいつも注目するようにしましょう。例では「5 issues found in most recent scan」❷と記されており、確認すべき項目が5つあることを示しています。このリンクをクリックしてその詳細を確認することができます。

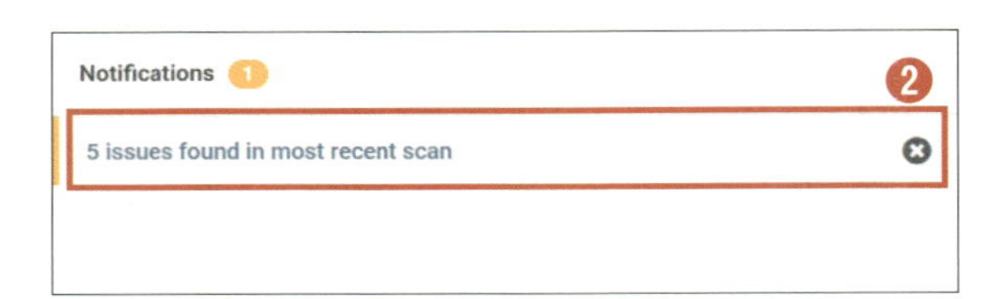

なんとか設定できました！
これで大丈夫ですか？

ひとまず必要最低限の対策は
これでOKですよ！
あとはこまめにアップデート
していきましょう

LEVEL 8

さらにステップアップ ―中級・上級へ

LEVEL 8 Lesson 01

CSSによるテーマのカスタマイズ

「追加CSS」でスタイルを追加してサイトの外観を整える

WordPressのサイトでテーマの外観を少し整えたい場合に何か方法はあるんですか？

簡単な外観の調整はCSS（スタイルシート）を編集すればできますよ「追加CSS」を使います

▸▸ CSS（スタイルシート）とはデザインの定義

CSSは「Cascading Style Sheets」の略称で、ウェブサイトのレイアウトや細かな装飾を定義する仕組みです。

下図で示すとおり、基本的な構造を示すHTML形式のソースファイルから、レイアウトや装飾を定義しているCSSファイルを分離することができます。このように構造と装飾をそれぞれ別のファイルで管理することによって更新作業をすばやく、かつ容易に行えるようになります。

どのテーマにも「style.css」というファイルが必ず存在しますが、その実態を少しだけ確認してみましょう。

ソースファイル（HTML形式）

```
<h1 class="heading">見出し文字列</h1>
```

＋

CSSファイル

```
.heading {
  font-size: large;  /* フォントサイズを大きく */
  font-weight: bold; /* フォントの太さを太く */
  color: red; /* カラーを赤に */
  text-align: center; /* 位置を中央に */
}
```

ソースファイルだけ……無味乾燥な表示

＝ 見出し文字列

ソースファイル＋CSS……装飾され整った表示

＝ **見出し文字列**

Twenty Nineteenなどのテーマは CSS定義の上書きができます

CSSの基本的な書式

```
/* ←コメントは「/* */」で括る→ */
.heading { color: red; }
```

.heading { color: red; }

セレクタ（どこの）　プロパティ（何を）　値（どうする）

▸▸ 外観を調整したい場合は「追加CSS」を使用する

1 ［外観］→［カスタマイズ］で［追加CSS］画面を表示する

CSSを編集して外観を調整したい場合の方法を紹介します。
WordPressは「追加CSS」の機能で定義を追加設定することができます。
管理画面→［外観］→［カスタマイズ］❶→［追加CSS］❷をクリックすると❸「追加CSS」の設定画面に変わります。

「付随のCSSエディター」と表記されることもありますが、「追加CSS」と同じものです。

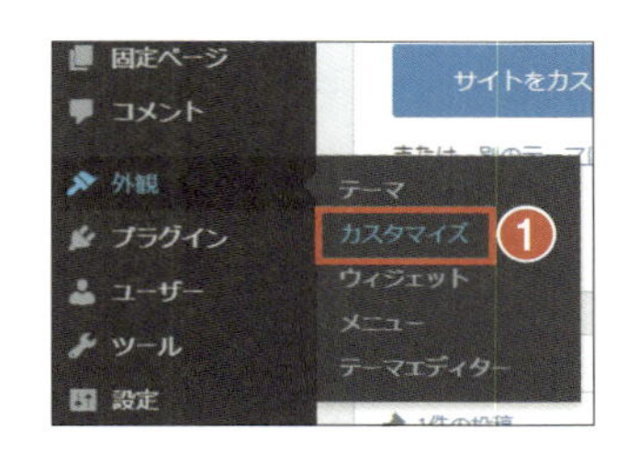

2 ［追加CSS］のCSS定義を追記するフィールド

❸の画面左下の❹がCSSを追加で記述するフィールドです。ここに追加したいCSSの定義のみを記述すればサイトの外観に反映されます。

CSSは、後に記述された定義がより優先（定義を上書き）されるようになっています。

追加したいCSS定義があれば
ここにどんどん記述します
元のテーマファイルは
一切触らなくていいんですよ

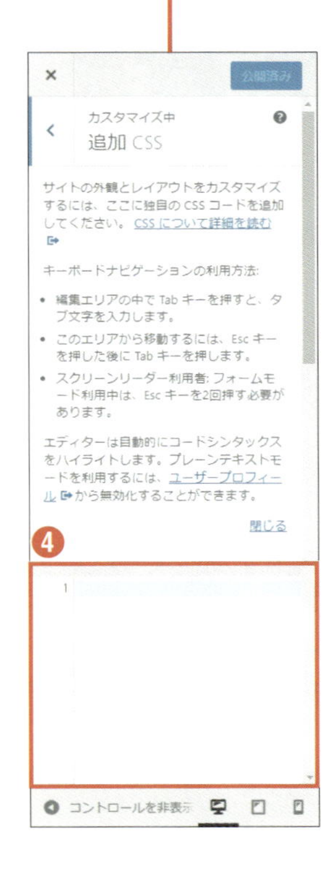

▸▸ デベロッパーツールでサイトのCSSを確かめる

1 CSSの確認に便利なデベロッパーツール

CSSを追加で記述するにあたってサイトの元のCSSコードを確かめたい場合があります。しかし膨大なコードの中から対応する記述を目測で探し出すのは困難でヒューマンエラーが発生する可能性も伴います。このようなときに便利なのがブラウザ（本書ではGoogle Chrome）の「デベロッパーツール」❶です。デベロッパーツールの使い方について大まかに紹介しましょう。

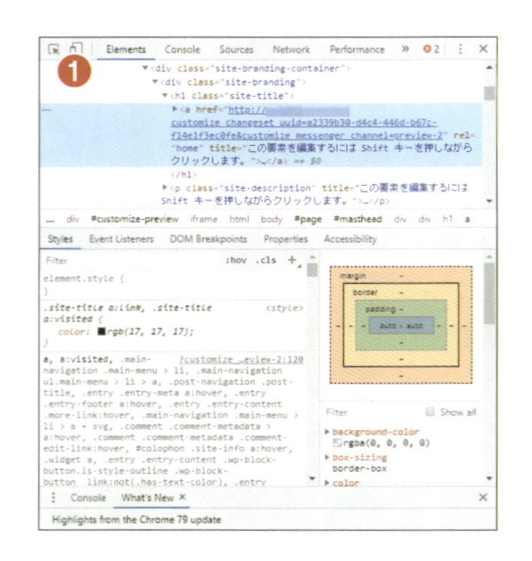

2 調整したい箇所でデベロッパーツールを表示する

P219で表示した追加CSSの画面でデベロッパーツールを使ってみましょう。
調整したい要素❷（ここでは「cafe sabot」のタイトル）にマウスホバーして右クリックします。表示されたコンテキストメニューから❸［検証］を選択するとデベロッパーツールが表示されます❹。

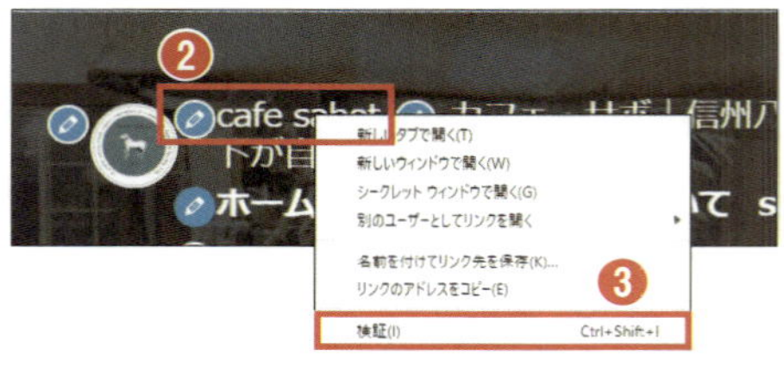

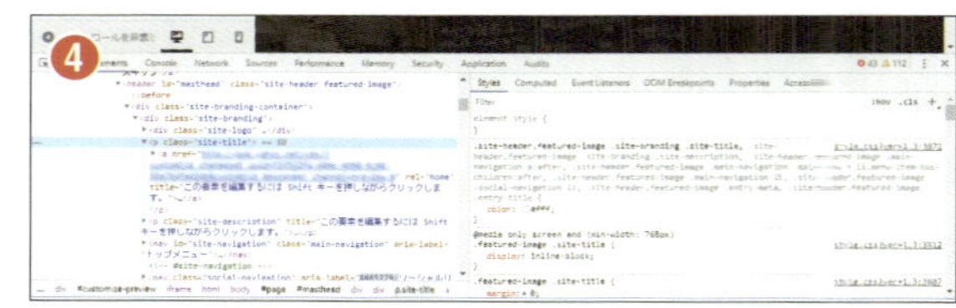

3 表示とスタイルの要素の関係を青い表示で確認する

❷の要素に対応するデベロッパーツールの定義が青く強調されます❺。
また反対に定義にマウスホバー❻すると対応している要素が青く強調されます❼。
このようにしてデベロッパーツールを使って要素と定義の関係が確認できます。

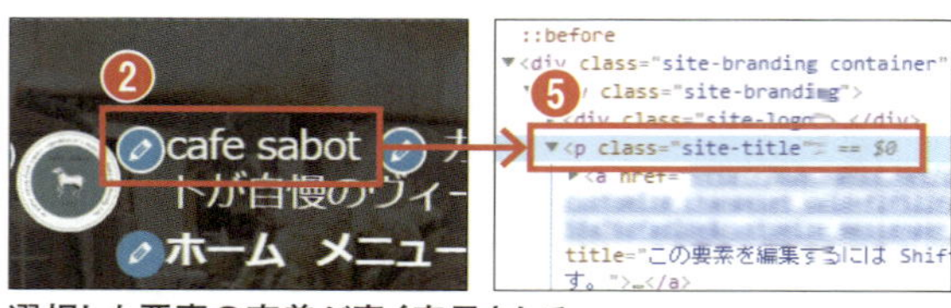

選択した要素の定義が青く表示される

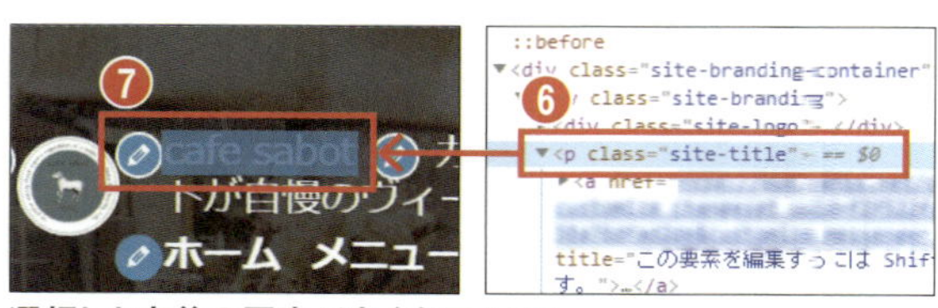

選択した定義の要素が青く表示される

コピーしたCSSを編集・追加してサイトに反映させる

1 右クリックでコードをコピーできる

定義にマウスホバーして右クリックするとメニューが表示されます。「Copy styles」❶を選択するとCSSの定義だけをコピーすることが可能です。

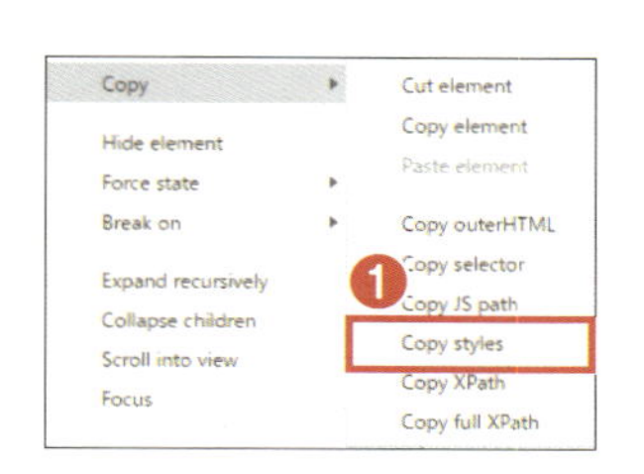

2 [追加CSS] のフィールドに定義を追加してサイトに反映

コピーしたCSSコードをエディターなどで適宜編集したらP220の追加CSSフィールドに記述します❷。ここに入力することによりstyle.cssが変更されプレビュー(「cafe sabot」のタイトル部分)にもスタイルが反映されます❸。デベロッパーツールにも追加したCSSが反映されます。

```
1 .site-header.featured-image
  .site-branding .site-title {
2 display:block;
3 text-align:center;
4 font-size:2em;
5 font-weight:bold;
6 }
```
❷

```
.site-header.featured-image .site-branding .site-title {
        display:block;  /* ブロックとして認識させたので改行される */
        text-align:center;  /* テキストを中央に配置する */
        font-size:2em;  /* フォントサイズを初期値の2倍にする */
        font-weight:bold;  /* フォントを太文字にする */
}
```

ここで追加したCSS(参考までに)

And More ウェブ開発に便利なデベロッパーツール

Google Chromeに搭載されたウェブ開発者向けの機能を「デベロッパーツール」といいます。HTML/CSSなどのコードを確認をしたり、スマホやタブレットでの表示をチェックする機能などが備わっています。
ほかのブラウザにも同様の機能が搭載されており、Microsoft Edgeの場合は「要素の検査」メニューに「開発者ツール」として用意されています。Firefoxの場合は「要素の検査」メニューに「開発ツール」の名称で搭載されています。
デベロッパーツールはブラウザの左右や下、フロートなど使いやすい表示位置に変更することが可能です。

▸▸ 参考資料：カスタマイズしたCSS定義の例

1 「Twenty Nineteen」のCSSカスタマイズ例

CSSを追加・変更することで思いのままにサイトの装飾をカスタマイズできるようになります。以下は参考までに本書で使用したテーマ「Twenty Nineteen」をカスタマイズしたCSS定義の一例です。
CSSの基本的な書き方や個別の意味についての解説はここでは割愛しますが、専門の書籍やウェブサイトなどでぜひ習得を目指してください。

```
/* ヘッダー */
.site-header.featured-image {
        min-height:inherit;
}
.site-header.featured-image:after {
        opacity: 0.5;
}
.site-branding,
.site-header.featured-image .site-branding {
        text-align:center;
        margin:0 auto;
}
.site-logo {
        position:relative;
        right:inherit;
        margin-bottom:0;
}
.custom-logo-link,
.site-header.featured-image .custom-logo-link
{
        margin:0 auto;
}
.site-title:lang(ja),
.site-header.featured-image .site-branding
.site-title {
        display:block;
        text-align:center;
        font-size:2em;
```

▸▸参考資料：カスタマイズしたCSS定義の例（続き）

```
        font-weight:bold;
}
.site-description,
.site-header.featured-image .site-branding
.site-description {
        font-size:0.6em;
}
.site-title:not(:empty) + .site-description:not(:e
mpty):before {
        content:'';
        margin:0;
}
.main-navigation a,
.site-header.featured-image .main-navigation
a {
        font-weight:normal;
        font-size:0.8em;
}
.social-navigation {
        text-align:inherit;
}
h1.entry-title {
        font-weight:normal;
        text-align:center;
}
h1.entry-title:before {
        margin:1rem auto;
}
/* フッター */
.site-footer {
        background-color:#d8cdca;
}
#colophon .site-info {
        background-color:#7c635d;
        color:#EEE;
        margin:0;
        padding:10px;
        text-align:center;
}
.widget_search .search-field {
        width:100%;
}
.widget_search .search-submit {
        width:100%;
```

▸▸ 参考資料：カスタマイズしたCSS定義の例（続き）

```
		margin-top:0;
}
@media only screen and (min-width: 600px) {
		.search-form {
				display:flex;
				justify-content: center;
		}
		.widget_search .search-submit {
				width:inherit;
		}
}
/* コンテンツ */
.site-content {
  border-bottom:solid 1px #d8cdca;
  margin-bottom:5px;
}
h2 {
		font-size:1.2em;
		font-weight:bold;
}
h2:before {
		content:'- ';
		display:inline;
		background: none;
}
h3 {
		font-size:1em;
		font-weight:bold;
}
h3:before {
		content:'-- ';
}

.entry .entry-content > * {
		max-width:100%;
}
.entry .entry-content > iframe[style] {
		max-width:100% !important;
}
.entry .entry-content .wp-block-latest-posts li,
.widget_recent_entries ul li {
		font-weight:normal;
		font-size:1em;
}
```

コンテンツのスタイルを定義しています

参考資料：カスタマイズしたCSS定義の例(続き)

```
#colophon .widget-column {
        justify-content: space-between;
}
#colophon .widget-column .widget {
        margin-right: 0;
        margin:1%;
        width: 98%;
}
@media only screen and (min-width: 768px){
        #colophon .widget-column {
                justify-content: space-
between;
        }
        #colophon .widget-column .widget {
                margin-right: 0;
                margin:1%;
                width: 48%;
        }
}
/* XO Event Calendar - Event list */
.xo-event-calendar {
        font-size:0.6em;
}
```

大変そうだけど……
ここまでできるように
私もがんばろっと！

これはあくまでも一例です
ぜひCSSを習得してカスタマイズにも
チャレンジしてみてください

LEVEL 8

Lesson

02

テーマの本格的な変更や追加

「子テーマ」を作成して本格的にテーマをカスタマイズする

テーマの既存の仕様
だけではどうしても
対応できない場合は
どうするのかしら？

そんな場合は子テーマの
利用がオススメです
さらに手の込んだ
カスタマイズができます

▸▸親テーマに変更を加えずにカスタマイズできる子テーマ

「子テーマ」は、親テーマ（本書では「Twenty Nineteen」）の機能とスタイルを継承したテーマです。既存のテーマを変更する方法として、子テーマの利用が推奨されています。

子テーマを活用する最大の利点は、親テーマに一切変更を加えずにカスタマイズできること。親テーマはセキュリティなどのアップデートやWordPress本体のバージョンアップに合わせてたびたび更新（管理画面→［ダッシュボード］→［更新］）が必要です。もしそのテーマ自体をカスタマイズしていると、更新を行うことで独自に施した変更はすべて失われてしまいます。

そこで施したい変更があれば子テーマに切り分けておくのです。子テーマに変更部分を残しておくことにより、親テーマの更新時に独自に施したカスタマイズは失われずに済むわけです。

親テーマ

機能・
デザイン
フルセット

すべて継承

追加・変更
のみ

子テーマ

WordPressサイト

子テーマ

“「子テーマ」は、既存の特定のテーマ（親テーマ）と常に連動して動作します。すべての機能とスタイルは親テーマから継承されますので、子テーマは追加や変更したいところだけで構成されることになります。”

「WordPress Codex」での「子テーマ」の説明

ここでは子テーマの概要を簡単に説明します
くわしくは専門の書籍やサイトなどをご参考に！

エディターとFTPソフトを準備する

このレッスンで必要なスキルとソフト

このレッスンの操作には下記の作業を行うスキルとソフトが必要です。

【スキル1】サーバへのファイルのダウンロード／アップロード
ファイルのダウンロード／アップロードはサーバのコントロールパネルでも行えますが、FTPソフトを使うのが一般的で便利です。人気のFTPソフトは「FileZilla」です。

【スキル2】プログラムファイルの編集
CSSやPHPなどのプログラムを編集する必要があります。ですが最初は真似からはじめてかまいません。文字コード「UTF-8」に対応したエディター(テキスト編集ソフト)が必要です。無料で使用できる一般的なエディターは右のとおりです。

「FileZilla」
定番のFTPソフト

「TeraPad」
シンプルなテキストエディター

「ATOM」
HTML・CSS・JavaScript・PHP・Rubyなど主要な言語に対応するエディター

「Sublime Text 3」
ウェブ開発でよく使われているエディター

「Visual Studio Code」
ウェブに限らず幅広い開発の分野で活用されているエディター

2 エディターとFTPソフトをダウンロードする

上記のソフトをダウンロードしてインストールします。ここでのエディターは「Visual Studio Code」を使用します。それぞれの公式サイトからダウンロードしてインストールしてください(詳細な方法については割愛します)。

FileZilla プロジェクト日本語トップページ
https://ja.osdn.net/projects/filezilla/

Visual Studio Code公式サイト
https://azure.microsoft.com/ja-jp/products/visual-studio-code/

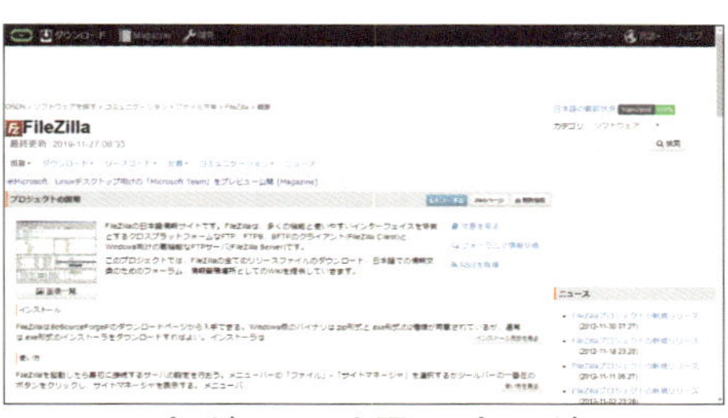

FileZilla プロジェクト日本語トップページ

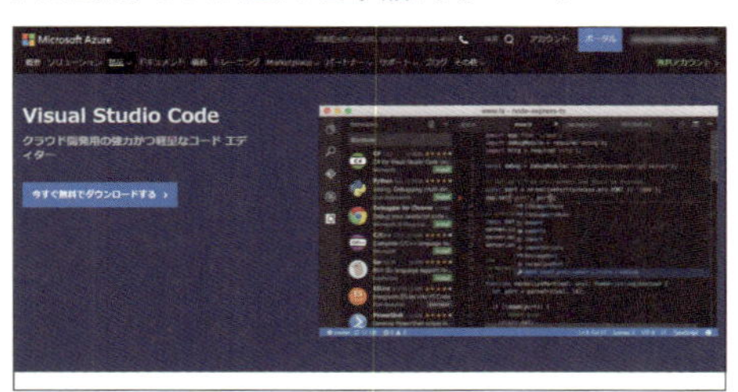

Visual Studio Code公式サイト

▸▸ FTPサーバにアクセスする

1 FileZillaを起動する

FTPサーバに接続するためにFileZillaを起動すると❶の画面が表示されます。

❷ローカルサイト：ローカル（自分のパソコン）のフォルダ構造とファイル
❸リモートサイト：サーバ上のフォルダ構造とファイル

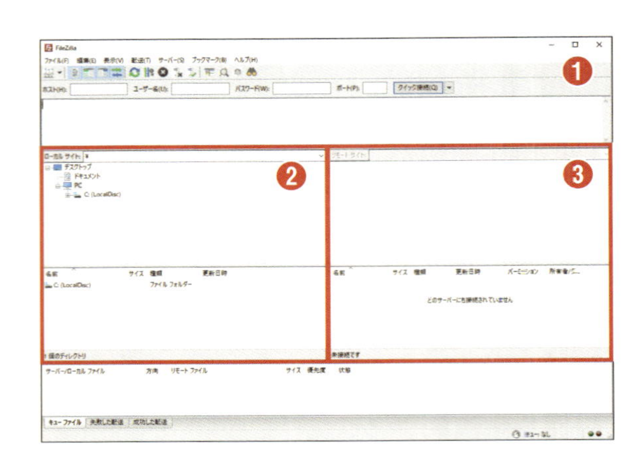

2 FTPの接続情報を入力して「クイック接続」する

❹［ホスト］・❺［ユーザー名］・❻［パスワード］を入力して❼［クイック接続］をクリックするとFTPサーバに接続します。
❹～❻の接続情報は、P29でさくらインターネットに会員登録したときにメールで送られてきた「仮登録完了のお知らせ」の「契約サービスの接続情報」❽に記載されています。

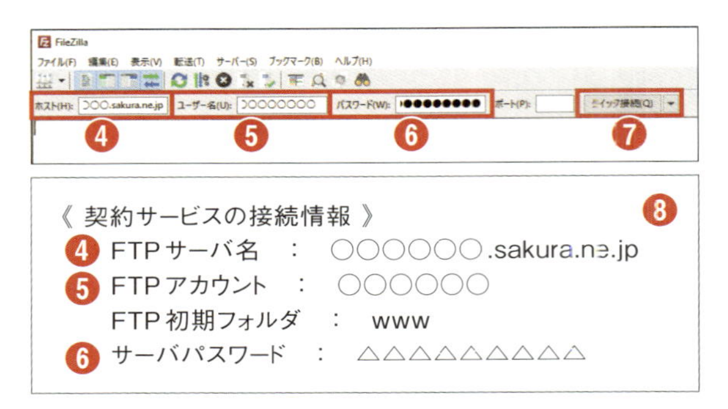

3 ダウンロードとアップロードの方法

接続が成功するとリモート側にサーバのフォルダ構造とファイルが表示されます。ローカル／リモート側でそれぞれ操作したいフォルダに移動・選択して、ファイル（ディレクトリ）をドラッグ&ドロップするとダウンロード／アップロードができます。

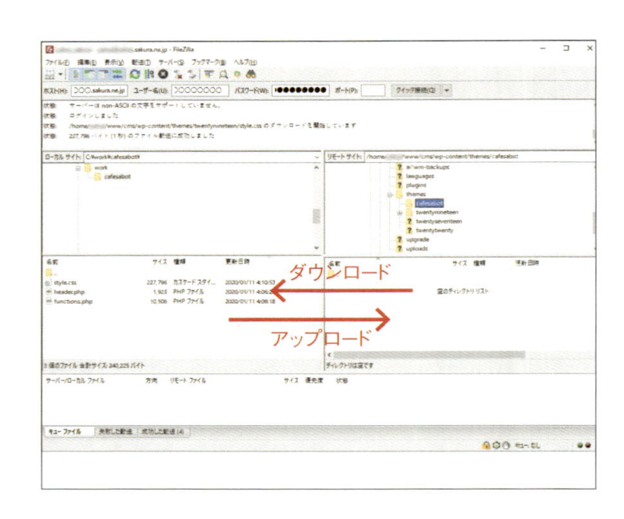

FileZillaを使ったFTPへのアクセスはこのようにして行います。次ページ以降はこれを基本に操作してください。

子テーマの作成・編集をする

1 リモートサイトに子テーマ用フォルダを作成

リモートサイトでWordPressテーマがある「wp-content/themes」に移動して子テーマ用のフォルダを作成します。「themes」を選択して右クリック→[ディレクトリの作成] ❶でフォルダ名を入力します。ここでは「cafesabot」❷としました。

自分がわかりやすいフォルダ名(ディレクトリ名)を入力しましょう。全角や日本語はNGです。

2 ローカルサイトに作業用のフォルダを作成

ローカルサイトにも同様に子テーマ用のフォルダ(作業用)を作成します。ここではCドライブに「work/cafesabot」というフォルダを作成しました。ここにリモートサイトのTwentyNineteenのフォルダから次の3つのファイル❸をダウンロードします。

・style.css
・header.php
・functions.php

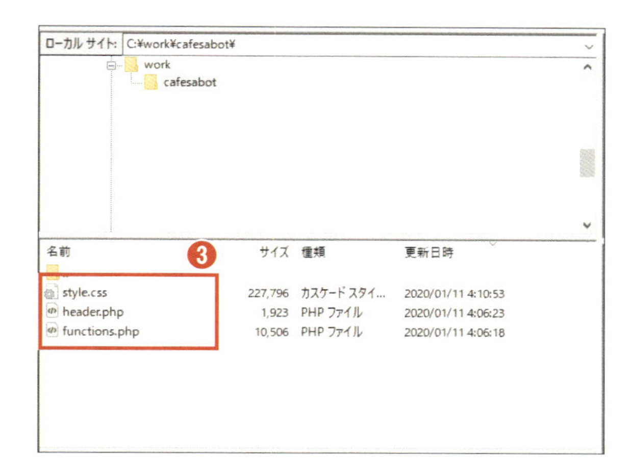

And More 本来はローカル環境検証後の本番公開が望ましい

ローカル環境とは自分のパソコンで本番環境と同じようにWordPressサイトが動くようにすることです。
このレッスンではWordPressファイルを編集するための作業用フォルダを自分のパソコンに設けただけで、WordPressサイトをローカル環境で表示させせることはできていません。

開発に取り組む場合はローカル環境で表示や動作を検証してから本番環境(インターネット)に公開するのが望ましいことです。
「WordPress　ローカル環境」などとウェブ検索してみるとたくさんの解説を見つけることができます。
ぜひチャレンジしてみてください。

▸▸ 子テーマの作成・編集をする（続き）

3 style.cssで子テーマを定義する

前ページの❸でダウンロードしたstyle.cssをエディターで開きます。TwentyNineteen（親テーマ）のためのすべての記述を削除して、❶を参考に子テーマ用の定義を慎重に入力します。

テーマフォルダの直下にあるstyle.cssは特別なファイルです。表示を装飾する本来の役割に加えて、WordPressでは冒頭のコメントでテーマを識別するための定義ファイルとしての役割も担っています。

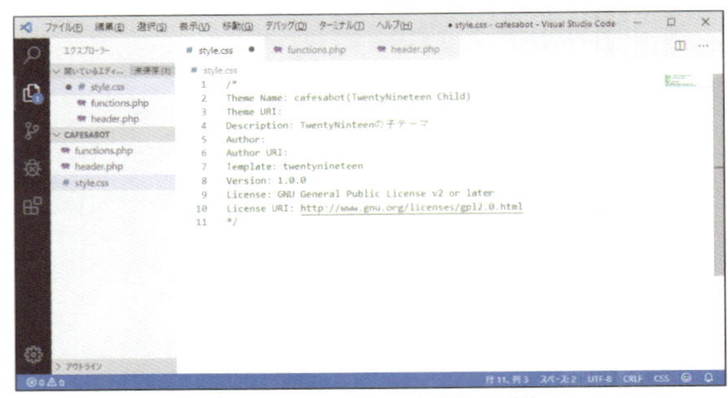

Visual Studio Codeでstyle.cssを開いた例

❶

```
/*
 Theme Name: cafesabot(TwentyNineteen Child)（子テーマの名前）
 Theme URI: 子テーマの提供元などのURLを記載（空欄でもOK）
 Description: TwentyNinteenの子テーマ（子テーマの説明）
 Author: Cafe-Sabot Kaede（子テーマの制作者名）
 Author URI: https://cafe-sabot.com（子テーマの制作者のURL）
 Template: twentynineteen（親テーマのフォルダ）
 Version: 1.0.0（子テーマのバージョン）
 License: GNU General Public License v2 or later（準拠するライセンス・原則親テーマのライセンスを継承）
 License URI: http://www.gnu.org/licenses/gpl-2.0.html（準拠するライセンスのURL）
*/
```

4 style.cssをリモートサイトにアップロード

作業用フォルダで編集したstyle.cssをリモートサイトの子テーマのフォルダ（P229の2で作成した「cafesabot」）にアップロードします❷。

アップロード先は子テーマ用のフォルダです。親テーマのファイルを上書きしないように注意してください。

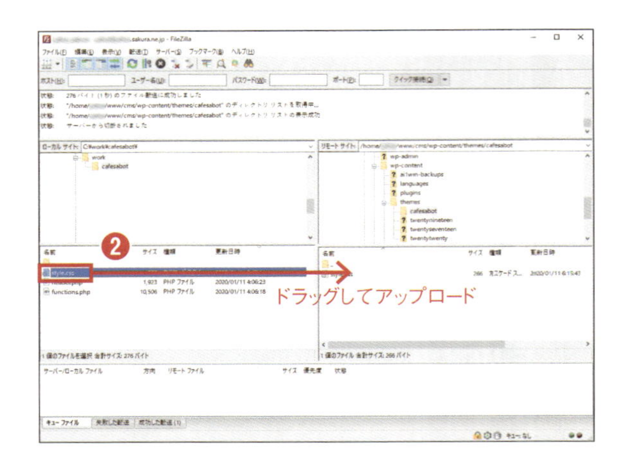

▸▸ 子テーマの作成・編集をする（続き）

5 WordPressで子テーマが追加されたことを確認する

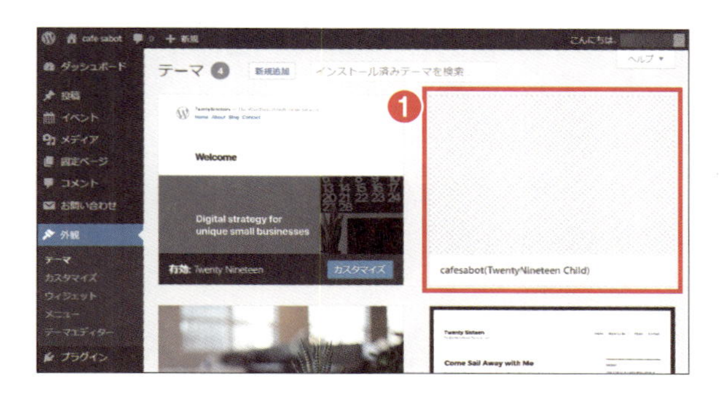

管理画面→［外観］→［テーマ］に作成した「cafesabot(TwentyNineteen Child)」❶が追加されれば子テーマの準備は完了です。画面にマウスホバーして［テーマの詳細］を開くとstyle.cssがどのように表記されているかをさらに確認できます。

「screenshot.png」というファイル名で作成し、テーマフォルダに保存すると、管理画面→［外観］→［テーマ］のページにそのサイトイメージの画像が表示されます。

6 functions.phpファイルを編集してアップロードする

前ページの3と同じ手順で❷を参考にファイル「functions.php」のTwentyNineteenの記述をすべて削除して編集します。
このファイルをリモートの「cafesabot」上にドラッグしてアップロードします。

❷は親テーマのstyle.cssを読み込んだ後、子テーマのstyle.cssを読み込むための記述です。

```
<?php // プログラム言語PHPの記述の開始を意味します（PHPのコメントは1行の場合文頭に「//」をつけます）
add_action( 'wp_enqueue_scripts', 'theme_enqueue_styles' );
function theme_enqueue_styles() {
    wp_enqueue_style( 'parent-style', get_template_directory_uri() . '/style.css' );
    wp_enqueue_style( 'child-style',
        get_stylesheet_directory_uri() . '/style.css',
        array('parent-style')
    );
}
?> // PHPの記述の終了を意味します
```
❷

▸▸子テーマ活用例❶ パンくずリスト表示を追加する

1 パンくずリストプラグインを導入する例

「パンくずリスト」とはウェブサイトを訪問しているユーザーが現在どのページにいるのかツリー状のリンクでわかりやすくするためのものです❶。
ここでは、パンくずリストを表示するプラグインを導入して子テーマにプログラムコードを埋め込む例を紹介します。

2 「Breadcrumb NavXT」を導入する

「Breadcrumb NavXT」❷はパンくずリストを表示するための便利なプラグインです。インストールして有効化してください。ただし有効化しただけではサイトを確認してもパンくずリストは表示されません。パンくずリストを表示したい箇所にプログラムコードを埋め込む必要があります。

3 プログラムコードを埋め込む

親テーマからダウンロード済みの「header.php」を編集します。メインコンテンツが始まる部分のタグ（<div id="content" class="sitecontent">）を見つけて、パンくずリスト用のプログラムコードを❸のように記述して子テーマフォルダにアップロードします。

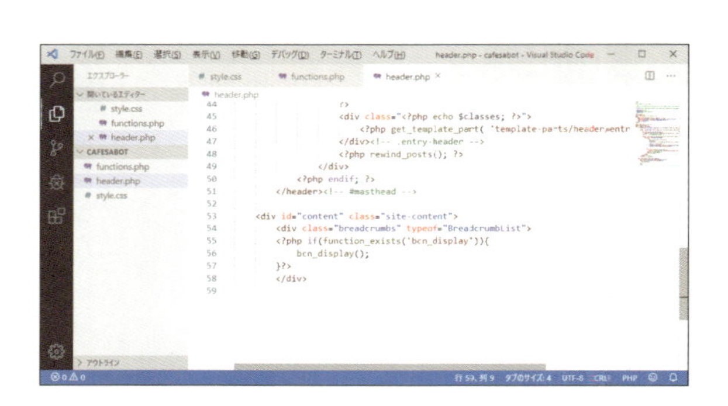

```
<div id="content" class="site-content">
        <div class="breadcrumbs" typeof="BreadcrumbList">
        <?php if(function_exists('bcn_display')){
                bcn_display();
        }?>
        </div>
```
❸

▸▸ 子テーマ活用例❶ パンくずリスト表示を追加する（続き）

4 表示位置をstyle.cssで調整する

パンくずリストの表示位置が右寄せになるように調整します。
P230で作成したstyle.cssのテーマを定義したコメントの下に❶を記述して、リモートサイト（本番環境）の子テーマフォルダにアップロードします。

```
 Author URI:
 Template:    twentynineteen
 Version:     1.0.0
 License:     GNU General Public License v2 or later
 License URI:  http://www.gnu.org/licenses/gpl-2.0.html
*/
.breadcrumbs {
  margin: calc(3 * 1rem) calc(10% + 60px) calc(1rem / 2);
  padding: 10px;
  text-align: right;
}
@media only screen and (max-width:768px) {
  .breadcrumbs {
    display:none;
  }
}
```

❶ style.cssにこの記述を追加する

「Parse error: syntax error, unexpected ''bcn_display'' (T_CONSTANT_ENCAPSED_STRING) in …\wp-content\themes\cafesabot\header.php on line 54」などのエラーが表示されることがあります。
この場合、「header.phpの54行目にエラーがある」ことを示していますので、全角で入力しているなどのミスがないか確認してください。

5 表示を確認する

本番環境のウェブサイトで望みどおりの表示になっていることを確認❷して完了です。

LEVEL 8 さらにステップアップ――中級・上級へ

▸▸ 子テーマ活用例❷ 新着記事にカスタム投稿タイプを含める

1 最新の記事にイベント情報を含める

本書では最新の記事一覧を2箇所に表示する例を紹介しました。❶「最新の記事」ブロックのフロントページ埋め込み（P139）と❷「最近の記事」ウィジェットをフッターに埋め込む方法（P151）です。このリストは「投稿」（P96～）で作成された記事のみが掲載されています。「投稿」のpost_typeは「post」です。またプラグイン「XO Event Calendar」でイベント情報を作成してカレンダーに掲載❸ができます（P192）。それらイベントの記事を「最新の記事」に含める方法を紹介します。「イベント」のpost_typeは「xo_event」です。

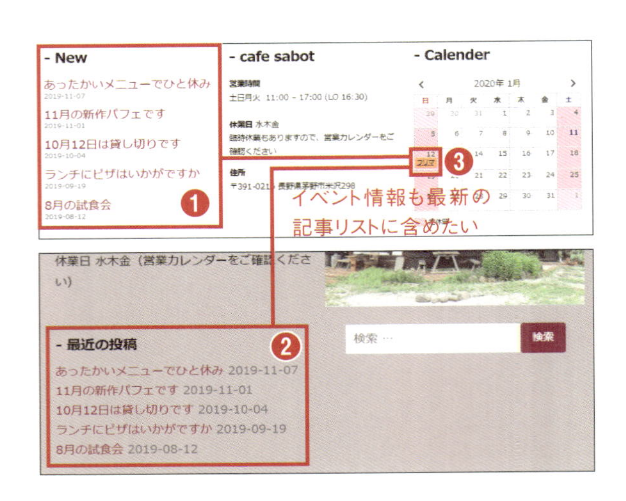

2 機能のカスタマイズをfunctions.phpに記述する

WordPressの機能を拡張するプログラムコードはfunctions.phpに記述します。子テーマフォルダのfunctions.phpに❹のように記述してリモートサイトにアップロードします。

❹
```
//最新記事にカスタム投稿タイプ xo_event を含める
add_action( 'parse_query', 'my_latest_posts' );
function my_latest_posts( $wp_query ) {
    if (
        // 条件1:メインクエリではない
        ! $wp_query->is_main_query() &&
        // 条件2:クエリのpost_typeが定義されていない、あるいは 'post'
        (! $wp_query->query_vars['post_type'] || $wp_query->query_vars['post_type'] == 'post')
    ) {
        // 条件1と2なら、クエリのpost_typeに、'post' に加えて 'xo_event' を含める
        $wp_query->query_vars['post_type'] = array( 'post','xo_event' );
    }
}
```

子テーマ活用例❷ 新着記事にカスタム投稿タイプを含める（続き）—

3 表示を確認する

「最新の記事」ブロックのリスト❶にも、「最近の記事」ウィジェットのリストにも「イベント」情報が掲載されていれば成功です。

4 表示がおかしくなってもあわてない

サイトに重大なエラーがありました。

WordPress でのデバッグをさらに詳しく見る。

ファイルをアップロードしてサイトを確認すると「サイトに重大なエラーがありました」❷と表示されることがあります。その場合もあわてずにプログラムコードに全角スペースが含まれていないかなど注意深く確認してください。いつでも正常に動作していた時の状態に戻せるようにしておくことはとても大切です。

本当によくがんばりましたね！
このレッスンでは子テーマについて解説しましたが
PHPなどプログラムファイルの編集にも
取り組んで中上級の入り口まできました
中上級者の先輩たちはこれからみなさんが
経験する失敗の先輩たちでもあります
失敗を恐れずにこれからも勉強してくださいね
これで本書のレッスンはすべて終了です
たいへんおつかれさまでした！

なるほど！
親テーマは触らずに
カスタマイズするために
子テーマを使うんですね！
もしかして私ってすごい？

索引 INDEX

【画像】
Adobe Stock
イラストAC

■著者

早﨑 祐介　Yusuke Hayasaki

はやさき・ゆうすけ●1968年生まれ。福岡県出身。アプリケーション開発のプロダクションリーダーを務めた後、ウェブ業界に転身。WordPressの開発案件をはじめとしてフリーのフロントエンドエンジニアとして信州の八ケ岳山麓に開発拠点を置く。開発業務に携わる傍ら、WordPress勉強会を主催したりスクール講師としても活躍中。

Harmony Web https://harmony-web.jp/　ぶらり https://brari.net/　つながるネット https://yahss.net/

■監修

TechAcademy

テックアカデミー●プログラミングやアプリ開発を学べるオンラインスクール。現役のプロのパーソナルメンターが学習をサポートするオンラインブートキャンプとして、WordPressコース、Webアプリケーションコースなど30以上のコースを提供している。週に2回のマンツーマンメンタリング、毎日のチャットサポートなどのメンターによる手厚いサポートと、独自の学習システムで短期間での習得が可能。

TechAcademy https://techacademy.jp/

知識ゼロからはじめる WordPressの教科書

2020年2月10日　初版第1刷発行
2020年11月10日　初版第3刷発行

著者　早﨑 祐介
監修　TechAcademy

装丁・本文デザイン　中沢 岳志（tplot inc.）
イラスト　純頃
編集制作　鴨 英幸（confident）
編集　平松 裕子

発行人　片柳 秀夫
編集人　三浦 聡
発行所　ソシム株式会社
https://www.socym.co.jp/
〒101-0064
東京都千代田区神田猿楽町1-5-15
猿楽町SSビル
TEL03-5217-2400（代表）
FAX03-5217-2420
印刷・製本　中央精版印刷株式会社

定価はカバーに表示してあります。
落丁・乱丁は弊社編集部までお送りください。
送料弊社負担にてお取り替えいたします。

ISBN978-4-8026-1222-7
Printed in Japan